The Road of Tea

茶之路

《生活月刊》著

广西师范大学出版社

·桂林·

CHA ZHI LU
茶之路

图书在版编目（CIP）数据

茶之路 /《生活月刊》著. —桂林：广西师范大学
出版社，2014.9（2021.3 重印）
ISBN 978-7-5495-5298-6

Ⅰ. ①茶… Ⅱ. ①生… Ⅲ. ①茶叶－介绍－中国
②茶叶－文化－中国 Ⅳ. ①TS272.5②TS971

中国版本图书馆 CIP 数据核字（2014）第 067714 号

广西师范大学出版社出版发行

（ 广西桂林市五里店路 9 号　邮政编码：541004 ）
网址：http://www.bbtpress.com

出版人：黄轩庄
全国新华书店经销
广西广大印务有限责任公司印刷
（桂林市临桂区秧塘工业园西城大道北侧广西师范大学出版社
集团有限公司创意产业园内　邮政编码：541199）
开本：787 mm × 1 092 mm　1/16
印张：22.5　　图：233 幅　　字数：350 千字
2014 年 9 月第 1 版　　2021 年 3 月第 15 次印刷
定价：128.00 元
如发现印装质量问题，影响阅读，请与出版社发行部门联系调换。

茶的起源在中国，数千年来，无论时代如何更迭、社会怎样变迁，它始终伴随并滋养着人们。茶是至清至洁之物，不论你认识程度如何，欣赏能力怎样，它都如实地呈现出其内容物质和内涵元素。它雅俗共赏，可饮可食，可浓可淡，它可入药却更是绝佳的保健饮料。正因为没有分别心，所以它雅俗共赏；更因为没有强制性，所以它信手拈来，可宾可主，可有可无，成就一个绝佳的文化载体。它保有自我，却给予使用者极大的空间，相同的茶因产地、季节、气候、采摘部位、制茶师父等因素，而显现出风格迥异、表情不一的样貌。即便制作完成，也会因泡茶人的不同，泡法上的不同，每道茶汤的不同，以及一块喝茶人的不同，产生丰富多彩的变化。而这饱含生命张力的"变"，因天时地利人和等因素的结合或熏染，呈现极佳状态，这时就因妙趣横生而达到妙不可言的境界。

习茶逾三十载，我尝试从茶的身、心（性）、灵这样的角度，来总结茶的本质，得到如下的结果：

茶身清——显天地山川之气

茶性俭——宜精行俭德之人

茶灵虚——竟诸般艺事之功

许多朋友问我，为什么旧中国的文人雅士，对酒的题咏歌颂，远多过茶？

我说传统中国都属封建社会，社会地位和资源集中于君王权贵，文人雅士的丰富情感，在封闭的环境和阶级的压抑下，只好借由酒来抒发。

许多朋友问我，当今科技如此发达，茶这般传统老调的元素，还能提供什么价值？

具有什么存在意义？

我说传统封建社会，文人雅士借酒抒怀；现今却是天涯若比邻、信息爆炸的网络时代，我们需要通过茶的真实感知，澄清自己，内敛自己，过滤并有效地运用信息，充实我们对应这个瞬息万变时代的能量。

许多朋友问我，现在的年轻人多不喝茶，会不会形成文化断层？

我说年轻人不喝茶，是因为我们没有提供合宜的识茶管道、喝茶方法和用茶的帮助等整体氛围。让他们不知其好，或是知其好也不得其门而入。就中国的历史来看，茶是老祖宗留下的琼浆玉液，永无灭绝的一天。年轻人终究会靠他们的因缘际会或待年龄稍长，接续这条绵长的生活文化之路。

许多朋友问我，如今好茶和好的茶具越来越昂贵，对于一般收入的人，要喝上一口好茶，是否已然遥不可及？

我说先要重新思考和定义什么是"好"！名茶、名器固然是好，但更不可忽略的，茶首重安全自然。就我实际走访国内茶区的经验，一些属于地方性、知名度与经济效益不高的茶，价格相对便宜许多，虽然因不够精制而有损于形色香味，然而你可以感受到土壤、阳光和水所赋予它的自然风味。而器物的生命是由使用者造就的，为自己选择一件合适好用的茶器，经常并正确地使用它，假以时日，自然产生让你无法替代的风采。所以完全不用担心价格的问题，在茶的领域里，我们在意的是价值，而价格只是市场上因交易目的所产生的数字。

许多朋友问我，当下有些茶的活动，过于形式化、仪式化，可能导致茶逐渐背离生活吗？

我说茶因包容性而呈现多样化，形式和仪式原本就是茶诸多面相之一二，只要合适，自然有它存在的意义，无所谓对错。好比现今有些人谈"茶禅一味"，它绝不是穿着袈裟泡茶，念一句经喝一口茶。唯有进入生活，它的影响才会深刻和普及。

许多朋友问我，中国过去有茶道吗？中国的茶道是什么？中国的茶道要如何形成？

中国文化博大精深，向来讲究文以载道，"志于道、据于德、依于仁、游于艺"，而茶极大比例在生活中滋养人们，早已形成一种生活之道。如今社会多元，天涯比邻，改革开放后的中国，国际影响愈趋重要。中国人站起来了，申办奥运具有强烈的象征意义，中国人向世界证明我们站起来了，靠的不是外汇存底，更不是船坚炮利。一百余年前西方给中国带来了鸦片，也带来了百年浩劫，今日，中国却回敬西方乃至于分享全世界以茶，通过传统中国文化的思想养分，提供一个不仅适用于当代，乃至于未来，可以深刻思考人与人、人与物、人与自然维持和谐友善关系的有效途径，进而达到养身、养心、养天地的茶道境界。

一口茶，喝的可是一方水土一方人

从前述我们了解了茶的本质，和它带给人的美好。但茶的所有优点，都必须建立在"安全"的基础上，才能一一实现。换言之，一个不安全的茶，将使其所有美好荡然无存。所谓安全的茶，我们可以分别从生产者和使用者两个角度来谈。在为本书写序之际，我与美即企业的爱茶朋友们，正在进行"茶之路"中潮州凤凰单枞的寻访活动。2013年4月12日，我们一行人在乌崇山区，造访那棵已有六百多年历史的老宋茶树，主人告知下午就要采摘，这是多么神奇的巧遇啊！却不知怎么，敬茶爱茶如我，竟激不起一丝躬逢其盛的兴奋之情和参与意愿。因为映入眼帘的是它那单薄瘦弱的树形，以其风烛残年之躯，兀自勉力地提供予人它的剩余价值……我不忍卒睹！我不忍看到的，是整个山区被过度开发，盖新楼的、辟茶园的，让整个山区绿色植被遭受严重的破坏。这不禁让我想起台湾阿里山高山乌龙茶区，它自20世纪80年代开始种茶，由于日照短、昼夜温差大等有利于茶叶香甘物质的自然条件，受到广大消费者的青睐。渐渐地，整个茶区在没有妥善规划下，因过度开发而造成了严重的生态破坏。虽然我曾多次向农政单位反映，但总得到他们只有辅导权而没有管理权的回复。直接跟当地茶农道德劝说，他们也是淡淡地响应："没事的，大家不都是这么做的！"终于不幸地在2009年的8月，大自然开始反扑了，台风"莫拉克"不但造成当地严重的经济损失，更威胁到人的生命安全。至此年轻辈的茶农，开始重新思考他们与自然生态和土地的关系，要如何友善而有效地运用老天赋予人类的资源，通过他们的栽种、制作，提供使用者一道安全无害、足堪品味的茶，并且保障自己的生命财产，且能够永续经营。以现今的市场状态和消费品位来说，把茶卖好是容易的，但要好得长久，根本之道就在于整体生态的维护，产出优质的茶叶原料，通过按部就班、正确到位的制茶工序，提供使用者无忧无惧且足堪品味的茶品，期能成就养身、养心、养天地的至高理想。

与《生活》杂志结缘

在台湾一般市面上，是买不着现代传播集团出版的《生活月刊》的。第一次看到它，还是四年多前在上海经商的台湾广告界大佬郑松茂带来冶堂的——他觉得这本杂志很好，特别拿来和我们分享。初见它即惊为天人，从大开本、封面到售价，一连让我们哇了三声，这也做得太高端了。及至翻开了内页，举凡图片、文字、内容、编排印刷乃至广告呈现，却反倒让我们噤声了。因为它实在做得太有质感了，一丁点也不输国际顶尖杂志。佩服之余，也不得不为两岸交流，台湾一直引以为傲的软实力捏一把冷汗了。2012年初春，《生活》的两位灵魂人物，创意总监令狐磊和摄影总监马岭联袂造访冶堂，得见本尊就不觉得意外，为什么会有如此好的作品出现。令狐磊沉稳内敛、思绪清明，是最佳运筹帷幄掌舵者。马岭热情洋溢、关怀人文，提供给阅览者有生命、会说话的图像。除此，再加上坚实的编辑团队，和倾全力支持的集团总裁邵忠，他们是在努力树立一种属于中国当代的典范啊！当时，令狐磊就跟我提及，《生活》要好好地做一个茶的专题，他必须构思清楚，才会着手进行。数月后，我们看到"茶之路"以专辑别册的形态，一共出了四辑，内容涵盖中国大多重要的茶产区和茶品。就我对茶的了解，这个团队可说是用尽了心思，费尽了力。他们以茶为核心，带出了与其相关的人、事、地、物，竭其所能地照顾到内容的深度和广度。着手于人文的关怀，也着眼于土地的关照，为读者在基础认识上提供了一套既有美学价值，又有档案价值，且便于阅读的好茶书。欣闻广西师大出版社欲将其结集成册出版，不知又可造福多少爱茶朋友。让我们共同携手，走向这条属于全中国人，乃至全人类的现代"茶之路"吧！

何健，台北冶堂主人

【前言】

茶源

令狐磊

一

　　我们相信已经找到了沟通情感的媒介，那就是茶。

　　我们邀请茶人、摄影师和编辑记者，踏上前往中国那些茶树的种植地的山路。行走在这些茶山中，绘画一幅关于茶的旅途。寻找茶的源头，也就是找寻中国人精神的源地。

　　找寻茶源，并非出于好奇心，它应是我们的本心。在作为桌上那一道青翠或金黄的饮品之前，它在怎样的景象里生长，又经历了怎样的故事。

　　这是明代茶人所缺乏的自然之道，他们在书斋茶室里悬挂山水画幅，焚香插花布道，意图营造自然，但始终无法抵达真正的茶源，感受当地的风土。

二

　　车子在武夷山的正岩行走时，急雨如注。在那些山峰消失于雨雾之中的巨岩边，一道道瀑布从天而降，山气之刚，水汽之柔，竟可以共汇一景。钟灵毓秀，这里出产的茶被视为正岩茶，茶客称之为"岩韵"，岩韵气醇者，谓之极品。

　　到了下梅村的时候，雨小了点。水从邹家祠堂的石雕门楼屋檐滴下，门外便是梅溪，雨水、山涧水都汇流到村里的梅溪里。这急淌的溪水，让我确信，这里正是当年的那个"茶商水道"，从武夷山到俄罗斯恰克图的万里"茶之路"的起点。康熙年间，每日行筏三百艘，筏上满载的正是山上采集下来的新茶，茶市盛极一时。

我们的"茶之路"采访组的行程，在 2013 年春夏之际，来到的是中国茶叶最为鼎盛兴旺的原产地：武夷山。当其时，我们的访茶之旅行程已经过半。在武夷山茶区探寻的茶，莫不以茶气虹冠其上、茶汤酽浓纯正著称。韵味为上，这里的茶人喝茶，品第一道茶汤之前，会先闻茶杯盖上的香气。

中国人在茶的香气里感受到的是什么？我们思索的茶韵，是一种由土地的自由和淳朴的气氛所培育出来的真福。

三

在陆羽所在的时代，云南的崇山峻岭与大江峡谷是难以企及的所在。他出生于湖北，行走于太湖，晚年隐居在浙江。即使在可以直接飞抵西双版纳的今天，到达云南西南部那些寨子依然得在蜿蜒崎岖的盘山公路耗费一整个白天，在脚下那些云雾萦绕的峡谷森林里，蕴藏着各种野生古树，其中就有古茶树。

有人说，是在明朝时期，借由驻军的力量，种植下成片的茶树林，数百年后这些茶树躲过了战事、朝代更迭与大自然的风霜雨雪，它们曾经的主人都已经化为尘土，当地的少数民族自然而然借着人类获益的本能接管了它们。也有学者猜测本是野生植物的茶树，随着人类的移居，从云南的深山里向四川、南方丘陵地带迁移出来，其中，布朗族与畲族充当了茶叶文明使者的角色。他们把茶树种子不断散播，直至衍变出完全适应当地风土的茶树品种。

近年，随着普洱茶价格的持续走升，陈年、山头、树龄成了人们看重价格的坐标，然而我们更看重茶的什么价值？我们更应注重感受茶叶中蕴藏着天空、雨露和山魂。是这些自然的原力而不是金钱角力，让我们的生活得到了茶的洗礼。利休大师说："想象一下没有茶的生活，如果和现在有区别，那么你就不懂茶。"

四

我们可以假想如果有本叫《茶史》的千页鸿篇巨制，那么茶作为一种饮品和商品的历史可能只开始于那倒数的一两页。其他页面，它存在于原野山林里，并一直伴随着山魂而生。

我们无法具备那些隐士的山中经验，但我们愿意倾听山里的茶农、工人和茶人大师们原生态的、活生生的山里智慧。

这些野生茶讲述的是大山的语言。如果只看到茶带来的枯寂与禅静是不足够描述茶的世界里所蕴藏的磅礴自然之气的，中国人更应有大气之象，滚烫茶汤有如奔腾的山河之势，与使用古法传统制作的茶叶产生激烈撞击，每一泡都会产生复杂的味觉感受。

我更看重被视为"九龙之水"的澜沧江赋予中国茶的自然进化之道，正如古茶树就在云南南部由江河水汽养育的茂密丛林里，来自圣洁高原的唐古拉山雪山水，汇集多个支流后，一叶茶，却是大地的恩情、高山的精魂。

五

茶有三味：鲜味之茶，真味之茶，韵味之茶。"韵"是和大家分享时的社交辞令。茶对于中国人社交生活的重要性，由古至今，都是上席的首选。人与人的交往关系，既在茶汤中，亦在茶之气韵内，它无从描述，只可在茶席的经验中言传身教。席间的情味，借由枯淡山野的茶汤，隐避之言，婉曲之志，浩荡之气，萧寂之情……均可在一杯杯茶水中淡化。

借此可言，君子之交淡如水，君子之往醇如茶。作为我们已知和所言的精华之物，茶于中国人，有如竹于中国文化。苏东坡说，"不可居无竹"，"无竹令人俗"。以茶度之，不可饮无茶，无茶令人俗。茶是我们既熟知，又难以捕捉的文化巢穴。茶亦俗亦雅，关键在于是否好好体会"韵"之所在。

茶韵所营造的小环境，借助茶带来的土地、自然、熏烧木头的韵味并营造的各种气味，让人的味蕾、嗅觉在各种自然气味的记忆中巡回通感。"茶"那些难以用文字描述的味道，其实隐藏着的是整个"自然"。

茶，可以让我们知晓"当下感"，通过品尝茶以及其间的礼仪，或繁或简，饮茶的人亦获得了情感沟通与诗意生活的修炼。

"茶道大行，王公朝士无不饮者。"相传陆羽在 1 200 多年前开始写《茶经》，唐代茶文化的兴盛，与陆羽的记录相辅相成。今天，记录茶人，挖掘茶源，作为一个孜孜以求的"茶之旅人"，前往茶的源地，把它们的今时茶味和想法记录下来，本身便是属于这个新的复兴年代的"新《茶经》"。

茶是沟通古今的神奇丹药，古法古道，今法今道，在徇古和创新中得以追求无限之境。时聚风亭月观，煮一壶茶，谈道达旦。茶的故事，就是中国人最值得叙说的文化故事。

茶是禅宗。古有禅宗公案"吃茶去"。茶如上善之水，让我们可以追求清净无垢的心灵及其可以令全身进入的心体本寂——即使是短暂的，理想主义的。

六

冈仓天心在《茶之书》（*The Book of Tea*，1906 年）中提及：茶，"对我们而言，已经超出了饮品的概念，它变成生活艺术的一种信仰"，形成了一种"神圣仪式"，为的是"创造宇宙间至福的瞬间"。这些说辞也许看起来比较玄妙。时至今日，茶已无道，但其"真性"，正如在此探寻到的一处处有着真实生活、风土气息浓厚的茶源地，更值得珍视。以现代人可以接受的方式传扬中华礼仪，从中国开始，传扬四海。

我们希望和更多的人分享中国的优秀传统文化和礼仪，使人得到裨益。我们也将致力于推动这项工作，通过出版和各种文化推广的手段。在此，以《茶之路》系列为先启之作，可以成就前所未有的文化新天。

VII

潮州

【凤凰单枞】

守山人 ⋯⋯⋯⋯⋯ 136

凤凰单枞的前世今生 ⋯⋯⋯ 129

皖南

【徽绿】

重组记忆拼图 ⋯⋯⋯⋯⋯ 119

最神秘的味道 ⋯⋯⋯⋯⋯ 112

精制的尊严 ⋯⋯⋯⋯⋯ 106

【祁红和安茶】

那时候⋯⋯⋯⋯⋯⋯⋯⋯ 98

茶季·归途 ⋯⋯⋯⋯⋯ 94

手工的极致 ⋯⋯⋯⋯⋯ 87

VI

西湖

【龙井】

大隐于市 ⋯⋯⋯⋯⋯⋯ 79

执着古早味 ⋯⋯⋯⋯⋯ 77

茶如镜 ⋯⋯⋯⋯⋯⋯⋯ 74

绿茶的花样年华 ⋯⋯⋯⋯ 69

V

XI

台湾

【台湾茶】

致谢 ⋯⋯⋯⋯⋯⋯⋯⋯ 341

后记：茶归山林 人归自然 ⋯ 339

从台北城大稻埕茶港谈起 ⋯ 334

自然之茶 ⋯⋯⋯⋯⋯⋯ 329

云雾深处 ⋯⋯⋯⋯⋯⋯ 323

回到茶的初心 ⋯⋯⋯⋯⋯ 295

闽南

【闽南乌龙】

原乡的繁华与哀愁 ⋯⋯⋯ 288

回到土地 ⋯⋯⋯⋯⋯⋯ 281

西风独自凉 ⋯⋯⋯⋯⋯ 278

禾怕寒露风 ⋯⋯⋯⋯⋯ 261

『红色液体』的神秘历史 ⋯ 251

金骏眉的故事 ⋯⋯⋯⋯⋯ 245

【正山小种】

溯溪寻正山 ⋯⋯⋯⋯⋯ 240

大红袍的播火者 ⋯⋯⋯⋯ 232

岩茶的地土之香 ⋯⋯⋯⋯ 221

【岩茶】

X

目录

序 …… 1

前言：茶源 …… 5

I 蒙顶

【蒙顶甘露】

茶中故旧 …… 05

南方有嘉木 …… 12

II 峨眉

【峨眉绿茶】

刚柔相济 …… 21

四时有序 …… 23

做一百年茶 …… 28

III 太湖

【阳羡茶和顾渚紫笋】

风土与茶韵 …… 35

果农茶事 …… 42

工科男的阳羡茶 …… 46

饮春之味 …… 50

IV 余杭

【径山茶】

旧时余韵 …… 57

尘梦内外 …… 61

VIII 云南

【普洱】

茶山远在时光中 …… 147

建立正确的口感 …… 159

岩教心事 …… 164

终老的地方 …… 169

普洱茶的历史和现场 …… 175

IX 闽东 闽北

【景谷大白茶】

丛林之中觅本真 …… 180

种茶记 …… 186

【滇红】

高山上的瑞草 …… 193

我和红茶的缘分 …… 197

【福鼎、政和白茶】

返璞归真香 …… 202

古老又鲜活的茶 …… 209

【福州茉莉花茶】

茶为骨，花为魂 …… 213

鲜灵浓郁的理想世界 …… 217

成都
岷江
大渡河
雅安
峨眉山
长江
怒江
澜沧江
洱海
大理
凤庆
景谷
景迈山
勐海
易武

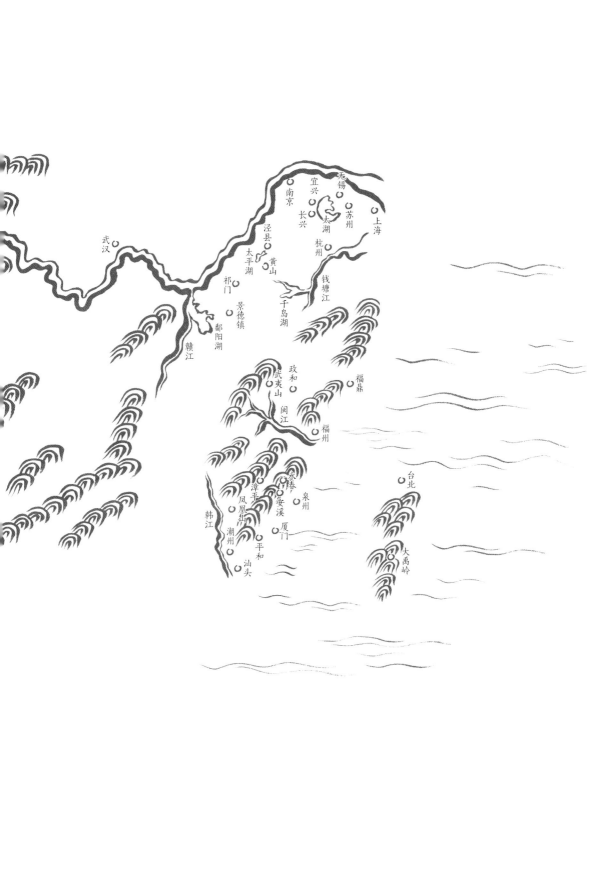

武汉

无锡
宜兴
南京
长兴
涉县
太平湖
黄山
祁门
景德镇
鄱阳湖
赣江

苏州
上海
杭州
钱塘江
千岛湖

政和
武夷山
闽江
福鼎

福州

漳平
永春
安溪
泉州
韩江
凤凰山
潮州
平和
厦门
汕头

台北

大禹岭

蒙顶

【蒙顶甘露】

茶中故旧

南方有嘉木

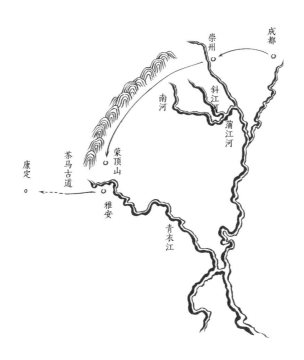

蒙顶晴翠

琴里知闻唯渌水，
茶中故旧是蒙山。
——白居易《琴茶》

春分，四川蒙州，白腰长褂采茶的老妇人

川茶为春茶之先，春分前开采，初展的独芽或一芽一叶最能卖出好价钱

撰文：茶小隐　摄影：马岭

【蒙顶】茶中故旧

《茶经》开篇第一句就说："茶者，南方之嘉木也……其巴山峡川有两人合抱者，伐而掇之。"陆羽的年代，巴蜀之地就有双人合抱的大茶树。而关于茶饮最早的文字记载《僮约》，也发生在西汉时期的彭州武阳。立春一过，还没等到春分，川茶已萌发采制。我们访茶之旅，也就跟随春风的脚步，从四川开始。

古树遗踪

如今说起古茶树，都知道云南多而健，鲜有提及四川。巴蜀人烟稠密，农耕发达，森林在古代即遭垦殖。陆羽写的古茶树，活到现在总得有两千来岁，大概早伐作柴薪了。但茶树品种专家钟渭基先生的弟子袁凯告诉我们，四川不但有古茶树，还在用古茶树做茶。崇州的枇杷茶、古蔺的牛皮茶、宜宾的黄山苦茶，据考证，都是古代野生茶树遗留的品种，延续至今没有断。

离开北京时是2013年3月19日，树梢方才绽出苞芽。第二天到了距离成都有一个多小时车程的崇州文井江镇大坪村，已换作满山满眼的青翠。售茶算是大坪重要的副业之一，时时可见采茶的村民，腰挎茶篓，不紧不慢地采摘这时节价钱最高的独芽。茶树品种，既有老川茶，也有福建传过来高产的福鼎大白茶、梅占。

就在茶园和菜地边上，几棵古茶树毫无预兆地跳入我们的眼帘。高者七八米，矮者四五米，树形像桂花，叶片像枇杷，随意摘下一片，比我的手掌还长。枇杷茶，是和四川主要的灌木型茶树完全不同的乔木大叶茶种，和制作普洱的大叶种茶树同样源自古老的原生茶树基因，或许正和陆羽书中巴蜀古茶树同种。以"枇杷茶"之名载入史籍的资料并不多，清代，曾有做"龙门贡茶"进贡的记录，只是和陆羽时代加盐煎煮喝的饼茶已大不同。民国年间《崇庆县志》中记载："别有枇杷茶高二三丈，叶粗大，土人采嫩芽制出，以代普洱，味亦差近。"在制茶、饮茶法逐渐转变的过程中，枇杷茶虽然也用来制作"味道接近普洱"的散茶，但最终还是让位于更适宜制作绿茶的中小叶品种，在大坪村，只是东一棵西一棵遗存于山林中，这些年在品种专家的推动下，才开始重新繁育。村支书请我们喝新做的枇杷茶，味厚且酽。他说村里的古茶树起码有七八百岁了，袁凯悄悄更正说，两三百岁总还是有的。茶寿，到底是要比人寿长得多。

唐茶首贡

离崇州不远的雅安蒙山之顶，有一片专供进贡的"皇茶园"，得名于宋孝宗淳熙十三年（1186），围之以石栏，上后方雕有巡山石虎。石栏中七棵茶树，相传为西汉宣帝甘露年间茶祖吴理真手植，至今已两千多年。茶树看起来和石栏外新种几十年树龄的老川茶茶树差不多大小。每年 3 月 27 日举办祭祖采茶仪式，却没人真拿来做茶喝过。关于"甘露真人"吴理真的事迹，如今留下来的记载，主要在清代一块石碑上。但蒙顶茶初唐即已入贡，中唐时期名列贡茶首位，却在诸多诗文史籍中留下佐证。

蒙顶茶，最佳者产自主峰上清峰。从名山县城望去，山峰并不高峻。但登上接近峰顶的扶善寺茶园，地势就会一目了然。四座山峰成莲花状环绕上清峰之外，远近还有连绵的低矮丘陵。直至遥远的青衣江对岸，才又崛起高大的周公山。上清峰茶名气大，产量小，远在唐代，就有作假风气："蒙顶先后之人，竞载茶以规厚利……供堂亦未尝得其上者。"这种风气延续至今，名山县（今名山区）批发市场里卖的，多非真正蒙山顶上所产，而是周遭低平丘陵地区所产的"坝坝茶"，打出的牌号却统称为"蒙顶茶"。本地人心知肚明，山上的茶好也贵，一两百一斤的坝坝茶，才是寻常百姓的杯中物。

真正的蒙顶茶历来珍贵，乃因独特风土造就。"雅安天漏，中心蒙山"，本以多雨著称的雅州，又以蒙山为最，云多雾多，终年烟雨。蒙顶南坡和西南坡的土壤，呈深棕色，用手掌搓碎很细腻，有很多腐殖质。而处处可见的红砂岩，则是土壤中风化矿物质的来源。这样的土壤，当地称为"茶末土"，营养丰富而疏松。加之高山坡地森林茂盛，对喜水又需要排水良好的茶树，无疑是理想的生活环境。3 月，正是杉枝吐新、蕨芽初卷、

自号"武阳茶徒"的茶人袁凯在制作蒙顶黄芽。当天采摘的独芽萎凋杀青后，迅速堆进堆裹草纸的竹篓中开始闷黄以提升甘甜。他也演示了传统方法，4~8两一小包

李花漫天的时节，茶芽在柔媚润泽环境中慢慢萌发，制出的茶也格外细腻柔和。

蒙顶茶在唐玄宗时期入贡，起初并未列为上品。《茶经》就把"雅州茶"列在剑南道的彭州、绵州、邛州之后。而到了中唐时期，蒙顶茶已脱颖而出，位列贡茶之首。《唐国史补》中说"剑南有蒙顶石花或小方或散芽号第一"。816年成书的《膳夫经手录》中则记载了"束帛不能易一斤先春蒙顶"，导致市场上仿者泛滥的情形。白居易"琴里知闻唯渌水，茶中故旧是蒙山"的诗句，大概也在这个时期写下。如此荣耀的贡茶，为何宋以后几近消隐，贡茶中心也转往遥远的福建北苑？这也是我们带到蒙山的疑问。综合各种说法，五代战乱造成上清峰茶园荒废。都城转到遥远的汴梁，蜀道也不再是贡茶输入的捷径。再则，朝廷急需买马，设立榷茶专卖制度。雅安地处藏蕃边境，自然被纳入边茶，仅名山一县，年运边茶就曾达到两百万斤。边茶取量，不能精工细作，声名渐失。唐之蒙顶贡茶，延续至清，也就徒存每年从皇茶园里摘取三百六十五片茶叶，谓之"仙茶"，供天子祭天之用的形式而已。

蒙顶制茶人

蒙顶茶，只三种名色：延续唐代名称的蒙顶石花，当时是团饼茶，现为扁形炒青绿茶；明嘉靖年间创制的蒙顶甘露，半烘炒卷曲形绿茶；蒙顶黄芽，闷黄工艺的扁形黄茶。无论哪种，都以春分前采摘，约一厘米长的独芽，或一芽一叶初展为上品。高山蒙顶茶，和名山县茶叶市场里大宗出售的坝坝蒙山茶，外形上并无明显区别。追问当地茶人，蒙顶所产，究竟有什么特别？答曰，高山茶在鲜爽之外，别有一般清甜，即宋人诗中所说"露芽云液胜醍醐"之味。这话有点玄奥，但几杯茶对比一泡则可感知。平地茶或做工不到位的，也好喝，却带处处可见之豆香栗香。高山好茶，则清甘自成一体，细心体会便高下立现。

蒙顶皇茶公司制茶车间坐落在旧时静居庵遗址，门外不知名的明代红砂岩牌坊和残破的穿斗式知青旧宅并排而立。门窗早已残破，糊墙报纸从20世纪60年代的平反公告，到80年代的十一届三中全会、万国证券成立，仿佛时光浓缩机。2003年以前，这里还叫国营蒙山茶场。可以说蒙顶茶的复兴，完全源自茶场一脉。50年代开荒种茶，六七十年代成都来的知青又加以扩大，形成上清峰海拔800米以上2 000多亩茶园的格局。茶树品种是蒙山混合群体种，当地人叫作"老川茶"，说来也都是几十年的老树了。蒙顶甘露的做法，也是50年代末重新总结定型。2003年茶场改制为公司，继承了国营茶场最优质的茶园。改制后离开的职工，有不少继续做茶。也有本地茶农在上清峰靠下些的位置，自行开垦茶园。如今有经验的制茶师傅，不是茶场老职工，就多半是他们的徒弟徒孙。总之和老茶场脱不了干系。

虽说改制了十年，厂房也好，车间也好，乃至那十来位穿蓝布工作服、动作不紧不慢的职工，都蛮有 80 年代气象。鲜叶还没从山上运下来，大伙就用大玻璃瓶泡当天新制的甘露喝喝，摆摆龙门阵，或与厂部收养的五六条流浪小狗玩耍。石花和甘露在味道上并无太大区别，只是石花要做成饱满的扁形，杀青略重，且空心芽不能成形。遇上干旱，许多未展开的茶芽发生空心，就只能用来做弯曲形的甘露。说话间鲜叶运到，车间主任刘思强放下茶杯，招呼大伙做茶。传统做法，当天采来的鲜叶，摊放萎凋至散发香气，九两一锅，投入车间边上那 · 溜大铁锅中手炒杀青，屋外还有烧火师傅添柴烧火。总共要经过三揉三炒，方成形，再用炭火焙笼复火烘干。如今大锅早已锈蚀，滚筒式杀青之后，揉捻机理条机也代替了人工。但在第三道揉捻的时候，刘思强还是会带领师傅们合掌手搓。这样能让茶汁外溢，附着在表面。入水一泡，便垂直下沉，茶汤的滋味也浓郁，正是蒙顶甘露的个性。

人称"柏老四"的柏月辉则是公认的新一代好手。1991 年，柏老四在县里上了三天制茶培训班，开始学做茶。后山徐沟村潺潺溪水旁，他租了间老木屋做厂房。我们傍晚时分进屋，下午收来做黄芽的独芽鲜叶，在萎凋槽中已散发出青苹果味的香气。蒙顶最高最好的茶园，全归皇茶公司。但柏老四做出的蒙顶甘露和黄芽，在高身玻璃杯中冲泡，根根直立，闻起来清甜，入嘴鲜甜，一点不比皇茶出品逊色。说到底，柏老四的茶好，无非是在细节上讲究、琢磨。蒙顶茶要求独芽尚未展开，或极嫩的一芽一叶初展时采摘，不能采鱼叶、鳞片，相当费工，采茶工往往不多就行。柏老四发现每斤收购价多加几元，就能收到更符合采摘标准的鲜叶，所以他做茶的原料，齐整细嫩。每件制茶机器都由自己改造，制茶也反复琢磨，比如怎么用烧煤达到传统炭焙的效果，烘焙分几道慢火，使滋味更丰厚。好茶自然有人认，他的茶往往当天做好，晚上就被收走了，迟一两天便抢不到。

永兴寺的尼姑师父们，则是蒙山制茶另一脉。寺始建于唐代，留下建筑多属明清，门前红砂岩雕刻的狮子上苔痕斑驳，很苍润的一处道场。寺属茶园，最初是国营试验茶场基地，落实宗教政策后分给寺庙。寺院里不可能置办许多机器，主要还是靠手工，做法近传统。我们来的时候正是下午，领头做茶的普照师父，凌晨五点才休息，无缘得见。她的徒弟智通提了一小篓鲜叶，准备做成红茶送给朋友。我们毫不犹豫以市价几倍买了刚做出的甘露和黄芽。几家茶放在一起喝，皇茶公司的规矩大气，柏老四的灵秀鲜甜，而永兴寺师父做的茶，则别有一番干净朴素。

暧昧的黄芽

　　说到蒙山茶，不能略过蒙顶黄芽。黄茶和绿茶最大的区别在于"闷"，趁杀完青还热乎，厚纸一包，让水热作用"闷出"甜醇的滋味来。传统做法四两半一锅，杀青后草纸包成四方小包，堆放在灶台上闷黄。每小时都要开包翻搅，6~8小时后拆包复炒再包，如是反复，至少连续48小时方告完成。做黄芽必须时刻守候，非常辛苦，市场却不接受更高的售价，多年来都基本"绿做"，缩短闷黄时间，空顶着黄茶的名头，颜色和滋味都更像绿茶。

　　没想到在蒙山的第一夜，就赶上袁凯做黄芽。他总结自己的做法，是依照传统而工序改良。传统一小包只包四两，他换成在大竹筐里垫上厚厚的草纸，杀青机上一下来马上堆入筐中，再包严实，一筐能装50斤。之后解包复包的工序，完全依照传统做足，也能做出叶色金黄的黄芽。袁凯的蒙顶黄芽，用的虽然不是上清峰顶级原料，也算市面上难得遇到的传统黄芽了。

蒙顶黄芽

和君山银针、霍山黄芽，并称三大黄芽茶。干茶是一片片平整的细芽，褐绿中闪现金黄。85~90℃水温，泡出浅黄碧透的茶汤，甜香浓郁。黄茶做工繁复，市场却不接受更高的售价，多年来各地都基本"绿做"，缩短闷黄时间。在蒙山，连永兴寺师父做的"菩提芽"也偏绿，少数几位民间制茶师傅，还在坚持做传统黄芽。

崇州大坪村茶坊手工制作的猪皮簸箕，使用了五十多年

撰文：孙程　摄影：马岭

【蒙顶】

南方有嘉木

鸡鸣第三遍时，刘思强才从车间走出来。趴在门外的灰熊呜咽了一声，滞缓地爬起来跟在他身后，沿着茶园间的小路上山回家。茶场在蒙山半山腰，家在几道弯弯肠子路的更上面。灰熊到底是老了，耷拉着耳朵，步子比做了一夜茶的他还要浮漂，如宿醉的老酒鬼，游荡在暗自生长的茶树之间，潦倒落魄。

这片茶园大多是刘思强出生那年才有的。同是做过茶场制茶师傅的父亲曾告诉他，蒙顶山在父亲年幼时还只是一片原始森林，几十亩野生老川茶疏落其间，和其他灌木掺杂在一起也看不出什么差别。然而，当1982年父亲退休，刘思强顶缺到国营蒙山茶场做茶时，俯瞰漫山遍野齐整的茶树，起初他是不相信的。直到他沿着1 000多阶石梯爬到山顶的天盖寺，见着13棵几可蔽天荫日的千年银杏树后，才是信了这1 500多亩茶园，真是过去的二十年里那群响应上山下乡号召的城市知识青年在深山老林和荆棘灌木丛中，一锄一锹开垦出来的。

1963年，刘思强出生在名山县蒙顶山，蒙顶山旧时称作蒙山，位于川西入藏的咽喉之地雅安境内。也是在这一年，四川省政府在蒙顶山建立了国营蒙山茶场，第一批省农业厅"招工"来的农垦工人，100多个20岁左右的成都青年从新南门汽车站出发到达名山县城，跟随来接他们的茶场工人上山垦荒种茶。那群从山上下来的衣衫褴褛、满腿泥巴、腰上扎着草绳的茶场工人就是刘思强的父辈，蒙山当地最早一代的垦荒茶农。

蒙山茶的凋敝也是近百余年间发生的变故。蒙山古来盛产好茶，蒙山茶自唐玄宗天宝元年便被列为贡品，到清末的一千多年间，岁岁明前由半山智矩寺的僧人入"皇茶园"

永兴寺的师父智通，20岁入寺，随师父普照制茶10余年。茶季每日5点早起诵经，白日采摘，夜晚通宵制茶

采摘鲜叶制茶，封于银瓶之内，快马送入宫中以供皇室祭天祀祖。及至清殁，民国连年混战，蒙山茶渐次式微，终至荒弃。到1951年，名山县尚属至今已撤销近60年的西康省辖区，西康省农业厅在蒙山上的永兴寺里筹建"西康茶叶试验站"时，整个蒙山已只剩寺庙周围二十余亩零星茶园。

蒙山茶真正的复兴要到1958年。彼时，毛泽东到成都视察工作，言语中对蒙山茶多有推崇，"中国有个扬子江，四川有座蒙顶山，扬子江心水，蒙山顶上茶嘛"。川地相关领导立即着人制作出蒙山茶，毛品尝完茶后说："蒙山茶要发展，要与群众见面。"旋即人们便闻风而动。

正当茶场筹建时，遭遇三年严重困难时期，到1963年四川省国营蒙山茶场最终成立时，刘思强的父辈们已经在灾年里开垦出八百多亩茶园。然而饶是如此，当那群意气风发的少年郎走了三个小时抵达山上八百多米高处的茶场时，看到的仍是一片深山老林和一座颓寂破败的古寺。蒙顶山上多庙宇，贡茶时期，智矩寺为制茶之所。静居庵在1958年成为新建立的茶叶培植场场部，到1963年，又与先前的茶叶试验站合并为省国营蒙山茶场，场部设在永兴寺。永兴寺自1951年被政府用作"茶叶试验站"后就没了僧人，这些成都来的年轻人便在这座相传是三国末年初建的古寺里住了下来。

其实从严格意义上来界定，这批青年人和"文革"时期上山下乡到蒙山的知青是有差别的，他们是招工来的拓荒工人，只因当初上山的缘由和境遇与后者太过相似，因此"文革"期间，无论是名义上还是实际待遇上，这些人都成为"知青"。1973年，第一批真

左：静居庵遗留的茶场知青旧宅，在我们到访一个月后的雅安地震中愈发损坏
右：机器揉捻过一次之后，刘思强带领职工再次手工揉捻甘露。手揉可加强茶汁外溢，是甘露"落水沉"的特征来源

正意义上的雅安知青上了蒙山，隔年又来了一批名山县城的知青。十年前的那些来自成都的先行者变成了"老知哥"和"老知姐"，整个蒙顶山在最多的时候有六个知青大队，三百多个知青，后来这中间的很多人都在蒙山结婚安家，直至几十年后茶场改制方陆陆续续搬下山去。

刘思强是蒙山茶场国营时代招收的最后一批工人。他进厂时，茶场已经颇具规模，经过知青们 20 多年的开垦，从最初只有永兴寺周围 20 余亩庙产茶园，到后来遍布蒙顶山五峰的 1 000 多亩，其中有将近 1 000 亩茶园投入生产，年产名茶 50 多担，烘青细茶 1 000 多担，亦生产一定数量的花茶。所谓名茶是 1959 年，经各方专家多年研究后恢复试制的传统蒙山名茶，有黄茶系的黄芽和绿茶系的石花、甘露等品种。

在计划经济时代，茶叶的采摘、生产任务和茶园管理都有严苛的规定。茶场每年都有计划的茶叶生产量，工人们除了星期日，一整年的时间都在做茶。蒙顶春茶采摘于春分时节，茶树上有 10% 的芽头鳞片展开，即可开园采摘。初时仅采摘圆肥单芽和一芽一叶初展的芽头，每人一天只准采七八两，标准一芽一叶，长 1.5 厘米，并严格奉行"三不采"原则，病叶不采、下雨不采、露水不采。只要有一项标准不符合，茶场就会拒收。正当茶季时，收上来的鲜叶多且不能过夜，必须要在当天全部做完。生产车间有五六十号人，刘思强初来乍到，就跟着这些老师傅们学习手工做茶。车间的西头靠墙是一字排开的好几口大锅，三个烧灶工人在墙外的灶膛负责添薪柴，黄芽、石花和甘露的炒制温度要求各有不同，烧灶工人多是最专业老到的，能靠经验来控制火候。忙的时候，刘思强一天要做 40 锅茶，几乎不眠不休，实在扛不住了，就和衣在车间的地上睡一两个小时，再起来接着炒。最多的时候，每年制作的甘露、黄芽和石花一共也不超过 500 斤。

这样精细的标准做出来的茶自然很是讲究，在 80 年代，一斤蒙顶山名茶能卖到 100 多块，却也是少在市场流通，茶场的茶叶做好了都要上交省农垦局，他们负责茶场职工的工资。刘思强最初进厂时的月工资是 26 元，四年后，当他和同车间的女制茶工杨永会结婚时，这个小家庭一个月的收入尚不足 90 元，到了 90 年代，工资才涨到每人八九十块钱。

当山上这个小知青部落正在为微薄的薪水和飞涨的物价苦不堪言时，山下的其他三大国营茶已经陆续开始进行改制，和这三家纯粹以茶叶加工制作为主的茶场相比，蒙山茶场最大的优势是拥有 1 000 多亩茶园，有一套完整的茶叶种植、生产制作体系，或许这也是改制之风最晚吹到蒙顶山的原因。

2003 年，国营蒙山茶场开始改制，刘思强心中五味杂陈。在车间里、在茶山上，他在遇到的每一位工友脸上看到相似的表情——顿失所有的惶恐无措，个人命运被时代洪流突袭的无奈。从十七八岁的红衣少年，到如今的白发先生，他们从学校里的知识青年变成只会开荒种茶制茶品茶的道道地地的茶农，或许在艰难的时月里，他们曾期待改制，寄希望于另找出路改变现状。而当改制真正来临，失去了所依附的土地，下山的路在眼前渐渐模糊，山下的世界显得那么不真实。

刘思强是不想改制的，买断 20 年工龄的两万块钱对于这个虽住在茶山却无一亩茶园和耕地的家庭来说，不过是杯水车薪。他背起行囊到了浙江的茶场，学习做出口茶叶，仅仅两个月后，对东部城市的不适应让刘思强又回到蒙顶山，此时蒙山茶场已经完成由公到私的转变。这个存在了 41 年的知青部落，随着 2004 年最后一个成都知青倪觉非走出永兴寺而宣告解体。曾占据了他们整个青春岁月的蒙顶山，到末了也只余下废弃屋舍墙壁上贴着的贯穿了整个 60 到 80 年代的老报纸和用红漆写下的激昂誓词，能依稀窥得一个时代的情怀。

改制后的茶叶公司有 20 多个工人，300 多个老员工最后留下的只有四五人。全机械化生产的车间只有包括刘思强在内的 5 个制茶师傅，另外 4 个都是 2013 年才进来的生手。那一年春季气候有异，茶叶生长过快。人手紧张，刘思强已经顾不上去纠正新手们揉捻茶叶的手法。川地古语，西蜀漏天。雨城雅安一年里有两百多天是在下雨的，而蒙山较之更多，历来的气象却在 2013 年失常，雅安已经两个多月末下雨，蒙顶山少了烟笼雾锁，高山茶园裸露在阳光的直射之下，长势迅猛。茶季比往年提前了两个节气，刘思强紧赶慢赶，也跑不过时间。现在采摘的鲜叶，芽心大多已经空了，只能用来做甘露，若是做石花和黄芽这些扁形茶，机器调形时，一压就碎了。不像国营时期，茶场要做一整年的茶。茶叶公司只做春季茶，清明前就会停产。整个春天，他们都在等待一场不知何时才会降下的大雨。

山上天亮得早，他到家的时候，山上的茶园已经一片清朗，那些年轻人在垦荒时为自己建造的安身立命之所，十几座穿斗式结构的川西传统民居和砖房，如偶然洒下的茶种散落在茶树间，渐渐也能辨个分明，看来今天又是无雨了。🍃

蒙顶石花 / 蒙顶甘露

石花和甘露，味道上并无太大区别。只是石花外形扁直、匀整，带银毫。甘露弯曲细紧，墨绿油润披银毫。85℃左右水温，石花用下投法，先投茶再注水；甘露用上投法，先注水再投茶。只见芽头渐渐浮沉展开，根根直立，重现嫩绿本色。当地以是否落水沉来评价甘露的优劣，因用力揉捻，茶汁溢出表面，甘露比石花更容易浸出滋味，也更受欢迎些。上好的蒙顶茶，虽有茶毫翻飞，茶汤仍然清亮，入口先是一股鲜爽气，接着能感觉到细腻的清甜，柔和的口感持续良久。

II

峨眉

【峨眉绿茶】

刚柔相济

四时有序

做一百年茶

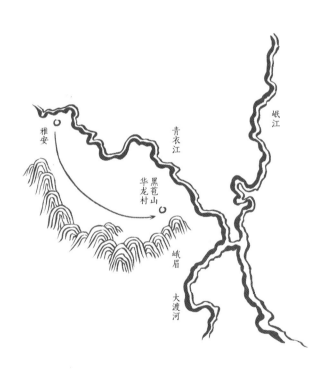

三岁半的郑小妹，和父母一起在地里采摘制作炒青的鲜叶，一家子一天可摘40多斤

峨眉灵境

峨山多药草，茶尤好，
异于天下。今黑水寺后绝岩种茶，
味佳而两年白一年绿，间出有常。
——《昭明文选》唐代修订师之补注

左：峨眉黑苞山老川茶自然变异品种优选培育出的峨眉黄芽
右上：峨眉紫芽
右下：峨眉白芽

撰文：茶小隐　摄影：马岭

【峨眉】刚柔相济

　　川茶三大产区，蒙顶柔和，宜宾刚烈，峨眉则在二者之间，刚柔并济。这是峨眉人对自家茶性格的评价。

　　来峨眉之前，有人推荐我们去参观竹叶青公司的茶厂，设备从日本引进，十分先进，或是夹江的天福茶园。然而寻访茶和人之间的关系，才是此次茶之路的目的。我们放弃了参观大厂，乘坐一部破旧的出租车，翻越青衣江两岸的群山，前往黑苞山普兴乡。在外界虽然不算出名，但峨眉茶区半数以上的茶叶，都由这里出产。山中有明代宝昙和尚墓址，据说他是朱元璋的舅舅，久在民间深知茶农疾苦。开国后嘱咐外甥，团茶进贡靡费劳力，应该大力发展散茶，促生了著名的"废团兴散"令颁发。

　　华龙村，在黑苞山海拔 800 米以上接近顶峰处。一路盘旋上山，乡里小学刚下课，孩子们正三三两两走路回家，华龙村最高，那里的孩子每天来回要走近十公里。山势比预期中更陡，多巉石。有时茶园就在近乎垂直的崖边排排种植，颇似武夷山的岩茶山场。缓坡地亦多茶树，园中间植许多大枇杷树，挂满保护果实的纸袋。到五月成熟季节，黑苞山会办枇杷节，果子价格要比山下高出好几倍。

　　在峨眉喝的第一杯茶，是白芽。肥圆的一芽一叶，如兰花般在高身玻璃杯中舒展舞蹈，嫩白叶色，中心一丝青绿叶脉贯穿。入嘴先是柔和明净的清甜，伴随影影绰绰的鲜。元代《文献通考》中已有白芽的记载："蜀茶之细者，其品视南方已下，惟广汉之赵坡、合州之水南、峨眉之白芽、雅安之蒙顶，土人亦珍之。"白芽旧时也称"雪芽"，和宋徽宗《大观茶论》里写的"白茶"类似，虽名"白"却是绿茶，应是深山中野生茶树自然白化的产物。

唐代显庆年间重修的《昭明文选》中补注："峨山多药草，茶尤好，异于天下。今黑水寺后绝岩种茶，味佳而两年白一年绿，间出有常。"黑水寺僧人以此白化茶芽制作的茶，历史要比著名的安吉白茶早得多。白芽发出的芽白中带嫩绿，叶片还是绿的。我们喝到的这杯，是从野生古树和老川茶群体种中选育典型白化植株定型，在华龙村已成片种植，村民收摘后可以200元一斤的鲜叶价返销给做白芽的榜上有名茶业公司，这价钱在全国都算数一数二了。除了白芽，当地也在培育紫芽和黄芽，都是自然变异品种。紫芽花青素含量高，抗辐射，对人体有益，但汤色暗淡不美。榜上有名的何总就给它起了个好听的名字叫"乌金汤"，希望能推广开。

峨眉茶的历史，总和寺庙分不开。景区内的万年寺、报国寺、黑水寺，历代种茶，以充寺产。山中老农都会讲的陈毅给"竹叶青"命名的故事，就发生在万年寺。这种鲜嫩全芽做出的竹叶形绿茶，本是峨眉地区传统的"细茶"，只是被一家公司买断使用权，变成别家不能再使用的品牌，只好又取了许多新名字，如雪芽、芽丁玉竹等等。但要通俗易懂，都会补一句："这就是我们的竹叶青。"

川茶比其他茶区，要早三个节气。江浙清明前能不能开采，还要看天气。2013年黑苞山是正月初六就开始采茶，抢早茶之先，能卖上好价钱。到了春分，全芽细茶已采到尾声，做高端茶的厂子放假停工，茶农们就要准备开始做一芽两三叶甚至三四叶的炒青了。炒青比细茶杀口，茶味更重，价格便宜，老百姓喜欢。一直做到九月，茶树才休养备冬。清明前后的炒青，质量最好，夏茶最差，多出口。而四川地区广受欢迎的"峨眉毛峰"，主产地其实是在雅安蒙山后山一带。

说到刚柔并济，我们喝的几泡茶，确实有外柔内刚、绵延不绝、性情偏强之感。黑苞山坐落在雅安和峨眉气候带之间，多雨且天气多变，天气预报常常不准，老百姓习惯早起看天。海拔800~1 200米的茶园，土壤以富含火山灰的"豆末土"为主，肥沃而有一定疏松度，还间杂了不少小石头。海拔高，云雾亦多，昼夜温差大，使得茶叶内物质更丰厚，层次也就凸显出来了。枇杷桃树李树等果树间植，是这十来年的事。而今树已亭亭，和茶园形成良好生态互补，能减少阳光直射，增加氨基酸生成，更增添了峨眉茶有花果香的说法。清晨被山村新闻联播的喇叭声催醒，山谷间细雨蒙蒙，果树枝梢的新绿格外润泽，更觉出这片山水的富饶灵秀来。从阳台探身一看，老茶农周春文，已经叼着自卷的叶子烟，在楼下等我们炒茶了。🍃

黑苞山

撰文：孙程　摄影：马岭

【峨眉】

四时有序

　　在雅安的两天，天气一天比一天热，天气预报却说是有雨的。清晨从蒙顶山下来，低山茶园的茶农已在用极细的胶管，贴着茶树根部浇水，即便山上饮水已成问题。我想这些茶农多年来仰天地鼻息而生存的经验，较之收音机里字正腔圆播报的预测数值是更为可靠的，至少下午我沿着青衣江离开这座川西小城时，那场雨仍没有落下来。

　　黄昏和我们一起抵达峨眉，在县城稍做休整后再次出发，前往普兴乡黑苞山茶园，夜晚已经先一步到了，张淑香站在屋前等我们。在海拔 1 500 多米的茶山上，多还能见到穿斗结构的木质建筑，悬山式屋顶，小青瓦屋面，入夜后的山里已有夏虫的叫声，60多岁的老人站在祖屋屋檐下的昏黄灯光里，让人想起故乡。

　　老人身后敞着的西厢是她和老伴周春文做茶的地方，在门外已能看到各种制茶的机械。十年前，这里的村民是家家有土灶，几乎人人都会炒茶的。后来时兴全机械化生产，女婿何建华在这里开了一家茶叶公司，茶农便将鲜叶卖给工厂，不再自己手工炒茶。只有周春文还坚持每年手工炒一些，送给朋友或者订购的熟客。

　　虽然黑苞山有手工制茶的传统，但是在张淑香嫁过来的1975年，山上的茶树已经并不多了。周家祖上三代都是做茶的，到他们这一辈时，茶园已经所剩无几，因山上少有平整土地，家中老人认为种些苞谷、水稻和小麦更有保障。种茶树，先不论是否能成活，成活后长两三年才能开采，便只是以做茶卖茶来营生，已是太不牢靠的想法。在峨眉一带，山上老农世代自家种茶做茶，卖茶是没有销路的。

　　但她还是将从娘家带来的一些老川茶茶果，偷偷种在屋后山坡上的菜地里，公婆问

周春文在一口铁锅中开始手工杀青凋了整夜的峨眉白芽鲜叶

左：黑苞山山岩间的茶园
右：张淑香、周春文夫妇

起时，她就哄老人家种的是豌豆。待几个月后茶种发芽了，老人看到了也没再说什么。

黑苞山土质松软，适合种茶，两三年后茶树可以开始采摘了，附近村民看到后也过来跟张淑香讨一些茶果回去种。就这样，黑苞山上的茶树渐渐多了起来。后来，村里开始大规模种茶，每家每户都分到茶果子，却也是有规定的，一个坑里面最多只准放四颗。山上的三万多亩茶园几乎都是这个时期种起来的。

虽然是在计划经济时代，农家自己炒的茶还是可以拿去卖的。那时丈夫在村里的茶厂做厂长挣工分，张淑香便在家里炒茶补贴家用。家里的二十亩茶园，春茶开采时人手不够，只能请人去帮忙采摘，她一个人站在灶前不分昼夜地炒，竹叶青杀青一次大约要四十分钟，一锅杀青后就盛出来放在一边，再炒另一锅，炒好了摊起来再复炒之前的那锅，每锅半斤鲜叶，如此这般三炒三揉后只得一两多干茶。待赶圩时带去山下卖，炒青几元钱一斤，竹叶青则能卖到二三十元。

茶农自己是不吃竹叶青的，这样的细茶一两泡后味道就寡淡了，做重体力活的他们习惯吃炒青，这是茶农和茶树之间的默契，就像西厢里的杀青机如果晚上不响，周春文就睡不着觉。所以自 20 岁那年从学校毕业回来后，他便鲜少下山去。

2000 年以后，家里有了制茶的全套机器，张淑香就不再手工炒茶了。在过去的三十多年里，她每年要炒两三个月的茶，手上总少不了被锅底的高温燎起的有如豆子一般大的水泡。每天重复同样的翻炒动作，像是看不到尽头，她也倦怠了。

一开始那些老茶客还是不太接受机器炒茶，手工制茶的量少，火候大一些，吃起来味道自然就浓，回甘长。手炒的竹叶青形状微微卷曲，机器做出的条形是直的，拿去街上卖，一眼就能分辨得出来。但也没办法，后来几乎没什么人再手工做茶，喝茶的人也就不那么讲究了。🍃

峨眉白芽

用本地老川茶群体种野茶自然变异的白化品种培育，条索细长，鹅黄至金黄色。一芽两叶初展采摘的白芽，鲜叶颜色比通常品种淡。山上气温低，要摊晾萎凋近 10 小时后，待散发出清新花香时开始杀青。但凡白化品种茶叶的氨基酸含量，都比常规品高得多，因而有"喝鸡汤"之说。85℃水温冲泡，上等峨眉白芽汤色淡黄，叶底越泡越白，久泡也绝无苦涩。细致淡雅的清甜绵延不绝，却又很稠滑，骨架沉厚。和不能在茶器中留水以免苦涩的乌龙茶不同，川茶讲究留"母水"，每一泡水都不完全喝尽，给下一泡留下滋味。

竹叶青

峨眉茶区头批独芽采摘，做出纤细匀整的竹叶状扁形茶，都可视为"竹叶青"，当地茶农叫"小茶"。入水非常漂亮，根根直立，叶色青翠欲滴，缓缓下沉。老川茶群体种，高山产区出的，味道浓厚但并不杀口，苦涩度低，回甘长，底子里是甘爽的甜香，越泡越显，可以泡七八道，全手工炒制的尤其如此。低海拔所产或制作工艺不精者，则茶香特征不明确，或有生青气，或底味中隐含苦涩。

峨眉炒青

春分后至初秋大开面芽叶机器炒制，最能凸显老川茶的性格，刚烈、略涩，茶味重。沸水冲泡，满满一杯大叶子。如果你喝过这个产区的竹叶青，感觉不错，那么接着订清明前后的炒青绝对没错。茶叶底子一样，价格却可能相差十倍。

三杯峨眉茶。川茶三大产区，蒙顶柔和，宜宾刚烈，峨眉则在二者之间，刚柔相济

做一百年茶

撰文：孙程　摄影：马岭

　　何建华的茶叶公司在黑苞山800米高的半山腰上，一栋四层高的大楼伫立在一群川地传统民居中，气派而突兀。这里曾是计划经济时期村里茶叶厂的旧址，2000年何建华回来做茶时，在原址上建了这栋大楼，作为新建立的茶叶公司的基地。

　　峨眉山市普兴乡黑苞山华龙村是何建华的妻子周小芳的家乡，这里的村民祖祖辈辈种茶做茶，周家几代人都是传统茶农，岳父周春文在70年代曾是村里茶厂的厂长，岳母张淑香的手工炒茶远近闻名，妻子和女儿后来也在做茶艺表演。这一切让何建华起心做茶时，注定要回到这个地方。

　　关于黑苞山种茶的起始，在老一辈人口中流传着一个说法，明代洪武年间，峨眉城北普贤寺出过一位高僧——被朱元璋封为国师的宝昙和尚。洪武七年（1734），城北黑苞山突发瘟疫，宝昙带弟子到此地施符赠药，瘟疫过后，当地人将乡名取为"普兴"，请宝昙留在当地弘扬普贤大法。宝昙见普兴乡交通闭塞，瘟疫过后，老弱病孺愁于生计，便选了峨眉山上的数千株贡茶树苗移植到黑苞山，教乡民植树制茶。数年后，茶树开采，当地农人炒制出茶叶，年事已高的宝昙国师亲自将茶叶送到朱元璋面前。黑苞山茶因其味甘甜清香、炒制工艺精到而被朱元璋列为贡茶，自此扬名。

　　无论传说是否属实，在《峨眉县志》中却有一条记载，从明朝开始，普兴乡的茶就已成为贡茶。黑苞山山麓的岩窟里至今仍保存着据说是宝昙的舍利。在国师故去后的几百年间，黑苞山茶不知何因没落，虽然在70年代的大规模集体种茶后，形成了现在的三万多亩茶园，但却依然和四川其他产区的茶叶面临着同样的困境，即便曾经贵为贡茶，

曾建言朱元璋"废团兴散"的宝昙和尚，舍利塔至今尚存于黑苞山，四周环绕橘林和茶园

时至今日却仍未制作出一个响亮的品牌。至于家喻户晓的峨眉竹叶青，多年前已被一家企业注册商标，因而，即使现在峨眉产区许多人的制茶工艺确是竹叶青，却只能叫着五花八门的名字。在何建华看来，这对茶叶来讲是一种最大的伤害，纵然川茶占据了最大的天时地利——春茶比别的地方早45天成熟，抢了头三个节气——却单单少了一个人和，以致无论怎样做都难以像东南一带的茶区一样有叫得响名号的招牌茶。

虽然大环境让人无奈，靠一己之力不一定能做出好的品牌，但何建华想，那么做点好的产品还是可以的，黑苞山的高山茶有着天然的优势。相较于本地其他一些茶园普遍选择以福鼎大白、福选九号等高产良种来取代老川茶，他对原生品种有着更大的坚持。2008年，经过五年的考察期后，茶树育种专家钟渭基终于同意收他做徒弟，每年老先生都会到黑苞山来做实地考察，对于山上原有的黄芽、白芽、紫芽，通过寻找最佳母本的方式进行培育，实验出的茶种，何建华会先在自己家的茶园试行种植，观之可行后，才让村民们大面积推广。

他相信川茶只是为名声所累，并不是不好喝，"茶的好坏没办法用统一的标准来讲，我们在做茶的过程中，只要尽力去把一个地区茶的本真个性展现出来，你喜不喜欢那是你的事。人通常用自己的意志去衡量这个自然，这是不太准确的，它不会变，是你变了。"

周家做茶到何建华这一辈已经是第五代了，在十几年前他决心回山上做茶时，就已经明白，茶叶是一个收效很慢的行当，靠山吃山，靠水吃水，如果没有做一百年的心，就不要去做，对于农村来说，这只会是一种更大的破坏。🍃

太湖

【阳羡茶和顾渚紫笋】

风土与茶韵

果农茶事

工科男的阳羡茶

饮春之味

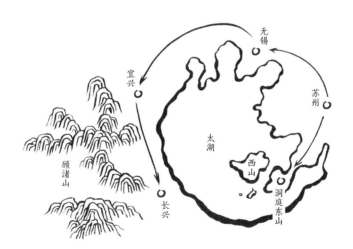

宜兴茶山

太湖烟波

浙西以湖州上

——陆羽《茶经》

长兴茶人研制的紫笋八种：湖州紫笋、紫笋旗枪、手工紫笋、野生紫笋、紫笋饼茶、长兴紫笋、大叶紫笋、顾渚紫笋

【太湖】

风土与茶韵

撰文：茶小隐　摄影：马岭

洞庭东西山

正经挨着太湖的产区，是苏州洞庭山，又分东西山。东山是座半岛，也是碧螺春原产地。当地妇孺皆能讲述的故事，是康熙皇帝南巡，抚臣朱荦献上土人称为"吓煞人香"的东山碧螺峰石壁产野茶。皇帝很喜欢，令取名碧螺春，且让地方政府年年进贡。由东山岛跨过太湖大桥，即到太湖第一大岛西山，这里还真有座和金庸小说《天龙八部》里同名的缥缈峰。

东山、西山，既有大型茶厂，也保留着小农户家家做茶的生态。碧螺春虽然出名，价钱也贵，处在江南人烟稠密之地，每家也就分到几亩茶园，一年做个几十上百斤，收入有限。农户更多依靠种水果、养水产挣钱，故名果茶农。或许是这个原因，对访茶买茶的客人，当地人并不巴结，泡杯茶给喝喝，顺口就买，不请吃饭不讲价钱不送茶。这当然是不做游客生意不卖外地假茶那种老派果茶农，拉着你热情得不行的倒要小心了。

书上说："东西山传统上茶果间种，茶树萌芽之际，也正是梅李开花之时。碧螺春特有的花果香，在人们的口口相传中，便来自空气中弥漫的花香，这种联想未必严谨，但植被茂盛的小环境确实会影响风味。"之前，见识了峨眉的茶果树间种，想象中大概也就是茶园里东一棵西一棵间种着果树。等我们在东山的环岛路上，随便爬上一条山道，才大吃一惊。这哪是茶果间植，分明就是果园里的茶园嘛。从外边看去，山头覆盖郁郁果树，枇杷、杨梅、蜜橘、桃树……一片露出来的茶园也没有。原来茶树全躲在果树下，因地势随意种植，没有整齐的茶垄，砌石块为垒，几近半野生状态。我们到的这天，离清明还有一周，遇上倒春寒，茶芽刚开采没几天。川茶序曲已谢幕，湖茶方才登场。太湖的水汽真是了得，刚下过微雨，果林里湿漉漉到处洇着水，又湿又滑，满眼都是翡翠般深浅浓淡的绿色。朋友说碧螺春茶树特别能吃水，大概就是这番景象。

产量小，大厂用机器，茶果农仍然自家采茶自家手炒。微妙的高下之分就要看主人的心气，茶总不愁卖，可以坚持雨天不采，摊晾到位再杀青，也可以马马虎虎做出来就算数。只是滋味骗不得人，老茶客会分辨出花果香有没有充分做到位，回甘是不是清澈而悠长。碧螺春讲究"采得早、摘得嫩、拣得净"，必须采自果树下碧螺春群体小叶种茶树。黄豆般大小初展一芽一叶采回来，全家人要围坐桌旁，逐一挑拣选出最匀整的，制成一斤需要6~8万个芽头。萎凋摊晾到香气发出来，这厢烧热柴灶上的大铁锅，用鬃刷洗干净，锅温达到180度以上时，洒进一斤四两鲜叶。杀青、抖散、团揉、平揉、做形、提毫，全在这口铁锅里完成，手不离茶，茶不离锅，一气呵成。一锅鲜绿茶菁，慢慢变成微曲的细条，师傅开始一团团搓揉，就在出锅前最后一瞬，茶毫突然蓬蓬松松地鼓胀起来，我们在一旁定睛细看，却几乎看不到这骤变的过程。黛绿色弯曲的茶上遍布茸毫，这便是闻名天下的"铜丝条，蜜蜂腿"。

炒碧螺春，不但是个力气活，更是失之毫厘、差以千里的精细活。数次获得"炒茶大师"称号的东山茶农石年雄对现下风气颇感无奈。洞庭山就这么大点地方，产量有限，为了挣钱，许多茶农开始种早生品种，甚至买外地茶菁充当本地茶。而一锅到底的炒茶手艺，是碧螺春活色生香的根本。传统柴灶，旺火烧到300度，保持锅温快炒，25~30分钟内结束，才能炒出色泽青翠、鲜甘宜人的好茶。年轻一代却多改用他认为会染上"煤气味"的煤气灶，手法上也不精益求精，入锅到显毫，有时超过40分钟还没完成，这样的碧螺春不用试，已经"闷"住了，不会是上等品。而最后的焙干，绝对不用明火，只能用炭火。祖宗留下来的种种经验之谈，只能靠自己的手练出来。如果年轻人心思不在做好茶上了，手艺谁来继承呢？

这一锅辛苦炒出的干茶，最多不过四两。东山白玉枇杷一斤能卖30元，果茶农们在果树上的收入更高，说起茶，似乎就是平常一季作物。清明过后谷雨前，大些的芽叶要开始做炒青，味重耐泡，价格跌到两三百，这才是苏州百姓和茶农自己喝的。炒茶大姐悄悄说：明前碧螺春，味道很淡的。

淡中寻味，却正是碧螺春的妙处。和通过氧化发酵产生千变万化香气的乌龙茶、红茶不同，绿茶萎凋之后即刻高温杀青，鲜叶中氧化酶活性丧失，不再发生酶促氧化。茶从风土中带来的特质，几乎原封不动保留下来。碧螺春芽嫩，先投水，再落茶，一杯春

顺着崎岖山路放竹子，山民脚下毫不含糊，信住！峨山村下。

色慢慢垂落，入嘴貌似无味，细品之下却能感受到绵密馥郁的花果清香，若似青榄，鲜中微涩，却又即时生津回甘，生出一线悠长的甘润，正是江南地域的风土之香，中国式山水恬静清雅意境的绝佳诠释。

宜兴和顾渚

阳羡茶和顾渚紫笋茶，自古以来就是一对冤家。两地本一岭之隔，宜兴（古称阳羡、义兴）属常州辖制，长兴（顾渚）却属湖州。如今仍沿旧制分属江苏、浙江。

唐大历年间，陆羽到驻守常州的御史大夫李栖筠处做客，有山僧献茶，陆羽尝了之后说"芬香甘辣冠于他境"，推荐上贡，阳羡茶遂为贡茶，岁贡万两。卢仝有诗曰："天子未尝阳羡茶，百草不敢先开花。"然而之后不久，陆羽又游历到附近的长城（即长兴）顾渚山，爱上此地山水，置茶园隐居，修订《茶经》，说"浙西茶以湖州上，常州次"，还寄了两片紫笋茶给京师的朋友。阳羡茶入贡后两年，顾渚茶也成为贡茶，唐代宗命宜兴顾渚分别纳贡，并在顾渚设贡茶院。其后几十年间，顾渚紫笋声名后来居上，仅次于蒙顶茶，列贡茶次席。

贡茶要抢在清明之前送到宫中，春分即须开采。中唐时期的风流人物，如颜真卿、杜牧，都曾在这两地为官，参与督造，至今顾渚山中仍留下不少摩崖石刻。既然湖山相连，便在州界悬脚岭（一说啄木岭）上建了座境会亭，共议茶事。在杭州刺史任上的白居易，曾受湖州刺史崔元亮、常州刺史贾㵠邀请，参加"茶山境会"。不想突然抱病，只能写下"青娥递舞应争妙，紫笋齐尝各斗新。自叹花时北窗下，蒲黄酒对病眠人"的诗句。

据史学家们后来考证，北宋时的江南，正值一个漫长的寒冷期，有连续几十年的冬天，太湖封冻，有时过了清明茶树还未有嫩芽，于是阳羡茶"始罢贡"，加上籍贯福建的蔡襄等人举荐，皇室的贡茶基地转而迁至闽北建瓯一带，到了元代，宜兴的茶虽有进贡，但已是偏门，直至明代，许次纾在《茶疏》里写：江南之茶，唐人首称阳羡，宋人最重建州，于今贡茶两地独多。而到了清代，外族的当权者自有他种口味，宜兴茶不再收获来自皇家的青睐，再加之康熙南巡赐名碧螺春，乾隆微服独爱龙井茶，实际上在清朝中期以后，各类书文中便难寻有关宜兴贡茶的记载，再至清末，历经太平天国以及此后层出不穷的动乱，宜兴本地的茶园一度缩减到仅存几百亩。后世的茶人，只能从古书的只字上，揣摩寻味，比如宜兴曾产"金字末茶"和"离墨红筋"，前者是在元代既有的一种红茶散茶，后者可能是一种发酵茶抑或半发酵茶，推测仅止于此，茶味再无人知，大概再也没有比这种空留字眼而制法失传更加悲怆的故事了。

晚明《长物志》中列为天下之首、在虎丘龙井之上的"岕茶",是另一桩神秘的纸上茶事。"岕",宜兴和长兴话方言都念"卡",意为两山之间,至今仍有许多带"岕"字的地名。这大概是阳羡茶和顾渚茶的再次复兴。即便当时的著述,也存在两种争议。一说岕茶出自宜兴茗岭,一说属长兴境,是紫笋茶余脉。这种神秘的岕茶,似乎是自然白化品种绿茶,有婴儿乳香金石气。宜兴龙背山茶场新开发的岕茶,也曾泡来喝,芽头非常漂亮,古书中描述的神韵却寻不见。

宜兴档案局宗局长介绍,宜兴茶1937年开始由绿茶转为红茶为主,1951年上海中茶通过苏州贸易公司大量采购,促成茶场大规模发展。现有绿茶品种阳羡雪芽等都是1978年以后创制的。老茶树品种宜兴群体种,产量偏低,如今只在山中少量存留,被称为"野山茶"。我们去参观的茶研所茶园层层叠叠,十分壮观。工科出身的许所长引进了许多乌龙茶品种,做出的绿茶宜兴紫笋、红茶阳羡金毫,别具浓郁风味。只是传统意义上的阳羡茶,或已难觅踪迹。

和空余回忆的宜兴不同,《茶经》中描述的顾渚古茶山,连同地名一并延续了下来。山桑岕,现名"方(桑)坞岕",獳狮岕名"狮坞岕",和高坞岕、竹坞岕、孙权射过虎的斫射岕溪涧相连,也即会昌年间湖州刺史张文规诗中所说"明月峡中茶始生"处。毛竹林中石板山道曲折通向古茶山,不时须避开盘错的竹根。两侧沟壑崖间,丛丛簇簇的茶树,自由散漫地从破碎的岩石间长出来,一直延续到山峰高处。枝头结着茶果茶花,脚下缠着藤蔓杂草。陆羽写"上者生烂石,中者生砾壤(砂壤),下者生黄土","阳崖阴林,紫者上,绿者次,笋者上,芽者次",几乎就是照着眼前景象写的。湖州茶圈著名的游侠"大茶"说,紫笋茶自唐代开始入贡,中道衰微,但绵延至清初还有少量特贡,茶树品种因此得以保留。千年以来,虽然自然更新了不知多少代,却仍是靠茶种自然有性繁殖延续至今的紫笋茶后代。在大力推广以无性繁殖扦插良种的时代,紫笋茶古老而纯粹的基因,反而显得尤其珍贵。古茶山中满山的茶树,好像一直就在这里,是这山谷的主人,与空山鸟语共生,只在采茶季节才有人来惊扰。

唐代紫笋茶,按照当时的制茶法,蒸青杀青,捣烂,拍压成茶饼,再焙干收藏。喝的时候取小块碾碎细筛,加盐等煮。是否必须取紫化的芽做,已不可考。向茶山上遇到的老茶农请教,他说小时候还常见紫芽,如今多半已是绿芽。紫芽也好,绿芽也罢,顾渚村竹山重峦叠嶂,远离城镇,本是出好茶的绝佳环境。只是村民对茶已不那么在意,家家户户都改建成瓷砖别墅,周末一车车从上海、杭州来的游客,到这里小住几日,收入远远超过做茶。谷间小溪,和自古闻名的"金沙泉"同出山中,水边最常见劏鸡洗菜的妇人。还有满山的毛竹,请贵州工人砍了背下来,也是一笔收入。如此,茶园管理和

顾渚方坞岕古茶山，茶生烂石上，如陆羽《茶经》所写

做茶，上心的人也少了。古茶山入口处，开茶舍的查姓村民，倒一直用古茶山茶菁做茶。味道朴实，有兰香，若说和他处绿茶相比，特点却也不甚明显。

本地茶室好和堂，主人在湖州茶圈中字号"大和"，致力于复兴紫笋有年。伉俪二人创制出数十种紫笋茶，从用湖州地区茶菁做的湖州紫笋，到地理范围严格限制的古茶山紫笋，还有按唐代制茶法复刻的紫笋饼茶。而我最喜欢的，还是野生紫笋茶。这是大和遍寻顾渚诸山，找到一处与桑坞岕古茶山土壤、地理近似的山峡，尚有许多抛荒的野生紫笋茶树。用这里的茶菁制成的野生紫笋，味极清甜，简直有点"醍醐"感。在大和的茶厂，他挑出几朵刚采下来的野生紫笋芽叶，从基部开始泛红，芽尖几近紫色，可不正是所谓"紫者"。他说，茶神眷顾，今天采到特别多紫芽。制茶的每个环节，更需精细，分秒到位，才能把茶的天赋淋漓尽致发挥出来。

遇上常年研究紫笋茶文化的文联杜主席，我问，如何以一语概括紫笋茶？他沉吟片刻，说，紫笋茶，是"原茶""最茶的茶"。在太湖润湿小气候，花岗岩与紫砂岩交错的山岕中生出的紫笋茶，以平和含蓄的兰香见长，绝无苦涩，既不像西湖龙井以炒制香取胜，也不像安吉白茶青春妩媚，个性不张扬却可常相伴随，不正是"茶"字中所蕴含的自然之道吗？

撰文 ∷ zuizui　摄影 ∷ 马岭

果农茶事

【太湖】

　　我们搭乘的车绕着太湖走，在这片中国第二大水域的沿岸，有着各种性格截然不同的茶。早春的寒意比软绵的苏州话还要温存，太湖的水汽弥散得并不肆意，当地司机的水杯里泡的，是 2012 年的炒青，茶色和天色一样，不算明朗。

　　我们将要到达的洞庭山，就在离苏州市区半小时车程的郊外，那边山上的茶树，按品种算，是最早产于山西水月坞的水月茶。清明前采了嫩芽而炒出的茶叶，甫入炙水，便会漫散出花果香气，这种香气无源可考，恍若神助。在雍正年间陆延灿写的一本叫作《续茶经》的小册子里，这里的茶叶被唤作"吓煞人香"，再经帝王隔代，康熙南巡，途经苏州而邂逅此茶，终于赐名"碧螺春"。同样的茶树，清明前的叶子才能炒成碧螺春，清明后至谷雨前，嫩叶逐渐肥大而茶味转而粗粝，再炒出的茶叶，只能叫作"炒青"。

　　苏州的本地人，早就习惯了喝炒青，浓厚的茶味经得住一泡再泡，虽然比不得碧螺春的鲜甜，但价格到底亲民太多。苏州市区的茶铺里，三月末才上市的碧螺春新茶，要数千元一斤，盛在高柱形的玻璃瓶子里，白毫毕现，一两起称。

　　洞庭山其实是两座山，东山和西山，据说因为土质的差异，相邻的两座山采摘的茶叶，滋味也有微妙的差别，不过此中的学问也只有最老到的茶客才能说出一二。这两座山上的农人的时间和精力，被不同作物的成熟时间严格地分段，每个时节做什么事情，从父辈的父辈开始，就不曾变动：三四月采茶，到了五月正好摘白玉枇杷，六月是乌紫杨梅，入秋以后白果、石榴和板栗相继成熟，再而是太湖蟹开始肥起来的初冬，快到元月的时候，橘子又红了。最近几年，在万物静寂的湿冷的南方冬天，他们还有一拨专攻各种大小单

碧螺春是最细嫩费工的绿茶，一斤干茶需要6~8万个芽头，稍有残次即拣出弃用

位的年货生意，可以带来整年中最重要的一笔收入，比起父辈，他们几乎没有空闲的月份。

然而整座东山，还是没有一台炒茶机，这种如此大范围内集体的近乎执泥的一致，甚至在整个国度中都是罕见的。每家每户仍然使用最原始的手工炒茶方式，这是一项会缄默吞噬庞大时间的工作。从山上背回的茶叶首先需要经过细腻的挑选，除了关于清润口感的考量之外，这种被叫作"一芽一叶"或者"一旗一枪"的苛刻标准，也是考虑到了茶叶被泡开之后的视觉体验。新鲜茶叶入锅的第一步，叫作"杀青"，烧烫的大锅，一次只能下一斤半的鲜叶，最后炒成的碧螺春，不到三两。"杀青"旨在蒸发掉鲜叶中的水分并且褪变颜色，继而是不断地揉搓和团型，手势和力道是难以言说的，靠炒茶人把握此中的轻重，热揉成形、搓团显毫，最后文火干燥。这是一个漫长的过程，从鲜叶入锅开始，大约要历时半小时才能炒成，同时这也是一个精密的过场，火候或欠或过，都会导致茶色下乘。碧螺春茶树嫩芽，背后都有着细密的茸毛，新鲜时肉眼并不可见，而在炒制的最后五分钟里，焙干的茸毛会逐渐显出独有的白色，成茶后，浓密的白色细毛会簇拥在茶叶表面，当地人叫"白毫"，白毫的多寡也是判定碧螺春正宗与否的一个重要标准。白毫富含氨基酸，而碧螺春茶味中的鲜甘一味，据说就是来自高含量的氨基酸，亦是别处茶所没有的。

数千元一斤的碧螺春，被茶农随便地放在塑料袋里，也许是来自父辈的习惯，他们也会同时放入一块块状石灰，做防潮之用。在这里，每家都有茶树，但数量都不多，片亩或者院隅，每年的产量大概也就几十斤。没有人计算过这近乎"迷你"的产量会耗费

上：长兴在大唐贡茶院原址修复的博物馆

下：2013年，长兴倒春寒，桃花岕茶厂在茶山路上燃点木炭升温

一家多口人多么巨量的光景，一斤碧螺春大概有六七万个芽头，也就同时意味着六七万次的采摘和挑拣，以及一次又一次的敲火炙茶。而和别处常年精于此道的茶人不同，这里的茶叶有着天成的香气以及皇家的赐名，这里的人们有着满山的果树和湖底的特产，他们留给碧螺春的时间，前后也就一个月，每年仅此时节，他们才是最地道的茶农和最娴熟的炒茶者，过了谷雨，他们的其他身份便接踵而至，他们于是泡开大叶片的炒青，在茶树静默的山上，开始其他的劳作。

工科男的阳羡茶

撰文：zuizui 摄影：马岭

从苏州出发，不到两小时就可以到宜兴，宜兴城南的边郊，是茶研所许群峰所长的茶园。

三月末，正是采茶最好的季节，一百个工人散落在三座山的阳面，虽然不及前朝皇家挥手万人的做派，但也算得上壮观。采茶旺季，人工紧俏，山上的一百个采茶工大都是安徽来的，有的已经是多年的熟手，一天最多能采三四斤嫩叶，若只采独芽则不到三斤。她们会在早晨最微弱的天光下上山，傍晚日落前称重结算工钱，现在的行价是每斤鲜叶四十五元工费。

这座茶园是许群峰十几年的全部心血，茶园不小，有好几座起落不齐的山头，山上的盘山路，都是许群峰一条一条开挖出来的，他真的像父辈起名时的宏大期冀那样，安置了群峰上的茶树。坐拥如此的产业，大家都不叫许群峰许总，而是许所长。

他年轻时学的是电子专业，后来做了特种陶瓷的生意，太太一直在宜兴茶研所当财务。工科生气质的他，从来就对茶叶知之甚少，直到1995年，茶研所转制，需要私人承包并且自负盈亏，早前把特种陶瓷生意打理得风生水起的许群峰，于是被推荐着仓促上马就任。

茶香易散，茶味难学，种茶制茶，从来不是一门朝发夕至的营生，在最早的几年里，许群峰不得不用特种陶瓷生意的利润来贴补他的茶园。无须师从他人，因为茶研所有一本镇所之宝，那是许群峰的前辈、50年代就职茶研所所长的张志澄编写的《茶树栽培学讲义》，蜡纸油印，全部是张志澄亲自手写誊抄，并且还用细致的白描绘下了每一种叶子的细密区分。这个30年代就从浙江大学农学院植物栽培系毕业的无锡人，是20世纪

宜兴茶研所所长许群峰和他引种的乌龙品种茶树

最正统的茶学研究者。而这厚重的两大本讲义，早就生脆发黄，却依然放在许群峰办公室最醒目的位置。

当时的宜兴茶研所还叫宜兴茶叶实验场，张志澄还是江苏农林厅的高级技师，《茶树栽培学讲义》是1957年刊印的，后来开始了"反右"以及一系列运动，知识分子气质的张志澄，此后也只能靠边站了。虽然此前复旦大学农学院设立了我国第一个本科茶叶系时，他是该系第一任茶树栽培学讲师，但还是免不了在运动中被下放劳动，直到"文革"末期，才得以重回宜兴茶研所任所长。从涉足茶学开始，一直到1997年辞世前，张志澄对于茶品的试制一直在继续，就在古稀之年，他还多次试图复原宜兴本地的"离墨红筋"制法，并且确定了当年此中使用的是和当下轻发酵乌龙茶极其相似的一种做法，从而使得鲜叶轻度发酵后茶筋红变，才有其名。

和前辈一样，许群峰的实验也在满山和遍野。因为历史的纷乱以及几朝的垂爱和疏远，皇家的若即若离和民间的起承转合，让宜兴的茶色也纷杂繁复，并无一味像碧螺春那样自成其名又特点卓著的茶，而所谓阳羡茶，唐时是饼茶，宋是团茶，此后又以芥茶为贵，从无确切的定义，而许群峰的茶园，便也如百草园般多元立体。他从福建农科院茶叶研究所引进了黄观音、金牡丹等乌龙茶树品种，同时对宜兴本土的槠叶种、鸠坑种等老茶树品种进行改良优化，期待独有的某种茶味，在嫩叶生长时便自然形成。

最近的一次成功，是他让安溪铁观音树种与武夷岩黄观音茶树种进行两次杂交与一次回交的过程，从而形成了特异黄叶种，并在适度萎凋后炒制，最终茶汤尽显黄茶的汤色、绿茶的气味、白茶的口感，以及乌龙茶的余味，这种新生的茶最终定名"宜兴金兰"。

许群峰的茶园里，还有好些正在实验中的新品种，有的只有代号没有名字，而许群峰也每日开着四驱大排量的越野，在他开挖的盘山路上来去辗转，他已经六十岁了，但好多事情好像才刚刚开始。🍃

洞庭山碧螺春

处处都做碧螺春，东山西山有什么特别？一地一茶，绿茶尤其是风土的体现，只有东西山所产碧螺春，才有清淡而悠长的花果香。75~80℃水，上投法冲泡，先注水再落茶。干茶会迅速沉落，在水中重现碧绿。茶汤也呈浅碧，只因毫多，须待一阵子才会清澈。明前碧螺春不算特别耐泡的茶，尝完那口春天的颜色，数道可尽兴。细如铜丝的干茶上白毫茸茸，即著名的"蜜蜂腿"，其中富含的氨基酸也是"鲜"之来源。邻近的无锡毫茶常用来冒充碧螺春，形似却神不似，别处仿的，连形也不似。碧螺春炒到没有"毫"，就是苏州百姓最心仪的炒青了。

宜兴红茶

旧产阳羡绿茶的宜兴，如今以红茶著称。紫砂大家，多以自制壶泡本地红茶飨客。上好宜兴红茶，以沸水即冲即出，滋味醇厚，汤色红亮，几乎无可挑剔。唯一不足的是香气略欠，性格不甚鲜明。宜兴茶研所用福建引进的金牡丹、黄观音等高香乌龙品种，本地制法出品的阳羡金毫，则别有花香蜜糖香，值得品试。

顾渚紫笋

唐代紫笋是蒸青团茶，现在的紫笋则是炒青绿茶。虽然在湖州之外不出名，产量也小，本地茶人精制的紫笋，却深得老茶客称许，一芽二叶初展采摘的紫笋，以85~90℃水温冲泡，在杯中亭亭展开，状若兰花。它体现了顾渚山谷气候、砾岩土壤、传统群体种等造就的原味，雅致兰花香伴随清甜绵长的滋味，久泡亦不苦涩。若有幸得到采自古茶山及周遭高山野生茶树的紫笋，配以当地金沙泉水，则更加馥郁甘爽。

桃花涧茶场因山中桃花得名，未经修剪的鸠坑老群体种茶树，长成两米多高的高枞

朱昌来在长兴群体种基础上选育出太湖黄芽茶，2012年做的一百斤"金紫笋"卖出了天价

撰文：吴吞　摄影：马岭

饮春之味

长兴城规划得同任意一座江浙城市并无二致，主街右转拐入双车并行的辅道，好和堂对面24小时营业的好乐迪招牌亮着，可以想象早晨时的情况，烟店门口支起早餐摊，上班的人匆匆忙忙地经过再走到发灰的大背景里去。

老板娘温柔热情，来往的客人刚刚落座就有一杯鲜绿烫口的茶到。若到的时辰巧，递上来的紫笋茶味啜之若饮春。喝春天这样一件风雅事，仔细琢磨，并非人人都承受得起。一口下去了，过惯愚人节的心也不由得想要端正着坐坐，可怜心里只有雨纷纷的那一首诗，空落落的，也不知道该如何跟人张口提这件事，就又默默地将自己尚记得的那几个节气念想了一回。

"清明将至"而不是"下周二是4月5日"了，两个仿佛同义的叙述后面存有一个轻轻的撕扯，喝下去的那一口紫笋仍在口腔中震荡，继而氲满舌根后部与牙尖当中的那一段空隙。如何形容这道茶的味道，好像一个盲人决心描述自己没见过的某种颜色。

又啜一口，干脆直接将它记成那时的氛围：人与人的交谈轻轻地荡开，话题以一种舒展的形态在来往间扩散，大家都可以坐下来谈一谈，再增加一两分对自然天地新增的敬意。有几个沉默的时刻，那时，水就渐渐凉下去。

经堂主的引荐，第二天去朱昌来的桃花岕有机茶场探访，市区过去约半小时车程。1 000多亩的茶山每年当季都要有将近500名工人来这采茶。1987年，集体制转私人承包的风口浪尖，他包下了因为经营不善而连年亏损的国有林场。刚接手时，茶树并不多，有的是70年代栽下的。第一年他的"租金"是每亩上缴半斤茶叶。

因为当年的胆识和远见，他成了村子里少有的一些先盖起了好房子的人。1992年底造起的那幢房子用了六十多吨水泥，第二年的年末才完工搬家。现在那幢房子也不太住人了，只有自己的老父亲在那守着，仿佛一枚纪念徽章。

在其他人还不知"有机"为何物的1999年，朱昌来在北京茶博会上了解到有机种植是全球趋势，回来就马上开始动手，不再施用农药化肥。为了防治害虫，辣椒水、生姜水，什么土办法都试过，总算摸索出可行的办法。当时被看成是"傻子"，事实证明他再次领先一步，没受过高等教育，却完成了许多文化人都无法实现的全有机种植。桃花坞茶场出产的茶菁，很快闻名遐迩。想做出上等紫笋茶的茶人，都慕名而来。

谁也没想到这两年老朱又来一变。茶园里自然黄化的茶树，优选培育出的紫笋黄芽，他拿来试制叫"金紫笋"的茶。自己的金紫笋他随身带着一罐，请别人品尝之后，就先仔细地将里面隔光的包装纸袋一点一点地叠在一块，再轻轻装进铁罐子放回包里。和峨眉黄芽类似，金紫笋的滋味特别鲜，老朱为此专门去省城杭州检测，数据也证明氨基酸含量几乎是目前茶树品种中最高的。最初做出的几斤，竟卖出难以想象的高价。他一咬牙，挖掉种了几十年的老品种，拿出可观的园地来培育黄芽茶。他说没有进步就没有竞争力，茶和人一样，必须不断进步。他之前说起，自己从1999年就开始开发有机紫笋。总要不断进步，没有特色和市场竞争力的旧茶种，他就能一咬牙挖掉重新种上好的、经过研究和嫁接的新品种。

通往茶山的路是他自己修的，山间的花木草物他也一样一样地都说得出名字。对于茶园和茶厂他有种特别的热忱，好在这种热忱传给了下一代的几个儿子。他们现在也在打理着茶厂，自己干了这么多年，有些累了，看到孩子能理解，他又觉得也许还能多干几年，因为有希望。🍃

余杭

【径山茶】

旧时余韵

尘梦内外

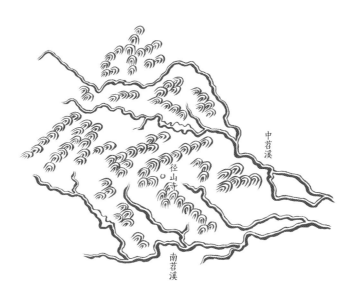

径山属天目余脉，主峰凌霄峰出产茶叶，肖大即为上品，只是山顶气候寒凉，往往到不了清明即以能够开采

余杭春晓

径山寺僧采谷雨茶，用小罐贮之以馈人，

开山祖法钦师曾手植茶树数株，采以供佛，

逾年蔓延山谷，其味鲜芳特异，

即今径山茶是也。

——清《余杭县志》

径山茶群体种

旧时余韵

【余杭】

　　三十岁以上的杭州人，多曾见过家中有墨绿色八角马口铁罐，上书行草"径山茶"三字。径山茶是老百姓之间串门致礼的常物，而着实讲究喝茶的人，才会买龙井茶。径山茶和龙井茶，构成太湖南渐、天目东延之茶香一脉。

　　被当作家常茶的径山茶，其实大有来头。径山在杭城西北，山上有寺，处五峰环抱平地，如莲花之蕊。尚存老龙井和两棵长成连理的古树，据说树下就是苏轼眺望余杭老城灯火吟下诗作的地方。开山祖师法钦，在顾渚茶单独纳贡的唐代宗时期，被赐号"国一大师"。顾渚到径山，不过一小时车程，古时骑马穿越也不会很困难。不知是不是受湖州常州茶风影响，法钦法师"尝手植茶树数株，采以供佛，逾年蔓延山谷，其味鲜芳"。在江南一带且行且住的青年陆羽，也造访过法师并在山下苕溪结庐写作《茶经》。径山茶大规模种植或晚于阳羡顾渚，却因国师住锡，自种自采之茶，在径山寺中发展出独具特色的径山茶宴，亦即今天日本茶道之源头。

　　从日本茶道可以追溯唐宋茶俗的顶峰：碾得腻如脂粉的蒸青茶末，在黝黑沉着的天目碗中，用竹筅点出细致的泡沫。参与者需收敛烦躁，全心品味这碗茶中蕴含的宇宙。寺院茶习，滤去了宋画中人人执壶街头斗茶的市井气。13世纪先后入宋求法的日本僧人千光荣西、希玄道元、南浦绍明，不但带回临济宗戒律，也带回天台山的茶种、径山寺大汤茶会的礼仪，进而演化为修行法门。试图在重新修造的径山寺寻觅茶宴踪迹却是枉然，建筑类似上海城隍庙，让人进门的兴趣都提不起。有的年景高山茶遭遇倒春寒，清明前不能开采，寺里却早早开卖"径山茶"，经营头脑未免太过灵光。

如今的径山茶，和许多名茶一样，20世纪50年代后才重新大规模种植。以山门为界，分为高山茶和平地茶，滋味差别很大。自山门盘旋而上，举目皆是竿竿翠竹，比预想中高峭得多。主峰凌霄峰，所产最负盛名，唐诗中屡有提及，高而冷，明前常采摘不了。扇子巷是另一处高山茶园，20年前由当地老茶农在尼庵遗址开垦，只有穿过竹林的土路可达。气喘吁吁爬上陡坡，眼前豁然开朗，群峰近在眼前，一片本地群体种老茶树已步入最佳树龄。因为倒春寒，茶芽还没初展，有的叶边就给冻焦了。这样做出的茶会有杂味，不符合采摘标准。茶园主周氏兄弟着急却也没办法，从云南、山东请的十来位采茶大姐，在山上小屋已经住了一星期了，这高山茶还是采不下来。就着山泉水，长条板凳当茶桌，我们泡了一杯2012年的径山茶，香气虽散失了不少，茶汤还是嫩绿明亮。大哥周平说，径山高山茶最大的特点，就是和茶园远离人烟的生态一般，不张扬不做作，清新自然。

　　虽说老父亲做过茶，现在还帮他们督导茶的制作，周平和周强兄弟俩，却是"非典型茶农"。周平对茶的兴趣，根子上来自"它也是传统文化的基因"，从国营单位高管位置辞职，他开茶馆、学书画、收藏玉器古玩，步入"玩家"状态。找不到合适的茶，这才想到回故乡余杭包片茶山，老老实实做些"小时候味道的径山茶"。弟弟周强体格彪悍，一丛络腮胡子犹如水浒好汉。借做生意的机会，他满世界开越野车、骑野马、玩极限运动，得了个"杭州土匪"的江湖名号。人到中年，骨头摔断过好几根，被老大拉回来做茶，让他静静心。虽说两人的兴趣一多半都不在茶上，但像他们这样愿意认真做径山茶的，已经很难找到。

　　绿茶多以炒青为主，杀青之后，炒至干燥定型，工序即告完成。径山茶却是烘青，说白了，就是快炒和慢炖的区别，炒的香，烘的含蓄。周平说小时候家里做茶，要在炭坑上温火慢焙，一整夜才烘好。现在换成烧柴的烘干机。说是机器吧，还得有人在屋外坑道专门烧柴，最好是松木块，用鼓风机把热力吹进风道，算是半手工活。有趣的是炭焙虽已式微，茶厂里却保留一两个炭坑，烘好的茶，会摊入竹焙笼，在炭坑上过下火，提提香。这种旧时制茶法的遗迹，在绿茶产区已经非常罕见了。🍃

上：清明炒茶。这张照片是一个叫作纳什（Nash）的美国茶商在大约1885年时拍摄的。这位茶叶进口商来到中国，在上海开办了一家茶行。每年在杭嘉湖一带收购茶叶，运回美国，在波士顿的一个茶叶商店出售。当时杭嘉湖地区最有名的茶乡就是龙井（图片由沈弘提供）

下：龙井凉亭。这张照片是杭州二我轩照相馆在1910年左右拍摄的西湖风景照片。去龙井的这条石阶路现在已经变成了公路，而照片里的龙井凉亭如今也不复存在（图片由沈弘提供）

径山顶，周氏兄弟

撰文：吴吞　摄影：马岭

【余杭】

尘梦内外

随着周氏兄弟沿着径山寺外沿转了一圈，经修缮的寺院外墙亮堂堂的，外缘几座不起眼的石像倒还是以前的模样。据说，为了扩建，寺里面仅剩的几亩茶树业已被铲平了。兄弟两人小学时经常在这片玩耍，在当时，平地就只有这么一座寺庙，茶农们还都住在山上，路不平坦，竹林环绕，孩子们都喜欢来这玩，可以从一个空隙钻到另一个空隙里去。寺前的银杏树曾有两株，其中一棵枯死后就马上被移走了，改铺上普通的草地。现在再去看，什么痕迹也没有，几百年的树，也就像伸手抹平沙子。

走一段山路才能到周家的茶园，沿途都是竹林。这样的竹子，每隔两三年就要伐一次，好像大自然的自然代谢，再等下一个两三年长出新的来，如此往复。每片山林都有主人，照管得不勤密，就多少要冒着被四周的农户偷伐去的危险。山上的事情就是如此，少有精确的规范，但不少规矩。

中国古时也曾有过饮用煎茶及抹茶的传统，后都改为泡茶。当刻，在采茶的农舍前搁上三条长木凳，一条充作茶几，绿茶递到手里，入口的是山野间绿意盎然，这样想，便觉得虽然器具比不上山下茶馆中的精致，可的确有几分冈仓天心《茶之书》里那类"自然主义"的妙意。对于怎样饮茶，周平有一套自己的规矩。诸如饮茶的场所是否该在瓦屋纸窗之下，是用素雅的陶瓷茶具还是玻璃杯，杯壁该当细壁敞口，闻香、注水、观茶汤的技巧，他都熟练通晓。至于茶香，还是不要太明确来得好。高香茶喝一口，仿佛正确答案。幽隐模糊些的反而容易使人浮想。

可他又讲，这些并非至道。清晨起来，洗漱完毕。坐在房间里，茶是昨天才刚从山上取下来的，免去点香，好不遮盖住茶的香气。此时心静，喝出来的才是茶的本味。茶

传统径山茶用炭坑焙笼低温烘干，有时可长达一夜

之道若此，从来不真在于滋味，而是由其展开的整个情境。喝茶讲究位置，是为礼；点茶的讲究，是为序；公道杯讲究的是平均与公平。礼、道与中国的传统，隐隐地含在由茶结织的网中。

几年前周平辞去了在国有单位薪资丰厚的公职，官场沉浮数十载，心里觉得倦怠，便顺势朝后退了一步，结果海阔天空，别有洞天。他发现自己的世界才刚开始。除了打理自己的径山茶场，就是四处去乡间找旧时的家具、木片、石块。

时代如此，没人再爱住装不了空调的宅子，一片片雕刻精美的木窗因为失去了人气而渐渐落灰腐败，仿佛失去神采的眼睛。公寓房一幢幢拔地而起，郊区里意大利西班牙式的别墅群如同鸽笼中的鸽子一样灰蒙蒙地聚在一块。20年后的人们只能在博物馆和公园里看到那些，那些属于旧时光的门、窗、牛腿、石墩、桌椅板凳。到那时，是否还有人唏嘘地带着一种遥远而迷茫的心情怀念它们。或许我们内心的结构也正愈发地向十户一梯的高层建筑小区靠近，门上上了锁，神情冷峻，时刻准备着在电梯里避开陌生人的视线。可乐让我们的味蕾发胖，死气沉沉，运动困难。

周平说话的口吻构筑了另一幅图景，在那里族人们在祠堂议事，里面摆放的祖先牌位上记录着他们的生辰和生前的功绩，子孙以此为傲，而他们争光，祠堂便建得更加高大气派；客厅是逢年过节唱戏的地方，骑马打仗，桃花美女，神仙老虎，全是孩子们最爱的热闹；然后才是一排一排的宅子，长兄在东边，小弟在西边，长幼有序。房宅大多是前三间后三间的规模，中部是厢房，天井过道，雨水和阳光从天井里落进来，落在院子里的老石缸上。宅与宅之间有一小弄堂，兄弟二家之间有一扇有区分但无防范的小门，通往各自的小天井。弄很窄，下雨也不怕，孩子们一缩脖一缩就能蹿过去，在各家的天井里追逐玩耍。中堂是后三间中间的那一间，与天井之间是敞着的，正中央照例是一张几案，雕着花。几案上面是一幅画，两条对联。几案下面有一张八仙桌，边上有两张靠背椅子，老人们坐在椅子上看着孩子们玩耍。院子里最出彩的就是雕梁画栋和雕着许多图案的门窗和隔断，还有房顶上的冬瓜梁和柱子底下雕着花的石墩子。

若在此后再添三间，便是又一进，依旧是石苔藓，要不就多了一枝从墙角落斜伸过来的梅。有的人家世世代代在这里建屋，会建成前后左右一个一个天井和小院的组合，如同树木的年轮，根是往泥土里扎的。由此生长出来的孩子，从小听从的是爷爷教诲的老话，不可负人，知恩图报。长大后血脉里流的也就是这样一些，英雄的子孙便自有英武之气。中国人的传统里，从没有一辈子、单独的人这样的概念。谁是谁家的儿子，所行所言都要配得上自己的名分。周家兄弟就是在这样的氛围中长大的。回忆里每当吃晚餐时，爷爷不坐下，家里的其他人是决计不会先坐的。生长的土壤，爷爷和爸爸的话注定了他和自己兄弟的样貌，他们的中国血统。这些在生命的一开始就定下来了。

一晃，周平也快五十岁了。也就是最近，弟弟周强也收了玩心，回来跟大哥一起打理各处的生意。哥哥做茶，弟弟骑马，那本也是六艺中的一艺。古人骑马射箭的，都要盖住双耳，为了求静。骑马的人，赛车的人，看似追逐的是风驰电掣，但其实，他们什么都没听到。

走得最远的办法，是闭上眼睛，听心。

现在他俩坐在一块，喝茶两三杯，享得数响的闲，相互说话不多。如此大约也可抵过半世的那三四场尘梦了。喝过茶后，再去修各自的大大事业，过个人的生活，为名逐利，也都没什么不可以。只是人一生中，这出于机缘而达成的半刻优游，却是断断然不可少的。

径山茶

高山径山茶以"真味"为上。一芽一叶或二叶在 90℃ 左右的水温中舒展成朵，散发出独特的板栗香。汤色嫩绿透亮，滋味甘爽，虽不强烈，却很持久。这或许和径山茶保留了较多传统工艺有关。虽已采用机器杀青揉捻，制作中还保留了手炒做型工序，并在最后用木柴烘机低温长时间烘干，再上炭坑竹笼提香。

V

西湖

【龙井】

大隐于市

执着古早味

茶如镜

绿茶的花样年华

西湖满觉陇茶山，制茶师唐小军一早上山，沿路拍摄，记录茶叶生长状况

西湖碧波

山中仅一二家，炒法甚精。

近有山僧焙者，亦妙。

但出龙井者方妙，

而龙井之山，不过十数亩。

——高濂《遵生八笺》

西湖龙井，要靠扎实的炒茶功夫凝聚茶香。这些年来青锅逐渐改用机器，精通掌上功夫的师傅已经越来越少

【西湖】

大隐于市

撰文：茶小隐　摄影：马岭

　　和径山的空山鸟语相比，龙井产区，可称得上熙熙攘攘的人间烟火。西湖诸山，既不高峭，也不隐秘。自城中驱车，十几分钟就能从满觉陇一路绕山而行，串起杨梅岭、翁家山、龙井村等"狮""龙"字号传统核心产区。另一条山顶上的步道"十里琅珰"，贯穿了"云"字号的云栖、五云山，"虎"字号的虎跑，"梅"字号的梅家坞，总有市民兴致勃勃在山间踏青问茶，兼享受一顿农家乐的饭菜。

　　与人间烟火如此接近，却出产四百年来最负盛名之茶，的确有些不可思议。一则是西湖灵秀，确有他处所不及。二则是制法精妙。明代高濂的《遵生八笺》里说"山中仅一二家，炒法甚精。近有山僧焙者，亦妙。但出龙井者方妙，而龙井之山，不过十数亩"。出了五大字号一级核心产区，龙井茶的味道，就有不同，只能叫"浙江龙井"，古人对此早有定论。

　　龙井风土，得西湖之轻灵水汽。山虽不高，却有代代相传延续下来的老茶蓬，施豆饼草肥，修枝打顶等种茶之法，都非常成熟。满觉陇的白鹤峰、龙井村背后的狮峰，近顶峰处茶园，都是"白砂地"，即石英岩风化形成的碎石土壤。这种茶园上种出的茶树，矿物质吸收多，向来被认为品质最佳。而明代以来就独步天下的"豆花香"，更多还是来自极用心的精工细做。

　　立春过后，四川、贵州一带春茶先开采，有不少做成龙井模样的扁形，冒龙井之名上市。人们都爱尝头一口鲜，越早的春茶，价格越高。龙井茶区，原先种植的都是本地群体种茶树，发芽比较迟，产量也不算高。研究机构为此选育了不少新品种，如三月下旬就可以开采的龙井43号,做出的叶形也漂亮,如今已经占了茶园半壁以上江山。也有种迎霜和平阳特早的。熟门熟路的老茶客买茶则会问:这是群体种还是43号?在他们心目中,还是群体种老树最有传统龙井味。

政府也意识到需要保护群体种资源,狮峰建了种质基地,还给继续种群体种老茶树的茶农发豆饼补贴。茶季,每天清晨五六点,浙江、江西一带请来的采茶大姐们,就背着茶篓上山采茶了。按标准要在一芽一叶或二叶初展时采摘,绝不能带鱼叶,否则会炒出"冬味"。现在人工贵,也不好管理,能达到标准还不容易。满觉陇双绝汇茶叶合作社的社长唐小军,是西湖茶区鲜有的几位坚持全手工制茶的师傅,对鲜叶要求也特别严格。他总能对采茶大姐们恩威并施,让她们采来最标准的鲜叶。午后采回的鲜叶薄摊在竹筛上,萎凋4~8小时。等入夜我们到唐小军的茶坊,那几筛鲜叶已经散发出饱满的花香,如栀子又如蜜兰。香气足够饱满,即须入锅杀青。

传统手工炒茶,烧大柴灶,有位烧锅师傅专门控制炉火,生产队时代能拿最高工分。唐小军大哥唐鹤鸣,年轻时就当过烧锅师傅。现在用电锅,控制锅温,也不比柴灶容易。唐小军在炒茶比赛中数次拿过茶王,他说比赛最怕就是碰上一口"生锅",边缘和中心受热不匀,炒茶师傅再有本事也拧不过锅。茶农中有"三年青锅,五年辉锅"的说法。访茶路上,其他茶区即使保持手工杀青,师傅也会戴上手套或用辅助工具。而龙井在杀青阶段就要初步做出扁形,师傅的手必须直接在滚烫铁锅中贴合茶叶,十多分钟内基本压扁成形,炒到七八分干度。没几年工夫,练出一手硬茧,一锅下来只能做出"松毛形"的茶。杀青结束,茶叶再次摊凉回潮,才能开始辉锅。还在同一口锅中,抓、按、捺、抖等每个手势和力道的运用,都要考虑到如何浓缩和聚拢香气,二十多分钟"茶不离锅,手不离茶",行云流水般一气呵成,直至光滑紧结的茶片大功告成。看似简单,实则是功力和天分的凝聚。同一片茶园所产鲜叶,在高手和普通师傅手中做下来,香气和滋味可能有云泥之别。唐鹤军二十年前就有"铁手"之名;唐小军年轻时获过市体工队七项全能冠军,有功夫底子,回家后跟父亲学炒茶,一双手也练得硬茧铮铮。"大火快炒",炒茶工具变了,唐小军觉得精髓没变,还是祖辈传下来的这四个字。别人100多度就上青锅,他要把锅温升到300度,顺势快炒,加快鲜叶中水分流失,更短时间杀死氧化酶,中止茶叶的氧化反应。这样炒出来的茶,颜色、香气都更好,苦涩度也低。早年学炒茶时手被烫过无数次,即使现在得心应手,炒到深夜一打瞌睡,手掌还是有可能碰到锅面,激灵烫醒,多出一块如熨斗烫上去的疤。这就是做好茶的代价。

高濂还说"即杭人识龙井茶味者亦少,以乱真者多耳"。龙井能在中国名茶中独占魁首,并非自然条件最佳,而是数百年来道道工序精工细作,不容一丝马虎。如今过半茶园已换成改良早生品种，采摘标准放宽，萎凋时间还不充分就开始制作，杀青几乎已全部改成机制，辉锅手势稀松平常，更像是给游客表演。手艺人没了对手艺认真考究的热忱，那部讲述四代茶人历史的小说《南方有嘉木》中写龙井"似乎无味，实则至味，太和之气，弥于齿颊"的神韵，如今几成绝响。一到明前，用来送礼的西湖龙井满天飞，能确保是核心产区出品，已经如获至宝，喝过之后却往往感觉"不过如此"。传统龙井应该有的味道，只能花昂贵的代价，在像唐小军这类坚持全手工精细制茶的茶痴那找到。

上：采访当天凌晨开采的鲜叶有兰花香。唐小军又看又闻。做茶，先看茶

下：筛选芽叶，分开几种大小分别上锅，以保证热量和力度的均匀

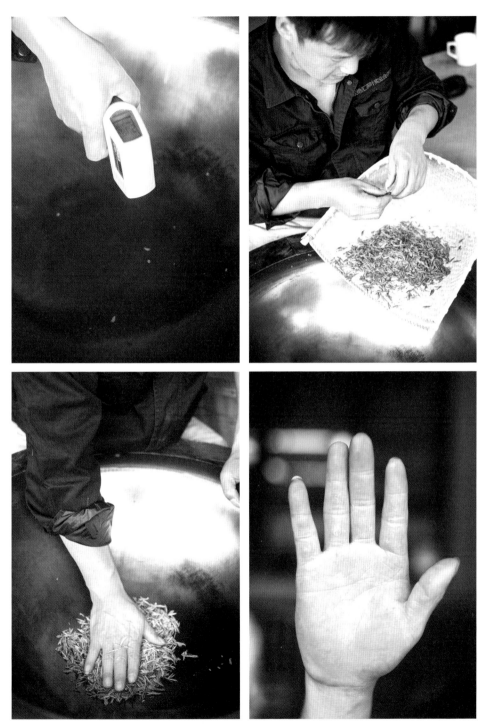

测温，杀青，辉锅。传统全手工西湖龙井制法讲究"茶不离锅，手不离茶"，制茶师唐小军年少时曾在体工大队练过田径七项全能，炒茶讲究手法力道，摊开手，已是铁砂掌

撰文：吴吞　摄影：马岭

执着古早味

【西湖】

　　满觉陇村里唐小军做的是最上乘的全手工龙井茶，他把手摊开给我看，笑着说他练的是铁砂掌：20 岁时他是杭州市的七项全能冠军，扔铁饼和标枪的手劲在后来的日子里悉数用在了做茶上。三百摄氏度的杀青茶锅，全凭茶人的肉手感知锅温，不能戴手套，造就一锅好品相的西湖龙井茶全凭炒茶人的十大手法和力度。几十年下来，他熟知这精细得近乎冗长的西湖龙井茶制作工艺里的每一处细节。这是一门技艺加苦艺的活，外行喝茶是用来品，但无从知道他们在制茶过程中是用心在读茶，用手在了解茶，用一种近乎完美的炒制手法去造就了每一片茶叶所能达及的最高本质。

　　味道当然也是最重的一道线索，茶的味道可以忆往昔。真实的故事：合作社门口，曾出现一位走路颤颤巍巍的老先生，一个五十多年前就已经移居海外的老人，他不下二十次回到杭州故里，就是为找寻漂泊在外不曾喝到的西湖龙井茶的老味道，多少次遗憾地登机返程，呢喃在嘴：此愿未了，抱憾终身。终于通过种种途径找到了唐小军的茶叶合作社，一杯茶把他带回到五十年前，一口茶，一段回忆，从一个不清楚自己漂泊在外将要经历什么的青年，到成功的旅美华人企业家，到如今已儿孙满堂的耄耋老人。龙井茶的香气和味道浸润着他回忆里的每一个片段，都有所凭借还原了，他捧着这杯全手工炒制的西湖龙井茶，沉默，还是沉默，直至说出："多少年了，多少年的找寻，喝过此茶，此愿已了，终身无憾。"最后像电视剧里煽情的镜头，在唐小军家门前流下了眼泪。

　　唐小军和茶的缘分来自上一辈。一家六口，那时父母都在生产队，一家人的温饱来源都是靠种茶、采茶、炒茶赚工分。唐小军和两个哥哥的幼年都是在茶筐里长大的，大人上山干活，一人分几颗茴香豆就打发了一天玩乐时间。母亲是那时生产队的采茶冠军，父亲是炒茶组的小组长，但从不喝茶，光凭手就能感知和判定茶叶的品质。大哥唐鹤鸣赶上了生产队的尾巴，曾是拿工分最高的烧灶师傅，一人能单独把控七个柴锅的温度，后来又在西湖龙井炒茶界中以"铁手"闻名。二哥也早早开始经营自己的茶园。唐小军正式接手却要到1991年，那阵子父亲年岁渐长，自己也从体工队退役做小学体育老师。年轻时集中的体力训练，加上父亲的指点，更重要当然还是凭着对茶的痴迷和天赋，入行没几年后，唐小军炒出的龙井茶，无论品相和价格，都超过了当地经验丰富的炒茶能手。

在唐小军那位担任外企高管的太太眼里，他就是个"茶痴"，天天琢磨着怎么把茶做得更好一点，没有经济观念。满西湖都在用机器杀青、手工辉锅，一天就能做出十几斤成品茶。而全手工炒茶，一个人累死累活也就是两斤多的量，虽价高仍不划算。为了让这门手艺不至于流失于世，唐小军2010年成立双绝汇茶叶合作社，唐鹤鸣等七位炒茶能手，自愿坚持纯手工炒制西湖龙井茶，自带茶地入股合作社。眼下双绝汇是唯一坚持全过程全手工炒制西湖龙井（青锅、辉锅全部手工）的出品者。参加过几次炒茶大赛，拿下茶王美誉后，唐小军觉得荣誉应该让年轻人去摘取了，他出人意料地去了浙江大学茶学系进修。父辈传下来的许多实践经验的俗语都无法用学术语言去转换。比如"大火快炒"，经过理论一点拨，豁然开朗，原来是鲜叶内物质受温度和炒茶手法的变化造就出茶叶不同香味和口感。就这样，唐小军成了学院派茶农，理论实践两头通。他亲手炒制的西湖龙井茶，多年来都是浙江大学茶学系教学演示的标准样本。

当年带唐小军的杨继昌师傅是国家非物质遗产的第一批传承人，年纪渐大，已再不收徒，他把全手工炒制西湖龙井茶的重任委于爱徒唐小军，希望他能开枝散叶，多收爱茶、痴茶的门徒，在茶界有所建树。时光荏苒，一晃二十多年，唐小军自己都已人到中年，到了要找接班人的年纪。按照这个行当的老规矩，三年青锅，辉锅不花费五年的时间，是上不了手的。可现在的年轻人大多想走捷径，有些学习了半年就想另立门户，还有信誓旦旦地宣布自己一个月就能速成的。他非常担忧这个浮夸的年代影响新生代的年轻人，所以但凡碰到爱茶、想了解茶，又有心学茶的年轻人，再好、再高等级的鲜叶，他都毫不吝啬拿出来让他们去试着炒制。

在唐小军的合作社里，顶级的茶叶只能定制，每年的预订量不超过五斤，得由五名工人花一个星期的时间挑选出最标准完美的碗钉形茶叶，再经过七道的筛选，走水，评定，定级后才能完成分装。周边的茶农，早已没人愿意费心再做这样费时费力又不讨好处的

买卖。唯他，独一家还在坚持着传承，固守在山脚下，守护时间，为了那不曾改变的茶的味道。🍃

西湖龙井

确认产区出自正宗西湖五大字号后，可从香气和滋味上判断是否上品。手工西湖龙井呈碗钉状略带干豆绿的糙米色，不如机制的亮滑好看。用85~90℃水温冲泡，虎跑地下泉水最宜。水甜不涩，明净，显豆香或花香，已属佳品。越往高品级喝，花香越清透雅致，或是栀子香，或是兰香。茶水也越甘甜，汤色几近琉璃之润明，可冲泡十道以上，这才是冠领绿茶的"无味中的至味"风范。只是这样的茶既难得也很昂贵。而据说若能在白鹤峰、狮峰上翻山越岭一棵棵寻访野茶，采摘全芽，再由国家级非遗传人杨继昌老先生亲手炒制，则是"此味只应天上有"了。

茶如镜

撰文：吴吞　摄影：马岭

【西湖】

中国茶叶博物馆在双峰村，沿着龙井路一路向下走便是。春天时沿着那条路走一走，恐怕就要对春天的认识更多一些。中午刚过，眯缝着眼睛看远处连绵的山上精心栽种的茶树，采茶阿姨的粉红或淡蓝套袖杂在里面，一幅精心活泼的画，脑袋不由自主地跟着路间的轻风晃来晃去，真像去春游啊，虽然知道不是，但仍禁不住这样想。

这所博物馆几乎是整个行程当中最爱的一个场所，这里没有大门，也没有围墙，沿着辟好的路往里走，隐约能听到孩子尖叫追逐的声音。一个普通工作日的午后时分，碰巧赶上杭州小学校的春游日，整个博物馆一进门的空地和长廊上堆满了穿着统一暖色校服的孩子，每个人都有一张活泼鲜明的脸。有孩子的地方就容易让人想到王尔德童话里的那种春暖花开的场景，所到之处，冷风和冰雹就不来，希望和快乐就赏光，也更容易让人想到一些跟生命力相关的形容词。若将他们同进门前那些手拉着手向里走的情侣和抱着婴儿的一家三口联系在一起，这所博物馆仿佛笑眯眯地说，欢迎过来喝杯茶。

馆长王建荣从 2012 年就做了这个决定：再不做那种动辄几百人的大活动了，领导在台上讲话，观众在台下鼓掌。冠冕堂皇，却看不清每个参与者的脸，那不是茶的属性。茶不说教，不照本宣科，茶道亦不拘泥于流于外部关于规则与品相的冗长区分。

"观众来我们的博物馆，其实是想了解茶，以及当时创造这些文明的人。藏品当然是一座博物馆的重头戏，目前展出的展品只有 5%，其他的都保存在库房。经常更换，观众才有兴趣常来参观。更重要的，是我们博物馆人作为桥梁，想为观众提供帮助，让他们感到，其他不论，喝茶首先是件快乐的事。"

茶博不定期举办茶席，王建荣在樱花茶会

　　从 2012 年 9 月份起，这样 20 人左右小规模的活动每月都有。在其中大家学习如何饮茶，不同的体质、不同的情境就有不同的方式。6 大茶系，100 多种茶叶的品种。并非多就是好，找到适合自己的茶叶，其实也是在与自己打一个真诚的照面，观彼察己，茶如镜子，映进生活，照出自己的身体、情趣和心之所往。

　　博物馆的空间就此成为一个开放的场域，因人的存在而向外生长。在这所博物馆的100 多位工作人员当中，每个人的专业方向都不尽相同。除去茶学专业外，也有些学校设置的专业跟茶并没有直接的关系，历史、心理学、教育学、外语……50 个人的专业团队里，学茶的不超过两成。若必须找一个共同点，那就是当真有爱，好的东西就愿意再跟别人分享，顺应的其实是心里最自然的本性。

　　事务性的工作多，然而喝茶静心。20 多年过去了，王建荣再不是那个因为炒铁观音而满手是泡，夜里只好把手举过头顶才能睡得踏实些的茶学院学生了。不是馆长的时候，他是父亲。每天六点起床，送儿子上学前给他泡一壶茶带去学校，做到茶汤分离，苦涩味就不会重。这样一大壶，等真拿到学校去，孩子们都抢着喝，不够分。永远不要看轻孩子，有合适的契机，他们总是辨别得出什么是真的好。 🍃

绿茶的花样年华

撰文：李博

一千两百多年前的初春，一袭长袍的中年男子在山道中拾级而上。两侧的翠竹已抽出嫩芽，不知名的山花历经苦冬又勃然而发，生机盎然，绿意舒展。男子信步踏入幽静的西山寺，僧家几句寒暄后至后寺茶园中采摘刚刚发出的细茶芽，入室生火热茶，清香弥漫……

饮罢金沙水烹成的西山茶，中年男子喜出望外，欣然题写了《西山兰若寺试茶歌》。他，就是中唐的“诗豪”刘禹锡。他也许没有想到，这首传诵千年的经典茶诗，给人们留下了许多困惑。

这首茶诗中的一句“斯须炒成满室香”，由于使用“炒”这个在唐代极为罕用的字，让后世人误解绿茶的炒青工艺起源于唐朝，甚至茶界专家推定起源于西汉。

茶叶加工历史不能脱离中华的饮食（烹饪）历史进行孤立研究。从某种程度上可以说，历史上，任何茶叶加工技术的出现和提高，甚至新茶类的出现，都是在食品加工烹饪技术突破后才出现的。不管是留在史籍里，还是今天喷香的茶汤中，我们都能读出一脉相承的基因。

专门请教了国内几个研究古汉语的专家，他们解释，东汉（公元100年左右）的《说文解字》还未见“炒”字（及其异体字），其后南朝（公元543年左右）的《玉篇》也无此字。从宋代的《广韵》和《集韵》中出现的“炒”，正体字为“煼”，而“炒”是一种俗写，含义意想不到的是“熬”，不是烹饪技法中的“炒”，更不是今天从字面上理解的茶叶加工中炒青的“炒”。

人类从饮血茹毛到使用火，从有意识加工食物到烹饪技法的完善，历经了岁月的洗礼。出土于不同年代的各种炊器、饮器和食物加工器具，以及浩如烟海的史籍中对于饮食烹饪的描述，从中我们可以发现饮食文明的进步，也可以探求茶叶加工技法的演变。

不一一列举那些枯燥的史料，不一一罗列食物加工是如何出现烤、炙、炮、烹、脍、煎、蒸等等，不一一堆砌炊器、饮器、食器和储存器从罂、甗、镳、鬲、瓿、卣、鼎等等演变；我们知道从《礼记》记载的周朝"八珍"，到马王堆汉墓出土的随葬菜单，再到唐朝著名的"烧尾宴食单"，乃至宋元的饮食著作，并没有发现"炒"作为烹饪加工的确切记载；从唐及此前的壁画及出土的随葬陶瓷灶，我们可以看到多眼灶上的炊器为釜、甑和甗，适合于煮和蒸的烹饪方式，一直到宋元时期才出现有可能具备"炒"功能的圆底薄铁锅。

从中国烹饪历史及文字演变中，基本可以排除"炒青"工艺出现在唐朝及唐之前。根据一些模糊的史料可以推想，"炒"作为一种烹饪技法，在南宋很有可能小范围出现，如皇宫、贵族和大都市高档的酒楼，民间并未见记载。南宋陆游《安国院试茶》诗后自注："日铸则越茶矣，不团不饼，而曰炒青，曰苍鹰爪，则撮泡矣！"这里的"炒青"应该是对当时散茶颜色或者外形特定的描述，也不能理解为是绿茶的一种杀青工艺。

在注重农业、学风朴实严谨的元朝，王祯的《农书》对于茶叶加工如此描述："采讫，以甑微蒸，生熟所得。蒸已，用筐箔薄摊，乘湿略揉之。入焙匀布火，烘令干，勿使焦。编竹为焙，裹箬覆之，以收火气。"虽然史上首次明确出现揉捻以制作条索形散茶，但是，杀青部分仍是蒸青。明中期嘉靖年间《茶谱》，勉强算是首先提到茶叶加工意义上的炒青，但也只用了"炒焙适中"四字。一直到万历时，《茶录》《茶疏》和《茶解》等才对炒青茶制法进行详细的描述。这客观反映了"炒"作为烹饪技法在当时传播的实际，也吻合"炒青"绿茶出现在明中期的时代背景。

回到"炒"在宋及宋以前的原意"熬"，其实这是一种较为原始简陋的茶叶杀青方式，我们可以将之称为"泡青"或者"煮青"，方法是将茶叶直接放入开水中几分钟杀青，是一种脱胎于"羹煮"的原始茶叶食饮方式。笔者查询大量资料，发现我国四川以前加工边销茶时偶会使用，由于此法存在缺陷，目前几无人使用。福建福鼎的"畲泡茶"，畲族人至今仍使用这种原始的杀青方式。无独有偶，日本极个别地方今天还保留着这样的杀青方式，从中日茶叶的交流史上看，难道这只是一种巧合吗？

绿茶是历史上文字记载最早的完善工艺的茶类，其中以蒸青绿茶最早，当然是以文字记载为前提。炒青绿茶的出现则是中国茶叶史上具有划时代意义的发明，从炒锅里的清香飘出的那一刻起，中国制茶的工艺上了一个台阶，也大大地促进了其他茶类的出现。某种意义上，炒青绿茶可算是一个分水岭或者里程碑一样的事件。中国的古人在过去的千百年中，或晒、或蒸、或煮、或炒、或烘……在烹饪技术所能之内，古代制茶师不断尝试，创造出风格万千的绿茶，直到今天，仍独步于天下。

绿茶加工方式的演变和改良，今天已经很难说是谁在确切的什么时期发明的，即便是创新意识并不算强的饮食史中，更科学的说法应该是同时期内不同的茶叶加工方式并存。优良的制法，或因为加工便捷、效率提高、成本降低，或获得茶客的肯定和追捧而得以推行。一如炒青工艺在明朝替代蒸青，一如法出虎丘的炒青松萝茶名噪天下，乃自然法则，也是口腹之欲的选择。

千百年来，中国人形成了强悍的"绿茶思维"，大部分中国人只要说到茶，脑海中浮现的一定是一杯热气腾腾、淡绿清亮的绿茶。历史上，也只能是通过茶叶的形状来区分茶叶，团茶、饼茶、末茶、散茶，六大茶类一直到清朝才齐全。即便是新中国成立以后，六大茶类的划分也透露出"绿茶逻辑"，这种思维定式无处不在。

一个国家、一个民族口味的形成和嗜好是一件复杂的事情。绿茶在甑甗的蒸汽氤氲中，形象清晰地注入中国人的茶盏之中，成为中国人喜爱了一千多年的茶。即便是后来发酵茶的出现，面对的消费市场也主要是外部的。最近十多年来，绿茶的霸主地位不断受到其他茶类的挑战，消费市场的格局正在经历着巨大的变化，但是，谁能笑到最后，仍需要时间的检验。

时光飞逝，白驹过隙，如同戏文唱罢，千年弹指之间。望着手中的茶，已经不在意是谁研磨出无边的绿意，是谁撩拨了历史的茶烟，是谁品味着绿茶的花样年华……

VI

皖南

【徽绿】

手工的极致

茶季·归途

那时候……

【祁红和安茶】

精制的尊严

最神秘的味道

重组记忆拼图

太平湖上渡船，住在湖这边的茶农需渡往对岸山上采茶

皖南翠微

不知泾邑山之涯，春风茁此香灵芽。

两茎细叶雀舌卷，蒸焙工夫应不浅。

宣州诸茶此绝伦，芳馨那逊龙山春。

一瓯瑟瑟散轻蕊，品题谁比玉川子。

共向幽窗吸白云，令人六腑皆芳芬。

长空霭霭西林晚，疏雨湿烟客忘返。

——【清】汪士慎《幼孚斋中试泾县茶》

捏尖，将柿大叶茶树一芽两叶一片片捏紧，排列在铁纱网上，这是猴魁是否造型好看的关键一步

猴坑村，这位老师傅是快火杀青的好手

撰文：茶小隐　摄影：马岭

【皖南】

手工的极致

太平猴魁：云雾里的兰香

"这是茶吗？分明就是菜嘛！"在太平县茶叶市场，摄影师初见手指长短宽如韭叶的猴魁，不禁吓了一跳。这无疑是我们一路上见到叶型最巨大的茶了，连普洱茶都比不上它。

以工艺见长的太平猴魁，四月下旬正当时。晚清时猴魁即已成名，在当地翠云茶、尖茶基础上再加精制而定型。创制人虽有王魁成说方南山说等种种，原产于黄山区太平县太平湖畔高山顶上的猴坑、猴岗、颜家村三个村庄，却无异议。猴魁中的"猴"字，就是因地得名，显示产地常有野猴出没。"魁"或取自"王魁成"名字，或为"魁首"之意。到茶叶市场卖茶的，都是 20 世纪 80 年代后扩展产区太平县内各乡镇的茶农。猴坑、猴岗、颜家村的茶，从不下山，不用离开家门就被收完了。

猴坑名声大，路却不好找。从太平出发，沿途连指示牌都没有，询问路人也常说不清楚。过去上猴坑，还需要乘渡船过太平湖，现在则可过桥直达山脚下的三合村，但还是必须转乘专营微型面包车方可上山。猴坑曾是三合村的一个自然村，现在为了推广猴魁，反过来倒把猴坑当作行政村名，让三合等山下村庄都能沾光，但真正的猴坑，仍在山上。狭窄的山道左弯右转，紧贴山崖，如果不是当地人开车，真有可能滑出路面。给我们开车的小方，正是猴坑大姓子弟。他说猴坑海拔在 700 米以上，远比山下冷，明前根本不可能开采。2013 年已比往年提前 4 天，4 月 12 日就开始了，再过一周到 4 月底就结束。因为雨多阳光也多，茶树长得快，紧急召茶工们上山，但总有些茶叶采不及。小方又说，现在去村里，怕是没人有空搭理我们，大家做茶都忙疯了。

大名鼎鼎的猴坑，只有23户人家，从村脚走到村头，三五分钟步程，如今一色水泥新房。十点来钟，茶工大姐们陆续下山，把采回的鲜叶，按采摘山头和肥壮程度分拣，摊放在竹匾上晒青。随意走进村口叶姓人家，竹匾上还放着写有"狮形山""长坞""黄铜坞""天字沟"等字样的纸条。猴坑周围有狮形、鸡公、凤凰三座大山，当地茶农认为各处所产，风味有异，以高山阴面为最佳，售卖时会注明。但对寻常茶客来说，能喝到猴坑原产，已经足够幸运。猴魁的原料，用当地柿大叶群体种一芽两叶，翠绿油润，叶边略往外卷。新梢上的第二、三叶，可以长到12厘米长，比做祁红的槠叶种，足足长了一倍。难怪能做出巨大的干茶，连采茶用的竹篓，也比别处大许多。

门前晒青，一楼做茶，二楼居家，几乎家家如此。和别处不同，请来的女工在这里不单要采茶，还需要捏尖。六七人围桌而坐，媳妇、出嫁到上海的女儿，都一起帮忙。那厢杀青师傅深锅快炒，二两鲜叶两三分钟就起一锅，这厢眼明手快，拿起茶叶在铁纱网上理平理直，叶片包芽尖，边缘往里折一道压实，片片互不重叠，像做工艺品。几分钟一筛摆满，再用另一片纱网对夹。此时男工接手，先用木滚轻碾压平，再插进多层焙箱里开始烘烤。焙箱可以平行放置五六层纱网，比最传统的炭坑焙笼效率要高，底下烧的，还是覆了炭灰的木炭。几分钟翻几次，到七八成干，就敲打焙网，让叶片平落到一起。这样的烘焙工序，且烘且晾，要连续三次，前后十七八个小时。第三次仍须用传统竹制焙笼提香，俗称"打老火"，干透才算完成。叶家的烘焙师傅有好几位，都从山下新明乡来。自家也有茶园，却宁可放下不管来猴坑打工，因为这里茶价高，给的工钱也高，连续不眠不休十来天做下来，比自己做茶卖收入还高。

做好的猴魁，要"两刀一枪三尖平，扁平挺直不卷翘，叶厚魁壮色深绿，兰香汤清回味甜"。捏尖比没有捏过、更粗大的布尖好，油润苍绿者又比黄绿的好。90年代以前，传统做法并不需要一一手工捏尖滚平，而是杀青后平摊到炭火焙笼上，用手压平。最初的子烘，要在温度依次降低的四只焙笼上逐个烘过去，干燥到七八成，摊凉一会儿，再进行温度稍低的老烘、打老火烘焙，最终成形。这样做出的猴魁，不如新工艺平整好看。许多顾客认为更大更平的猴魁，送礼比较体面。于是不到二十年，传统做法已经没人再用了。主人给我们各泡了一杯七天前采制的三级猴魁，薄而平整的茶片，带着铁丝筛网压出的痕迹，基部向下，投入玻璃杯。用山泉烧出的水，茶汤清澈嫩绿，比起我们昨日在茶叶市场品尝到的更明净透亮，也更甘甜，仿佛封存了明媚的皖南春色在杯中。虽说2013年雨水多影响了茶叶品质，黄山茶特有的兰香，仍可在舌尖捕捉到。这难道就是核心产区有别于山下的"猴韵"？

正午时分，一位大妈在黄田村村口抢摘自家尾春茶

　　村后就是茶园，水泥路面戛然而止，山道陡然升高，蜿蜒伸向竹山深处。叶家最远的茶山在十几里外，主人每天都要去看看发芽情况，好安排采摘。树木、竹林下一垄垄柿大叶茶树，一芽两叶发得正蓬勃，看这架势，茶是采不完了。不管能采多少，叶片展开太大，茶季即告结束，猴坑人就开始剃头式修剪茶树，不留高枝。是以几十年树龄的老树，和新种几年的看起来差不多高，要拨开枝叶观察主干粗细才能判断树龄。山林风光旖旎，却泥湿路滑不好走，我们才爬了短短一段，就有人重重摔了一跤，可以推想进山采茶的不易。

　　有人上山来买茶了，叶叔急着去接待。当时限制政府送礼，茶价落了许多，但也在一千到三千之间。满街都是"太平猴魁"，而真正出自猴坑这23家的，每年也就1万多斤，根本不够卖。我倒是看中一匾标着"野茶"的鲜叶，抓一把起来闻，花香浓郁极了。叶叔想了半天，还是说不能卖给我，因为这是茶园边石头缝里自然长出的野生茶，是邻家采来自己喝的。茶园里的茶还来不及采，谁还有工夫再去采野茶出售呢？他回屋抓了一把自家留着的野茶送我，继续访茶的路上，只有特别隆重的场合，我才掏出一点来，分享这无处再寻的兰香。

18小时的翻炒让涌溪火青呈现出瓷珠般的光泽

涌溪火青：绿茶中的工夫茶

太平猴魁全靠手工，原以为在绿茶中已算极致。及至看到涌溪火青，才知道绿茶工艺还可以繁复到什么程度。

黄田村在泾县东南，和隔山相望的涌溪村同是涌溪火青的发源地。明万历年间和朱熹同宗的朱氏八甲（当地人自称老八房）迁居此地，村落逐渐成形。黄田村符合对传统茶产地的所有想象和期待：远离公路，山水清丽，古老的徽式房屋以青石板或卵石小道相连，有清代建的豪宅洋茶船屋，也有宗族祠堂和学堂，完全是旧日躬耕渔读自给自足的标本。只是年轻人已纷纷出走城市，留守的只剩下老人和小茶厂。朱成基大叔就是其中一位。土改的时候，朱成基的父母从老七房聚居地涌溪村搬来，他就在这边的大屋出生，学做茶，外出流浪养蜂，又回归故里重新做茶。阿姨在灶间准备午饭，大叔从山上挖笋回来，一边剥笋壳一边说，不行了，笋都快老了，茶也快采不成了。

他又张罗着给我们泡茶，清明后几天开采的火青，粒粒盘曲如圆螺，被称为腰圆形，紧结重实，质地已不像茶叶，更像墨绿带黑的瓷珠，光滑而致密。捏一小撮，叮咚投入杯中，先倒点水待叶片半展，再继续倒满。球形渐渐打开，一芽两叶垂立水中。嫩绿微黄的茶汤，初初入口，并不觉得有什么特点，只觉干净、绵甜。朱大叔倒是快人快语："这茶，开始泡一点味道都没有，越到后面越好喝。"果然如此，第二、三泡入喉，才慢慢觉出青果香，亦可形容为沉静的兰香，而回甘更是经久不散，骨感十足。打比方的话，就像岩茶在乌龙茶中的风格。

四月的尾巴，朱家请的采茶工刚刚被遣散，茶季已告结束，二老一共做了一百多斤茶。但村里几家作坊，还在继续制茶。和太平县山中经营多年的茂林修竹相比，黄田村后的大山更具野气。泾县一带古已种茶，清代《泾县志》描述为"多产美茶并杉木"。皖南将两峰夹立之处称为"坑"。涌溪火青最著名的产地之一石井坑，沿村后凤子河徒步进山可达。一座连一座的山头各有名字，如牛背山、棉花台、猴子形等等。从溪谷旁狭窄的平地，土生的柳叶种茶树向山坡延伸。虽不若顾渚方坞岕古茶山那般乱石嶙峋，这儿的茶树也是丛丛簇簇，长在带着砾石的乌沙土上，鲜有完整的畦垄。听说至今仍用茶果有性繁殖，几十年高至胸口的老茶树很是不少。竹下草间，独自冒出来的茶苗也不少。一位头发花白的大妈正戴着斗笠，在正午太阳下采茶。按说靠近村庄平地的茶，品质不算好，黄田村人叫作"外面的"茶。但能多采点就能多做点，大妈还是舍不得这点收成。

继续向深处走，土路渐窄，溪谷逐渐收拢，迎面走来几位采茶大姐。这样漫生野草的土坎小路，摩托车也无法穿过，要采"里面的"茶，需要步行几里甚至十几里地，再背着茶篓走出来。

据说尼克松访华时，周总理招待他品尝过涌溪火青，并告诉他这茶叫"落水沉"。60~80年代，黄田村和涌溪村每年都有任务，上交几百斤茶送到中央。涌溪火青相传是在万历年间创制，以形制判断，或和浙江平水珠茶有渊源。珠茶明末有外销记载，火青则再晚不至相差太远，清中期更曾鼎盛一时。黄田村自立村开始，世世代代几乎都在做茶。但眼下做茶，费工，也卖不出价钱。年轻人纷纷离乡寻找别的出路，老人们继续做茶，也只能当作晚年农事，有所依托，维持生计也未必够。

村里仍在做茶的几家作坊，正在用球形茶炒干机炒茶。这种机器像只大铁桶，脚下烧木炭，类似铁铲的页片在桶中不断翻炒，算是现代和传统结合的产物。翻炒茶叶过程持续18小时，加上前边的杀青、揉捻等等，超过20小时。机器是1994年以后才开始推广的，此前，做涌溪火青，全靠两只手。

朱大叔保留着三十年前砌的水泥茶灶，灶台上，四口大小深浅不一的铁锅并排而列。这种平口腹大圆锥底的厚铁锅，叫作"鼎锅"，从前要找铁匠专门定做，现在铁匠这行当都没了。长时间不用，锅底落满灰尘铁锈，大叔拎来水桶，手脚麻利，几下就清洗得锃亮。

他 16 岁开始在生产队跟长辈们学做茶，打下手洗锅就干了两年，如果洗得不干净，一巴掌就打过来。当天鲜叶萎凋几小时发散香气后，烧热茶灶，先用最小的鼎锅杀炒 4 斤鲜叶，然后就着灶台在竹匾上手揉，抖开初揉的茶叶，摊凉后两锅相并，继续入锅"焙干"，再揉，再晾，再焙。三次下来，已经半干微曲的茶叶，几锅合并为 10 斤左右，投入最大号的鼎锅，开始关键的"掰老锅"工序。炭火保持在低温，双手先向下压，让茶叶从锅底向上翻，再往前推，使茶叶在锅内压、挤、推、滚、翻、转，中间还要并锅，保持锅中茶叶始终冒尖，有足够的分量。如此往复翻炒，持续约 18 个小时，一分钟不翻，茶就可能焦煳报废。茶叶形状不知不觉间脱胎换骨，变为紧结发亮的球形。而通常所见绿茶娇嫩的颜色，也逐渐深暗。曾经弥漫在萎凋间里的花香，也被慢火收敛进硬实表面，不再张扬。

"如果没有机器，我这把腰早就废了。"朱大叔看起来身骨健壮，也把手工做火青视为苦活。掰老锅过去两班倒，还有人看灶火。整个生产队劳力都集中在村中敬修堂屋前做茶，通力合作，方能完成交售任务。如今包产到户，只有两位老人，又怎可能彻夜不眠不休地炒茶？发明火青做法的老祖宗，真是给子孙们上了道嚼子。好在现在用的机器也是仿造人工手势设计的，效果接近手工。虽然省了力气，朱大叔每晚还得起身多次，观察火力，用手帮机器拨匀茶叶，才敢放心。这场景，未来黄田村、涌溪村的年轻一代，还会继承下去吗？ 🌿

太平猴魁

皖南黄山区太平县几乎都在制作"太平猴魁"，但核心产区猴坑、猴岗、颜家村三个村庄所产，才能代表最正宗的高山猴韵。色泽苍绿，条索厚而紧实，茶汤清凉，鲜甜带兰香，是上好猴魁的特征。因为不经揉捻，茶汁基本保留在叶细胞内，且品种本身叶大肥厚，猴魁比通常的绿茶更耐泡，高山所产甚至能冲泡七八道以上。

涌溪火青

历史悠久、形状特别的绿茶，原产于安徽泾县涌溪村、黄田村。干茶呈致密的球螺状，墨绿光亮，手感沉实，掷入杯中落水即沉。深山、清明后、头采所产最佳，初泡不觉惊艳，耐心品味，则可逐渐感受到黄山茶特有的兰香果香及甘甜滋味，回甘亦特别绵厚，是适合老茶客欣赏的茶。

唯有柿大叶种茶树的一芽两叶，才能做出太平猴魁

撰文：张泉　摄影：马岭

茶季·归途

【皖南】

　　黄昏时分，太平县茶叶交易市场依然人潮熙攘。每天傍晚，都会有大批茶农拖着满麻袋刚刚做好的猴魁，聚拢到这里，期待着茶商们能出个好价钱。62岁的猴坑茶农叶有明，却根本不需要去县城的茶叶市场。从来都是茶商不远千里翻山越岭前往猴坑村，寻找传说中最好的猴魁。

　　太平县的茶农们将生活在猴坑村的23户村民视为幸运儿，不过，53年前，当叶有明跟随父母上山，移民到猴坑村的时候，却并不这么认为。

　　1960年，太平湖造坝，住在山下的村民需要移民上山，大伙儿都不情愿，却也无可奈何。在猴坑村的新家落户以后，生产队给叶家分配了60亩茶田，分散在周边的各个山头。叶家原本就以种茶、做茶为生，生活方式其实并没有发生多少改变，但是，住在山上毕竟不如山下方便，竟像是与世隔绝。蔬菜、粮食都只能到太平县城里去挑，叶有明成年以后，每个月就要下山一次，先翻山越岭走一个多小时，下山后到河边搭船，乘船顺流而下40分钟，上岸后再继续步行，才能到达县城，将全家人一个月所需的食物挑回来。

　　不过，猴坑村的60多个移民很快发现，同样的茶，猴坑产的竟然与别处不同，口感更好些。但种茶并不能果腹。猴坑只种茶，不允许种粮食。叶家上山那年，茶叶还是疯长，粮食却没有了，叶有明的一个妹妹，就在搬进新家的那一年饿死了。严重困难时期过后，猴坑依然只种茶叶。那时，没有人能料到，几十年后，这座平静的山村，竟会成为风水宝地；而每个人的命运，都会因为这座村庄，发生彻底的改变。

　　90年代，猴魁传承多年的制作工艺，发生了一些微妙的变化。三合村的郑忠明开发了捏尖的工艺，猴魁的外形由此变得更加好看，许多茶客也喜欢，觉得送礼有面子，各村于是纷纷效仿，这些新工艺流传至今。郑忠明后来创办了太平猴魁的著名品牌——"六百里"，而猴魁的历史，也被再度提及，原来这种看起来极为粗犷的茶叶，曾在1915年获得过巴拿马国际博览会金奖，这一殊荣，许多茶农从前并不知道。

猴坑村的茶农们很快就开始感受到一片茶叶的影响力。那些年，猴魁的价格开始逐年大幅度上涨，村口穿梭着操各种方言的茶商、茶客，往往新茶还没有做好，就已经被预订一空。有一些老茶客，只好这一口，并且只认猴坑、猴岗和颜家村产的猴魁。据说他们只要抓起茶叶来闻一闻，不需要泡，不需要喝，就能知道，这是不是猴坑的猴魁。

村里破败的土房都被推倒了，建起了簇新、结实的水泥砖瓦房。可是，即便是这样宽敞明亮的新房子，也渐渐地没有人愿意住了。几年前，叶有明也在太平县买了房子，平时都是住在县城里，除了间或回来打理茶园，只有在茶季来临的时候才会回到村里长住一段时间，把制作猴魁的复杂工艺教给从泾县、阜阳招募来的几十名工人，抢着这转瞬即逝的茶季，夜以继日地做茶。

叶有明有一双儿女。儿子叶风云在上海工作过三年多，最终还是决定回到猴坑，种茶做茶，照顾父母；女儿虽然嫁在上海，但在茶季最繁忙的时候，也会赶回来帮忙。这时候，猴坑的家又会喧闹起来，母亲又会在厨房里忙得团团转，为一家人和所有的雇工准备一日三餐。好在现在已经不需要自己下山挑蔬菜、粮食，每天晌午都会有一辆农用车把各种蔬菜、副食品运上山来。清明以来的茶季，倒像是过年，全家团圆，为着同一件事情忙碌奔波。

确保猴坑猴魁的纯正血统，成为村民们的共识。10年前，村口就立起一块石碑，订立了极为详细的村规民约："任何人一律不准将不属于本村的干茶或鲜叶运到本村加工、包装、销售"，"除本村村民外，任何人不得以任何名义在本村建房、建茶场"，"茶叶生产必须使用生物药品、有机肥，否则茶叶不准进入市场"，"为保护猴魁生长环境，村民扩建茶园必须经林业部门批准。禁止外地人以本村村民名义开荒建茶园"。

几个摄像头从不同的方向监控着这座只有23户人家的村庄。山下也设置了路障，进村需要买票。狭窄的盘山路，只能单向跑一辆小面包车，竹林茂密，坡度很陡，急转弯不断，只有村里的年轻人才能应付自如，他们娴熟地把握着方向盘，车身擦着树枝，轧过悬崖边的碎石。这条盘山道修得太早，现在想拓宽已经几乎不可能了。只要炸山修路，就一定会毁掉一些茶园，没有一家的茶园主人会答应。

20年来，猴魁的售价逐年攀升，但种茶、做茶有时是一件身不由己的事情，都需要靠天吃饭。2007年，时任国家主席胡锦涛出访俄罗斯，将猴魁作为国礼赠予普京，猴魁

铁纱网对夹、木滚碾平、上炭火焙箱初烘，太平猴魁开始出现扁平的条形

很快迎来了又一个黄金时代。然而，两年后那次席卷黄山一带的倒春寒，将刚刚长出来的茶叶冻黑，产量下降了三分之一。2013 年，猴魁的销量也有些坎坷，据说和节省"三公开支"有关。

村口的百年茶王树上，还挂满红绸带。几天前，村里刚刚祭拜过茶王树，放鞭炮，敲锣，打鼓，烧香，敬酒，黄山区里的领导也来了。猴坑村的茶农每年都要举行隆重的仪式，祭拜茶王，如同祭祖。大家都期待着一个好收成，做事靠自己，运气却要问苍天。

但茶季其实极为短暂，喧闹过后，沸腾的村庄又会沉寂下去，变得空落落的。大批受雇的外乡人会领到工钱，回到各自的家乡继续种地，叶有明也会下山，到太平县城里享清福，女儿也要回上海，过自己的生活。猴坑只是一个象征意义上的家，日子周而复始，茶季到来的那一个多月，才是回家的归途。

【皖南】

那时候……

撰文：张泉　摄影：马岭

　　在涌溪火青的产地黄田村，朱成基的辈分最大。他依然能熟练地背出家谱上的排序，他们是宋代大儒朱熹的后代，早年在江西婺源，明朝时迁徙到安徽泾县涌溪村，土改的时候，又从涌溪村迁到黄田村。黄田村徽商辈出，在村里鳞次栉比的徽派建筑、祠堂中彰显无遗。朱成基就出生在老屋的雕花大木床上，朱家出身贫农，于是，院子里精致的石桌、盆景，竟然都在"文革"中奇迹般地保存下来，依然层层叠叠地漫布着百年前的青苔。不过，门上的铜锁、门扣早已无影无踪，它们都在"大跃进"时被拆下来，拉到村中心的敬修堂前炼钢。说起那段岁月，朱成基说了一句口头禅："那——时候……"

　　黄田村和涌溪村，都以火青著称。涌溪火青曾是贡茶，到了朱成基出生的时代，这种茶更是饱受青睐。据说，周恩来曾经请美国总统尼克松品尝，并说这种茶名为"落水沉"；邓小平则称赞它"有黄山毛峰、西湖龙井之好，以后就喝此茶"。于是，朱成基就一直在火青的茶香中长大。每当茶季来临，村里就会忙成一团，夜以继日地制茶，将特制的几百斤新茶，送去北京。

　　朱成基家里，仍然保留着四口旧式手工炒茶的老锅。它们已经多年没有使用，取而代之的是1994年浙江农业大学特地为火青制造的炒茶机。朱成基给我们演示从前手工制茶的过程，用抹布擦拭老锅的时候，他又说了一句："那——时候。"那时候，师父对徒弟的要求极为苛刻，学徒要从擦锅学起，先擦两年锅，再看造化。涌溪火青的制作工艺极为复杂，手法需要悟性，做茶更需要体力，手工连炒18小时，再好的体格也受不了。不过，几十年竟也就这么过来了，谁又想得到？

清明后新制火青在杯中渐渐展开，平淡之后却留下长久不散的回甘

朱大叔上山挖笋归来，他戏称自己戴的是"太监帽"

通往"里面"的山路连摩托都不能通行，
采茶工有时需要步行十多里，茶园也几近野放

这座柴灶和大小不一的鼎锅，在黄田村已经看不见了。
过去连续二十多小时的炒制，都在这几口锅中不间歇地完成

再往炉膛里塞一把柴火，锅里才终于有火气腾起来。如今的柴火，不比从前的毛竹。那时候，黄田村做茶，一度由生产队负责。一个工分 7 角 2 分，自己却只能拿到 4 角钱。刚学会做火青的步骤，生产队就给朱成基分配了新的任务——上山砍毛竹，用来烧火。砍好毛竹，一个人扛下山，每天上午扛一趟，下午再走一趟，每趟扛 250 斤。100 斤毛竹能积 6 个工分，每天就是 30 个工分，21 元，但是拿到手上，只有 12 元。

　　敬修堂前，做茶的乡亲们依然人来人往，年轻的朱成基却惦念着，想要逃离这座村庄。

　　1979 年，他带了 9 箱蜜蜂，悄悄出门了。逐着花期，一路朝东北方向走，刚刚走了十几天，到达江苏溧水，蜂蜜已经积累了不少，卖给蜜厂，竟然赚了 280 块钱。朱成基将这笔巨款寄回家，愈发深信自己的选择。

　　离开黄田村，朱成基过上了流浪的生活，一路向北，直到大兴安岭。几个人拼了车队，结伴出发，坐的是抗美援朝回来的解放牌大卡车，载重 4 吨。在野外就住在帐篷里，"过着牛的生活"。起先还想念妻儿，后来他发现，路上遇到的那些歙县、奉化的养蜂人，全家都在外面流浪，流浪了十几年都没回家。"流浪生活最好玩的，就是自由自在，天不管地不怕。警察从来不过问我们，见到我们避之唯恐不及。大蜂车过路卡的时候，蜜蜂嗡嗡嗡飞出来，一眨眼就是一个大球。他们收了钱，赶紧挥挥手让我们过去。"

　　在外养蜂流浪了十几年，蜂箱从 9 箱涨到 82 箱，妻子也来找朱成基，和他一路风餐露宿。然而，流浪终究不是长远之计，朱成基还是回到了黄田。女儿们都大了，得给她们找个好人家。

　　朱成基又开始做茶，流浪十几年，手艺并没有丢。此时，村里制茶早已包产到户，自己做，自己卖。卖茶时好像又回到了养蜂的日子，大包小包挑着，一路走一路卖，在哪里卖光，就在哪里折返。可是，每年还需要向国家上缴 82 元，交了农业特产税，才能出去卖茶。那时候，对农家来说，82 元已是不菲的数目。

　　朱成基酒量惊人，却不是要借酒浇愁。他只是好酒。一日三餐都得喝酒，就连早饭时都要来三两。早晨喝酒的习惯，是几十年前养成的。几十年前在北京，朱成基住在一位老矿工家里。每天早晨，老太太就会拿出一瓶二锅头，悄悄告诉朱成基："你和我老头子两个人一起喝吧。他得了癌症，爱喝酒。"一老一少就吃着隔夜的煎饺，聊上大半天。老矿工家里存了 28 瓶二锅头，那时候用的还是木头塞子。喝了半个月，酒都喝光了。朱成基就去国际饭店买茅台，那时候，每瓶茅台只要九块六。

　　那时候做茶，是维持生计，现在做茶，已经赚不了多少钱，倒更像是一种辛苦的消遣。午后，一些采茶的妇人们已经背着篓子回返，男人们则挑着饭菜进山，给采茶的雇工们送去。要采好茶，就得进到深山里去。生长在山坡上向阳方向的茶叶，日照太充分，香味、耐泡程度都不行。山走得越深，茶叶就越好，因为日照少。多年前，进山的路上还会遇到野兔、果子狸、野猪，现在已经很少见到。茶农并不忌讳野猪，野猪不拱茶树，茶季过后，都是老叶子，野猪不感兴趣，山上布满鲜嫩的竹笋，那才是野猪喜欢的食物。在这些崎岖的山路上，朱成基从垂髫少年至今走了六十多年。如今，走在这条山路上的人，似乎越来越少。曾经名动一时的涌溪火青，渐渐失落。年轻人受不了做茶的苦，他们像几十年前的朱成基一样，向往着外面的世界，向往着自由的生活。而在几十年后的某个时刻，他们是否也会像朱成基一样，选择回返故里，落叶归根？

祁红的传统精制工艺，先用分筛筛出长短，再用抖筛分出粗细。这套精制工艺，是祁红工夫申请非物质文化遗产的核心部分。迄今为止，能够熟练掌握这项工艺的工人，仍屈指可数

撰文：茶小隐　摄影：马岭

【皖南】

精制的尊严

闵宣文老先生是祁红的文化遗产传承人。
他20世纪50年代调进祁门茶厂，一辈子从
事审评、拼配工作，如今年过八十，是祁
门红茶圈泰斗级人物

祁红：功夫在精制

"Keemen Sweet Candy Scent"，这个英文词组特别为描述祁红工夫的"祁门香"
而创造，在世界香气体系中十分少见。祁门香往往被描述为花香、果香、蜜香为一体，此外，
由于在制作祁门红茶的槠叶种茶树中有一种叫香叶醇的物质含量特别高，还可能做出玫
瑰香气。

然而，这几年喝到的祁红，往往滋味醇正，在香气上却不能给人留下什么印象。我
们的茶之路，能找到传说中的祁门香吗？

祁门位于皖南最西侧，和江西地缘接近，穿城而过的阊江，一直向西流经景德镇。
晚唐时歙州司马张途在《祁门县新修阊门溪记》中记述："山且植茗，高下无遗土，千
里之内，业于茶者七八矣。"那时祁门即盛产茶叶，通过阊江徽饶水道，运到"商人买茶"
的江西重镇浮梁销售。唐宋时代做团茶，明末做安茶，直到正山小种问世，闽北各路工
夫红茶风起云涌，祁门才跟进，创制祁红工夫。一说清光绪元年，在福建为官的黟县人
余干臣，回籍后在至德县尧渡街和祁门历口、闪里设立茶庄，仿效闽红做法，试制红茶
成功。一说则为祁门南路的贵溪胡元龙创制。总之，祁红和闽红脱不了干系，却因风土
殊胜，茶种特别，制出令茶界眼前一亮的红茶，在出口市场中脱颖而出。到1939年，祁
门年产红茶占全国三分之一，每担能卖到前所未有的360两白银，而正山小种鼎盛期的
出口价格也不过40两白银而已，可见其受欢迎程度。

我们坐在祥源茶厂全自动化生产车间楼上的审评室里，品尝这两天新制的祁门红茶。干茶细紧如眉，油润乌黑，已被切碎成半厘米左右，很秀气的模样。开汤第一泡，汤色金橙，入嘴略带焦糖香。闵宣文老先生喝了一口，告诉泡茶的小姑娘，投茶量太少了。祁红有别于其他红茶的特征，汤色应该特别红亮，倒进杯里就像红葡萄酒一样。这种浓艳而透亮的程度，其他品种难以企及，或因毫多，或因叶内物质不同。闵老50年代调进祁门茶厂，一辈子从事审评、拼配工作，如今年过八十，是祁门红茶圈泰斗级人物。他既为祥源这样的大企业担任顾问，也常在祁门各乡红茶厂里四处转悠，看看茶做得怎样。祁门茶厂鼎盛期曾有上千职工，在国企改制的浪潮中，荡然无存，旧厂房也可能变为房地产项目。而在祁门自创品牌自己开厂的茶老板，十有八九都是原先的骨干。

什么是祁门香？闵老的回答是花果香和甜香的结合；义旺茶厂陈义根厂长的回答是花香、甜香和醇香；合一园茶厂的年轻合伙人谢旺馨则认为带有兰花香的甜香最理想；我的感觉则是前味如微酸苹果，后味醇厚，上等品有明显的焦糖香或蜜糖香。话虽如此，浓醇的甜香如今并不难得，花果香却需要动用想象力去体会。至于茶圈前辈再三叮嘱我去寻访的玫瑰香，要求头年冬天雨雪多，第二年茶季天气晴朗，用海拔500米左右、不高也不低的槠叶种鲜叶，加上师傅在制作工艺上神来之笔般的拿捏，才有可能出现。它就像文人的灵感，可遇而不可求。今天做出一批，明天再想复得则难矣。

祁门人管茶树鲜叶叫"茶草"。西路历口、南路贵溪谷雨前收采的茶草，品质最好。本地土壤主要由千枚岩、紫色页岩等风化而来的黄土和红黄土，肥厚而透水，非常适合种茶。在北京开店的陶子说，他年轻的时候，茶山上花树多得很，茶草的花果香，和植被分不开。这些年来树快被砍完了，剩下茶树光秃秃在那里，香气自然单薄。茶草退化，是祁门制茶人都无可奈何的一件事。除了植被恶化，施用化肥、高价卖给外地绿茶茶商、被迫收购外地茶草等等，都让传统工夫红茶的原料越来越差。陶子年轻时审评祁红动不动就喝到两颊发麻，可见那时茶草中蕴含的单宁物质多么强劲。如今新创制的毛峰和香螺适应市场，追求清香，传统工夫型则茶味趋于柔和。祁红烈焰鲜明的性格渐渐模糊，让我们这些无缘见识早年茶品的新茶客，有些找不到感觉。

四散开办茶厂的老祁红们，最自豪的还是传统工夫精制工艺。过去老百姓种茶，深山挑茶草出来不便，多自行萎凋、揉捻，放在竹篓里发酵，再炒或晒至半干。这种湿坯半成品，送到各乡收购点后，再上焙笼用木炭烘干，做出毛茶。如果是做毛峰或金螺，拣梗之后就可上市，传统工夫却只算完成一半。义旺茶厂的仓库里，堆满了一麻袋又一麻袋刚做好的毛茶，它们要在这静置上一个多月，退完火气后才开始精制。"这就是祁红的工夫了，比别的红茶精细得多。"闵老如是说。毛茶先按采摘时间和细嫩程度分级，最高级别的特茗，要求一芽一叶，能见金毫。粗老等级可以用机器切筛，但这样成品可能带有铁锈味，泡过后叶底发黑，口感发涩。因此高等级茶，需要完全用手工来完成精制。

1平方英寸（约为6.45平方厘米）内的网孔数目，称为目。从5目到10目，孔眼粗细不等的竹编撩筛，是传统工夫精制中最重要的工具。从较粗目撩筛开始，干茶上筛，师傅先用分筛筛出长短，再用抖筛分出粗细。抖筛过程中双掌合拢挤压弄断干茶，以及通过手势在筛眼中切断。几轮下来，原本粗细不一、条索曲长的干茶，竟然神奇地粗细渐分，最终筛出短而细密、根根齐整的特茗级茶，再经风选拣剔拼配复火等工序，方告完成。看似简单的摇筛，达到用力均匀、茶不甩出，还能自然切断，没有四五年的实践是做不到的。所以师父们不敢让徒弟上筛，怕糟蹋了上等毛茶。这套精制工艺，正是祁红工夫申请非物质文化遗产的核心部分。能熟练上筛的师傅，到哪家厂都能拿最高薪水。过去工种细，有的老师傅一辈子只干这个，别的工序竟然都不会。

精制，是祁红工夫最后的尊严，还是带来特殊风味的关键？这个答案，我们也没有找到。

安茶：时间酿成凉药

祁红工夫问世以前，安茶当道。它一度完全销声匿迹，80年代末才又被有心人复兴。但知者甚少，连陪我们的歙县茶商大哥，也只是耳闻而不曾见过。

一大早，从县城向南开往芦溪乡的山路，GPS竟然没有记录，不断报错，让我们掉头。但山间唯此一路，别无岔道，也只好且问且行，终于到了芦溪。孙义顺茶厂的汪镇响厂长被乡政府叫去开会，我们就先去茶厂坐等。天气晴朗，小楼前茶工正在篾席上翻晒茶叶，半干的鲜叶微微发红，看上去已轻微发酵。堂屋里的关公像前，也摊放着厚厚的鲜叶，大概时值尾春行将粗老，必须尽快采制。

办公桌上放着几小篓茶，手编的小篾篓，内衬箬叶，里面正是紧压成块、色泽暗黑的安茶。还有张古色古香的版画内飞，感觉像普洱或广西六堡茶的迷你版。主人还没回来，我们就不客气地自己动手烧水泡茶。第一款夹杂许多粗梗，汤色乌红，一杯入口，几个同伴都放下茶杯不肯再试，这味道，可不就是又苦又涩的凉茶。再泡一款，看上去细嫩些，前一年的茶。这次完全不同，汤色很浅，味道介于大麦茶和玄米茶之间。有人找到标明2007年的，条索比最初那款细得多，这次茶汤最漂亮，是剔透的琥珀色。头几泡还有点杂味，到四五泡渐入佳境，微凉的槟榔香，滋味柔和甘醇。

老汪终于回来了，看看我们泡的茶，说第一款最粗老，是广东渔民买来放船上当药

安茶制作用深铁锅大火杀青

喝的。第二款压制不到半年，新茶就是这种炒米味。第三款已经转化得不错了，但要到第十年头上，才最好喝，一入口就会化掉。

　　安茶看似粗放，实则工序无比复杂。在制作车间，我们首先被房梁上挂着的首尾成串犹如竹龙的篾篓吓了一跳。装半斤或一斤的小篾篓，每年要用 20 万个，还要一一用茶水煮过晾干才可使用。杀青间里烧着松木，皮带轴承正带动六台深锅中的铁铲上下翻动，今天采来的鲜叶正一担担送过来杀炒。头发花白的老阿姨是杀青领班，已经干了 20 来年，她不时站上板凳，用一把棕草扫拢翻上灶台的茶叶。这套传统生铁打造的炒青锅，老汪好不容易才找来，新式滚筒机会有铁气，弃置不用了。杀完青，要重度揉捻，继而摊晒到橘红色，让茶自然发酵。真想不到，在皖南腹地的小茶厂里，竟然还能见到如此齐整的焙间。十几口焙坑一字排开，师傅正将晒完的茶，摊进竹焙笼里，用木炭焙干，还要频频查看翻动，直至茶泛黑有光泽，和武夷岩茶制作几乎一模一样。

　　焙好的毛茶，要放半年左右，慢慢分筛定级，剔拣茶梗。立秋之后，天气干燥，精制开始。那时选个晴天晚上，将毛茶用竹簟摊于室外一夜，经受寒露。次晨收起，用木甑装好，置于专制安茶的锅灶上汽蒸三五分钟，蒸软后趁热装入内衬新鲜箬叶的椭圆形篾篓中，

手编小篾篓，内衬箬叶，紧压成块，是安茶百年不变的包装

用力压实。这个时候，要再进焙间。篾篓置于木架上，上面盖棉被，下面是和陆羽《茶经》中描述的"凿地深二尺，阔二尺五寸，长一丈"极为相似的方形焙坑，用栎炭整整温火慢"炖"24小时，新茶才算完成。箬叶与茶一同焙干，清香也渗入茶叶。剩下来的事，就要交给时间。介于红茶和绿茶之间的安茶属于轻微发酵，陈化之后才能产生醇厚顺滑的滋味，历史上所重视的"六安"功效，也会逐渐增强。

传说明末清初的时候，黟县人孙启明，受妙静师太指点，来芦溪开办茶园，创办"孙义顺"茶号，专制安茶，广受南洋华人和广东佛山一带欢迎，认为此茶能安五脏六腑，清热解燥。有钱人家里甚至囤积大篓，慢慢陈放。安茶去往外洋漫长的道路，先顺阊江到景德镇，再穿过鄱阳湖到九江，继以马车，运至韶关，最后经佛山销往香港、台湾和南洋。路途遥遥，竟需半年之久。老汪也没有考证过，为何遥远国度那些从未到过皖南的人，会对芦溪安茶青睐有加。只因1983年香港茶叶发展基金会找上门来，希望找到这种抗战中就绝迹的茶，他才开始不断研究，终于复原出老客户都认可的安茶。

安茶全靠一个"陈"字，越陈越好喝也越值钱。老汪自己却没存什么茶。茶厂运作最需现金回笼，有客户买，就全部卖掉。"买老安茶，只能去找我的经销商。"他说。

但是在评审室的里屋，我发现桌上悄然放着一筐 72 篓装的贡尖，竹篾上用记号笔写着"镇响工夫茶"几个字。从 2013 年开始，他每年都会给外孙存下一筐安茶，这是这位老茶人能给后代的最好的礼物了。✍

祁红工夫
世界三大高香红茶之一，产于安徽祁门县及周边，以汤色红艳透亮，带特别的花果蜜香且滋味醇厚而著称。祁门香如今特征不如以前明显，一款个性鲜明香气突出的祁红工夫可遇而不可求。

安茶
也称"六安茶"，却与"六安瓜片"无关，取"安五脏六腑"之意。旧时广东、南洋一带以陈年安茶性温凉，能够祛湿解暑，清热止血。全用半斤或一斤小篾篓盛装，最好的贡尖，陈年 10 年以上，汤如琥珀，滋味醇和而带槟榔香。冲泡安茶，加一小片篓内内衬的箬叶，口感更佳。

陈义根，原是祁门茶厂的老员工，1992年
离开茶厂。2002年，他开办了义旺茶厂

撰文：张泉　摄影：马岭

【皖南】最神秘的味道

一

　　仓库里的茶香扑面而来，浓郁，结实。

　　每年茶季来临，堆满仓库的祁红毛茶，都要喝哑陈义根的喉咙。毛茶上火，需要存放几个月才好入口，但是，作为义旺茶厂厂长，陈义根必须亲自品鉴这些从祁门县周边各个山头收来的毛茶，在精制之前就要先给它们分出等级。

　　2002年，陈义根开办了义旺茶厂。"义旺"二字，颇有些旧时的况味，一百年前，祁门的茶人开茶号，往往也喜欢起这样的名字。"义"字，是对他人的眷顾，"旺"字，则是对自己的祝福，当然，归根到底都是对自己的要求。

　　茶厂更像一个仍在运转的茶叶博物馆。房子从前是兵营，砖石垛得也有力量，只是有些老旧。一条河从茶厂外流过，悬空的石桥通往对岸的山上，石桥狭窄，没有护栏，却砌着阶梯。

　　揉茶机已经用了100多年，德国产的克虏伯式大型揉茶机。它还在从容地吞吐着油绿的茶叶，轰隆作响，工业化的光泽已经褪去，绿漆褪去露出斑驳的金属原色，像个狰狞的怪兽，却偏偏嗜好食草。

　　一个世纪以前，这些远道而来的外国机器涌进深山中名不见经传的小县城祁门，带来了恐慌，也引发了争论。那时，许多祁门人认为，祁红特有的火候香完全来自手工，如果用机器制茶，不仅做不出这种独特的芳香，甚至会沾染上铁锈味和机油的气味。然而，

德国产的克虏伯式大型揉茶机，已经使用了100多年。它曾是祁门茶厂的旧物，被陈义根重金买下，如今在义旺茶厂，仍然能自如地运作，每次能揉几百斤茶

1959年，安徽祁门县茶叶试验站，使用手摇采茶机

那正是祁红的黄金时代，西方人对祁红趋之若鹜，出口量每年都在激增。只有大规模的机器生产才能满足来自海外的巨大需求。并且，没过多久，祁门的茶农们就发现，机器并没有像想象中那样夺走他们生存的机会，祁红最重要的那些工序，依然需要靠人力才能完成。

这台机器是陈义根从祁门茶厂重金买下来的。祁门茶厂曾垄断着祁门红茶的生产和经营，这家国营大厂拥有上千名员工，陈义根也曾是其中的一员。1992年，陈义根离开茶厂，5年后就听到了茶厂改组的消息，许多骨干老职工也纷纷下海。2005年，改组后的茶厂最终倒闭，机器变卖一空，最后一批老员工也蒲公英般迅速散落在祁门县众多新兴的茶厂里。

二

祁红逝去的那些黄金年代，如今的年轻人虽然完全没有经历，却也大多能够讲述一二。这是他们迷恋过去的原因，也是他们相信未来的理由。

饮茶的英国女子，1953年（摄影：Godfrey Thurston Hopkins）

　　10年前，陈义根的儿子放弃了在外闯荡，回到祁门，开始专心随父亲学习制茶。起初只是希望帮父亲分担一些压力，后来却也渐渐将制茶当成了自己的理想，如今，这个刚过而立之年的年轻人也已经能将祁红的工艺和特性讲得头头是道。他建议我们到祁门茶厂的旧址，去看看胡元龙的雕像。祁红的起源存在争议，但大多数人相信，胡元龙是祁红的鼻祖，他的石像立在旧日祁门茶厂的院落中，在房地产大开发的铲车和吊车到来之前的每一个平静的晨昏里，他仍会一直这样望着不断变化的故乡和持续变更的时代，沉默无语。

　　晚清时，胡元龙辞官回到祁门，在自家的培桂山房周围开垦荒山千余亩，大量种植竹林和松杉，间以十万多株茶树。当时祁门仍然以绿茶为主，销路不畅，胡元龙重金请来外地茶师，研究发现，祁门产的茶，其实大多适合做红茶，而不是绿茶，于是效仿宁红的制法，试做了祁红，竟一举冲决罗网。时至今日，人们也仍然能够记诵胡元龙当年手书的对联："垦荒山千亩，遍植茶竹松杉而备国家之用；筑土屋五间，广藏诗书未粗以供儿孙读耕。"它代表了旧时徽商的理想，既有家国情怀，又有耕读志向，张弛有道，进退有度，如同温厚的祁门红茶。

祁门茶人对祁红的描述，极为朴素，"乌黑泛灰光"，不过，一个世纪以来，人们却更愿意用各种奢侈的器物来比喻祁红——"琥珀光""紫玉金汤""黄金圈""宝光"，仿佛一枚弯曲的茶叶上，也能被浮华的时代镀上珠光宝气。

钟爱祁红的西方人能够准确地描述它的色泽，却无法描述它的香味，于是，他们干脆发明了一个词——祁门香。

一个世纪以前，祁门香弥漫于欧洲贵族的沙龙里，午后慵懒的咖啡馆，与莎士比亚的句子一道萦绕于人们的唇齿之间，历久弥新。英国王室对祁红的钟情，尤其是1915年祁红所获的巴拿马太平洋国际博览会大奖，更让祁门闻名遐迩。

外国人销售祁红的广告，也写得无比诱人："该茶产于中国安徽祁门县境内有名诸山，茶色深红，茶味特长，茶香浓郁，茶质坚厚，能助消化，能润肠胃，能去风火，能长精神。饮法：此茶为红茶中之极品，其泡制之法，先以三钱左右，或两茶匙，置入壶内，用沸水冲之，5分钟后，倾入茶杯中，即成芬芳适口之饮料，再加以牛乳白糖，调和饮之，其味甚香，更觉优美。"这种勾兑的饮用方法，将红茶兼容并包的性格彰显得淋漓尽致，促成了新的生活风尚，更催生了对于古老中国的想象。但这种饮法，对那个时代嗜好绿茶的中国人而言，太过匪夷所思，在那时中国人心目中，祁红一直是一种神秘的味道。

三

横空出世的祁红，促成了徽商最后的辉煌，但茶味氤氲出的，其实只是一场甜蜜的回光返照。明清时代，徽商与晋商几乎两分天下，成就了一代代财富传奇。然而，19世纪末20世纪初，面对西方的冲击，以及错综复杂的权力斗争，两大商帮也渐次衰落，走向末路。西方人对祁红的热忱，激发了徽商的再度崛起，嗅觉敏锐的俄国商人则包办了祁红的出口业务。

祁红的旅程，需要沿着阊江南下，再取道汉口，从广东出口，度过漫长的跨海航程，才能出现在英国、美国、法国、德国和丹麦的餐桌上。巨大的商机让祁红茶人在各地都得到了最高程度的礼遇，"头批满堆，即择吉日良辰，鸣炮奏乐，大宴茶师及工人，匀堆成箱后，即抽茶样一箱，派水客送样至汉口。汉口茶栈大开中门迎水客，并设宴款待，仪式非常隆重"。

在中国，茶是一种味觉体验，更是一种礼仪，在儒商云集的徽州，更是如此。"一品官，二品茶"，采茶有其礼，售茶有其礼，饮茶亦有其礼，茶人与茶商的关系，既形成生产、流通与利益的链条，又是礼仪与文化的往复。

民国时期，吴觉农曾振兴茶叶改良场，他制订的一整套制作工艺和评判标准，有一些至今仍在使用。然而，接踵而至的一战和二战还是终结了祁红的黄金时代，而红茶带来的温润，也成为留给徽商的最后一缕美妙而短暂的回甘。

1949 年之后，祁红在中国人心中变得更加神秘，更加陌生。有很长一段时间，它属于国礼茶，全部出口。民国时，祁红装载上船，走阊江，改由沿着水路到上海，运往国外。后来，则是在祁门茶厂里生产出来，装进专列火车运抵合肥，再由军队送往北京。祁红曾距离人们的日常生活如此之远，仿佛只与祁门茶厂的上千名员工有关。不过，当年，即便在祁门茶厂，除了几位品鉴师，也没有人知道，究竟该是怎样神秘的滋味，才能让生活在资本主义世界里的人们，如此心向往之。

四

那个时代祁门茶厂的老工人，和陈义根一样，大多都是安庆人。从安庆到祁门，170多公里，需要横渡长江。陈义根出生以前，安庆是安徽省的省会，但故都已然萧瑟多年。做茶是极为辛苦的事情，只有安庆人吃得了苦。1973 年，陈义根刚进入祁门茶厂工作时，前三年只能帮师傅们扛茶草，每天上万斤茶，在工人们中间有条不紊地交接。所有人都只是流水线上的一枚螺丝钉，而要从上千名工人中脱颖而出，掌握更多精制的技术，则不仅需要足够长时间的磨砺，更需要领悟能力。

如今，义旺茶厂的一间库房，是精制的场地。门边的架子上摞着大小不一的竹筛，这是祁红的精制工序中最复杂的分筛工序，也是隐秘所在。经过每一道竹筛的筛选加工，最终留下的，才是极品的祁红。这项技艺已经申报了安徽省非物质文化遗产。抖筛和撩筛，不仅需要经验，更需要悟性，迄今为止，能够熟练掌握抖筛和撩筛技术的工人，屈指可数。在义旺茶厂，掌管这道工序的王明勇，曾是祁门茶厂精制加工组组长，当年为了熟练掌握抖筛和撩筛工艺，他用了 4 年时间，而有的人，做茶做了一生，或许也只会抖筛，或者只会撩筛。

和祁门的许多茶厂一样，义旺茶厂的顾问名单上，也挂着闵宣文的名字。闵宣文是陈义根这一批工人的老厂长，也是祁红的非物质文化遗产传承人，他的拼配技术至今无人能够取代。

如果真的可以用珠光宝气来形容祁红，那么，这层珠光宝气也来自极其复杂的工艺、经验和领悟力的滋养。祁红的工序最初最简单，越往后越复杂，甚至神秘。

最初的工序，萎凋、揉捻、发酵、烘干，农家都做得了，但是，进入精制流程，就需要个中高手,至于最后的拼配,则几乎是只能意会,无法言传了。将不同山头、不同时间、不同条件下采摘、制作完成的茶,各选择一定的比例,拼配在一起,从而让茶的口感和品质更上一层楼。这项技艺如同调酒,需要最丰富的经验、最敏锐的感官。在祥源茶厂的审评室里,我们见到 80 岁的闵宣文先生,老人干瘦,身体显得更加挺拔。老人本是浙江湖州人,1951 年考入上海商检局开办的"茶叶产地检测人员培训班",从 1953 年开始,每年春天的茶季,他都会来祁门茶厂进行红茶检验,边工作边学习,1958 年,又在支援安徽的浪潮中正式在祁门安家。当年祁门茶厂陈季良等前辈的教导,让闵宣文在祁红的世界里走得更远,并且一走就是 60 年。

尽管掌握着祁红最神秘的环节,老人的言语却朴实、简单得令人惊讶,全然没有弥漫在茶界的那些玩弄概念、故弄玄虚的浮夸词汇,如同沉在他杯底的祁红,"条索紧秀、锋苗完好",中规中矩,绝无矫饰。

玻璃杯显然用了有些年头,杯身上印着"徽红——永远的香醇"。杯子里,一层隐约的金色挂壁,如同霞光中黄山的山形。那是茶在世间走过的足迹。

撰文：张泉　摄影：马岭

【皖南】

重组记忆拼图

汪镇响，20世纪80年代末，他复兴了失传的安茶工艺，并于1997年恢复老字号，开办"孙义顺茶厂"

1983 年，祁门茶业公司收到一篮从香港寄来的神秘茶叶。茶叶被粽叶裹着，装在小竹篮里，通体乌黑，有如普洱，却又不是，冲泡起来口感独特，初时极涩，后来竟也有些回甘，并且特别耐泡，显然有些年头了。读完华侨茶叶发展基金会的附信，人们才知道，这篮古老的茶叶，并非到来，而是回归。它就是失传40年之久的安茶，产自祁门县芦溪乡。

1943 年，芦溪"孙义顺安茶号"制作完成最后一批安茶，3 年后上船，运往佛山，被兴业茶行以每担（老秤 100 斤）240 美元高价收购，转运新加坡。盛极一时的安茶，从此绝迹。

年长一些的人还隐约能记起关于安茶的零星往事。安茶，又叫"六安茶"，意为安五脏六腑，安六神。据说1725 年由妙静师太无意中发明，后来被黟县人孙启明带到芦溪，创办了"孙义顺安茶号"。清末民国，安茶在广东、台湾、南洋各地被视为至宝，誉为"圣茶"。当年安茶的销售，如同一场漫长的候鸟迁徙，先走水路，小船运到景德镇，从景德镇换大船到鄱阳湖，再换船运往九江，需换三次船。到九江后，装进马车运往广东韶关，从韶关换小火车前往佛山，佛山中转，到深圳，再出海，运往台湾和南洋。据说每年销售时，往返最快也要半年。水路、山路、铁路、海洋，将深山里的芦溪与整个世界连为一体。但那已成如烟往事，到 80 年代，安茶的制作工艺早已湮没无闻，祁门精制的是外销的红茶，人们平时喜喝的则是烘青。香港茶人试图到芦溪寻找安茶，却不知道，这股愈陈愈香的茶味，其实早已消散在芦溪人的味蕾记忆里。

五年后，40 岁的汪镇响开始在茶山上孤独地寻找适合做安茶的新芽。

左：安茶的制作车间，房梁上挂满首尾成串犹如竹龙的篾篓。茶叶能装半斤或一斤的小篾篓，每年要用20万个
右：孙义顺的职工正在篾席上摊晒揉过的茶叶，要晒到颜色发红自然发酵

汪镇响在乡镇企业办工作，他听说，祁门县农业局组织加工复原的安茶，在香港铩羽而归。香港茶人回复，那根本就不是安茶从前的味道。

汪镇响既好奇，又迷惑。他学过做茶，在祁门茶科所和祁门茶厂各培训过一年，学习制作红茶。不过，他遭遇的却是祁门茶业重新洗牌的时期，红茶不景气，他又被调回企业办。

翻阅典籍，汪镇响发现了问题所在。祁门县农业局复原的安茶，是用老叶子制作的，而民国时期的典籍却记载，需要采集谷雨前的嫩芽。好奇心驱动着汪镇响，他上山选摘嫩芽，又根据古法制作，居然做了出来。他的样茶被安徽省寄给香港，答复很快回来了，外形很像，口味也还可以，但是依然不行。

复原一种逝去的技艺，或许真的不能仅凭一己之力。当年安茶最鼎盛的时期祁门曾有过47家茶号，汪镇响循着残留的线索，挨家挨户寻找健在的老人。每位老人都只能记起一部分技艺，他们当时年纪太小，并且，当年芦溪开茶号的家庭都很富裕，很少有人亲自动手做茶。安茶的工艺无比复杂，老人们争先想起一些步骤和做法，有时却记不清先后的顺序，问题在于，任何一个步骤的缺失，任何一个顺序的错乱，都会直接导致前功尽弃。

曹阿姨已经65岁了，是茶厂负责杀青的领班。20多年前，曹阿姨刚进厂时，厂里只有十几个人，一边做安茶，一边做毛峰。那时，厂长汪镇响刚刚复原安茶技艺没多久，安茶还不流行，销路也没有完全打开。当时做茶全靠手工，小锅里做，至多放5斤。杀青需要经验，火大一点，六七分钟；火小一点，半个小时都不一定的。曹阿姨说："辛苦是辛苦，都习惯了。"

安茶看似粗放，实则工序无比复杂。
左上：鲜叶
右上：传统深铁锅和电动翻铲结合的杀青灶
左下：炒青时扫拢茶叶的棕草
右下：在徽茶产区已难得见到的炭坑焙茶

汪镇响这样不断寻找着，试验着，就像是将一堆时光的碎片，重新组装成一幅记忆的拼图。众生的记忆如同罗生门，何况远去经年，便愈发模糊。老人们的回忆有时甚至是相互矛盾的，有的老人记得，当年精制时，火力非常足，温度非常高，这段回忆却让很多人感到不可靠，担心茶叶根本经不起如此高温的火。汪镇响斟酌再三，也采取了保守的方式。一年后，他将制作好的样茶再次交到省里，转寄香港，不久，他收到了香港茶人的回复，比前一年已经有很大进步，但是距离从前的安茶，依然有距离。汪镇响后来才知道，最大的距离，恰恰在于火力，火力不足，香气就不足，不仅影响口味，且不能长久储存，也就失去了升值的空间。

愈挫愈勇的汪镇响辗转找到"孙义顺安茶号"的第四代传人，老人的儿孙们都不愿做茶，屡次登门拜访的汪镇响让老人大受感动，收了徒弟。但年近八十的老人也只能提供关于安茶的一部分记忆，一切依然需要重新拼装，整合，梳理出最可靠的脉络。所幸，又过了一年，这条记忆之链终于获得认可。

1997 年，"孙义顺茶厂"的招牌重新在芦溪挂起来，汪镇响辞去企业办主任的职务，开始专心做茶，六年的工资都投入到茶厂，聘请员工，采购设备。从企业办，到祁门茶科所、祁门茶厂，再到企业办，最终却仍旧回到茶园，就像是一场命运的轮回，冥冥之中早已注定。此时的汪镇响已到知天命之年，或许只有到了这样的年纪，一个人才能真的知道自己一生想要做的究竟是什么，也才能真正做到进退自适，心无旁骛。

"孙义顺茶厂"的销量一直不温不火，直到 2003 年，"非典"让人们心有余悸，安茶的药用价值不胫而走，来自海内外的订单涌向深山中的芦溪。激增的业务量让汪镇响开始购置机器，转向机械化生产。不过，这个闷热的上午，当我们坐在汪镇响的办公室里，望着铺满窗外晾晒的新茶时，汪镇响说，在一些重要的环节里，又重新改回从前的手工生产，"宁愿产量小一点，每一个步骤都不能马虎，不能省略。我们徽商，就是要有诚信。"汪镇响身上，仍然留存着旧时士绅的遗风。

多年来严重的痛风让汪镇响的双手骨节突出，连书页也几乎无法翻动，只有回到茶的世界里，他才能笑得轻松自如。他从前不在意安茶的升值空间，心思都在技术上，做企业更需要迅速回笼资金，只要有订单到，就会全部售空。直到 2012 年，一家合作多年的香港公司老板告诉他，自己 2004 年从汪镇响这里 18 块钱一斤买的安茶，2013 年已经可以卖到 800 块钱一斤，安茶保质期有 50 年，越陈价格越高，每年可以增值 20%。汪镇响便悄然留了心思。他开始给外孙存茶，每年从 20 万个竹筐中取一筐 72 篓出来，存起来。而他唯一的期望，是外孙以后能随他学习安茶的技艺，让它不要再度失传。

他希望外孙吃得起苦，忍得了寂寞。但未来还太遥远，年轻人的路，谁又说得清楚。70 年前，谁能料到安茶竟会消失；30 年前，谁又能料到，它还会重现人间。时代的更迭，万物的兴衰，阴晴圆缺，峰回路转，原本就只需一杯茶的时间。

潮 州

【凤凰单枞】

凤凰单枞的前世今生

守山人

乌岽山大庵村的老茶园，树龄都在五十年以上

潮州山韵

工夫茶，工夫茶，工夫在茶更在玉。

风炉仔，大葵扇，朱泥壶中烫春风。

品尝发月品人生，沧尽春夏沧秋冬。

欢颜积绪随云去，一腔热肠去心中。

——潮州民谣

清明后初制完的毛茶，拣梗完之后低温慢焙一次，端午前再焙一次

撰文：茶小隐　摄影：马岭

【潮州】凤凰单枞的前世今生

　　住进潮州古城，有点像回到《东京梦华录》里热闹而古意盎然的市井生活。牌坊街虽然重修，两侧条条巷弄中，院落如昨。门前彩绘各种山水、花果、故事，譬如"风尘三侠"；门内天井必花木茵茵；檐下高悬白纸大灯笼；梁间金漆木雕虽有剥落却不失精美——这或许只是一位卖菜阿姨的祖居。给男孩操办成年礼"出花园"的喜铺，代客毛笔书写信笺对联的写字铺，一早收来桑枝清明草做出颜色鲜明的桑粿、鼠曲粿的糕饼铺……别处消失殆尽的风俗，在潮州依然鲜活着。

　　当然，还有工夫茶！

　　几乎在每间骑楼檐下，工夫茶具都临街摆着。传统的风炉砂铫毕竟麻烦，杂货店里虽然还有卖，已少有人用。或是热得快电水壶，或是单头瓦斯炉围张铁皮挡风，圆鼓瓷茶船，普普通通的盖碗配三只茶杯，公道杯什么的都不需要，这就是潮汕人日日饮茶的家什。在潮州老城区，前店后住的老式商铺，还是普遍生态。没客人也不需要打理的时间里，老板多半在泡茶。

　　无论老人还是青年，都能像演奏乐器般行云流水地泡茶。先用沸水冲淋盖碗和茶杯，弃水，置茶。沸水高冲第一道，迅速出汤分置各杯，夹起杯子叮叮咚咚地烫过再弃茶，第二道茶才开始享用。即便在座不止三位，按潮汕人家的习惯也只用三只茶杯，次序是远道客人、老人，然后是其他人。杯底含细碎茶渣的茶汤，茶客都很自然地往茶船上一倒，空杯放好，主人再倒沸水冲淋，再置茶，再轮流。如此往复，人多也秩序井然，绝不乱拿。程序的重点，在于盖碗、茶杯始终要"烫"。潮州人认为水不开茶香就发不出来，什么公道杯、闻香杯，这些器具妨碍茶客品啜滚烫茶汤，皆属多余。

配这工夫茶道的，只有凤凰单枞。出潮州城向北三十公里，经过文祠镇丰盛的果园，地势逐渐抬升，前途渐现峰岭，我们进入了凤凰山区。山得名于唐，是戴云山脉之西南余脉。潮汕近海，地势低平，凤凰山却骤起千米，陡然攀升。凤凰山区之茶，最著名也最昂贵者，首推乌岽所产，清代即有"值出金"之说，曾长期用特殊的"乌岽秤"——旧制一斤十六两，乌岽秤却有二十两。南宋末年帝胄赵昺南逃路经乌岽山，有鸟衔茶来送，是为凤凰鸟嘴水仙茶由来的传说，实则此茶是乌岽山顶李仔坪村李姓老汉，于南宋末年始从山间野生红茵茶树中选育良种繁衍至今。1980年普查200年树龄以上的古茶树，凤凰山尚有数千株之多，乌岽最多，在以单株茶树采摘制作单枞茶的时期，乌岽茶价格最高，也是实至名归。

在"凤凰茶的守护神"黄柏梓老伯的带领下，我们沿着凤凰镇北的乡村公路盘旋而上，探访乌岽。这条公路1990年才通汽车，之前沿途各村挑茶柴米，都靠肩挑、手提和拖拉机。刚能容两车相错的公路，转弯极多。半路上，见凤溪水库的崖岸上层层种植一人多高的茶树，已觉壮观，这刚刚是盘山路的起点。入山深处，从凤凰镇望去并不起眼的那些山峰，个个像巨人压顶般俯视我们，此时黄伯却遥指远在天边的一排小白房子说：那边才是乌岽村。

其实，从山腰的乌岽脚村开始，深垭、丹湖、中坪、大庵，以及山顶的狮头脚、李仔坪、中心寅、桂竹湖等村，所产之茶均可称为"乌岽茶"。我们在海拔一千多米的大庵村停下，随黄伯去看古茶树。淅淅沥沥下起的雨，让采茶工纷纷挎着篮子往回赶。遇雨一般不采茶，可若是雨持续不断，怕茶叶发得太大，茶农也只好冒雨去采。雨天采的茶香气大减，连正常价格的十分之一都卖不出，我们这样的过客看山头云蒸霞蔚大呼美哉，茶农可就有苦说不出了。黄伯七十多了，脚力犹健，在茶园小道上，跟住他还真有点难度。

"这棵是肉桂香，三百多年了。"没有任何征兆，黄伯停在一棵五六米高的大茶树前介绍。那棵树的树干差不多饭碗口粗，长满青苔、地衣。附近还有几棵芝兰香、蜜兰香等古茶树，都被二三十年树龄的茶园环抱着。我们就这样一棵棵开始看古茶树，许多被尊为某种香型母树，单株采茶，最多也就做出三五斤，每斤价格从数千到上万不等，棵棵都有"茶财主"们等着要茶，不是早有喝凤凰单枞习惯的潮汕籍华侨，就是港澳台乃至汕头的老板。次日到山顶上李仔坪村见了那棵七百多岁的宋种老茶王，已经被钢筋铁架围起来，听说户主正在谈50万买断2013年收成的交易。狮头脚和李仔坪村比山腰雨雾更盛，一年倒有三分之二时间浸润在云雾里，气温也比山下低得多。高山云雾出好茶，这里的茶树生长期更长，内质更丰富，潮汕人推崇的"山韵"也更明显。只是这恼人的

上：凤凰茶第一道烘干普遍采用的热风焙橱，是1993年发明的

左下：且拢且抖的手工浪青，促使叶片碰撞发酵出红边，至今仍是无法用机器取代的工序

右下：挑茶梗和黄片是茶农家中妇孺的工作

凤凰乌崂山李仔坪村文国伟家700岁的宋茶树，树干上满是苔藓和地衣，一年产干茶12.8斤，主要是蜜兰香。
书画家范曾留了一幅笔墨，称《宋茶王》

雨下个不停，别连单枞老树价格都连累拉低了。

寻访古树，引出"什么是凤凰单枞"这个极易混淆的问题。黄伯对此著书立说，做过不少考据。南宋以前，凤凰山原本只有两个品种的野生茶树，即现在仍然生长在石古坪村的细叶乌龙和红茵。大概就是在南宋晚期，逐渐从红茵野茶中人工选育出乌嘴水仙等类别，也就是如今凤凰茶水仙群体种。古人种茶，不按行距亦不修剪，随意种在村前屋后或坡地石间，任其自然生长，以致形状各异，宛若大树。又因用茶籽有性繁殖，容易变异。这一棵与那一棵，都属水仙群体种，做出的香气滋味却渐渐不同。凤凰先民种茶，原只为解渴、做药，直至光绪年间潮汕人开始大批下南洋，凤凰茶才随着这股风潮出了国门，进而在二三十年代成为热销东南亚的商品，大茶行也随之出现。大概也就是在这个大发展的年代，凤凰山茶农争相寻找优良单株，或扦插嫁接育出新株。为自家茶树命名时，他们或用制成干茶的香气，如黄栀香、芝兰香、杏仁香等；或用树形叶形，如竹叶、大乌叶、白叶等；或用纪念性特征，如八仙、城门、兄弟等。这样一来，洋洋洒洒演绎出上百棵名枞。这些名枞归各家各户所有，单株采收，单株制作，故称单枞。凤凰茶也就有了"凤凰单枞"的别名。

单株所采，毕竟稀少。从晚清下南洋，到人民公社时期中茶汕头分公司潮安县（今潮安区）凤凰收购站统购统销，凤凰茶皆以外销为主。对外统一以"凤凰水仙"称呼。名枞采制的茶，优选精制，拼配混合后列为凤凰水仙的头等"单枞"级别。1972 年以前特级单枞收购价每斤 7.8 元，1972~1980 年涨到 11.5 元，还配售 100 多斤大米和化肥。一直在收购站工作的林传学老人说，每年数千担的收购量里，只有十分之一能列入"单枞"级别。乌岽一些老树，免检即可直接评为"特级"。单枞级别之下，是"浪菜茶"。生产队大规模发展的扦插茶园所产，或制作略不到位的，列入此级。最低等级称为"水仙茶"，主要是制作不过关的茶，三级三等水仙茶的收购价还不到 1 元钱。和红茶一样，凤凰水仙不可以私下销售，全被拿去换外汇支援国家建设。潮汕人日常饮茶所需，只能在茶叶公司门市部里才能凭票购买，还多是"炒仔"绿茶茶叶票，或找凤凰的亲友私下弄点出来。那时，最爱工夫茶的人却难有工夫茶喝。

随着包产到户，名枞单株也"归宗认祖"，是谁家祖先种的，经过众议，就分还给谁家。积极性起来了，也就迎来第二波扩充茶园的浪潮。不受欢迎的老旧茶树被砍掉，比如石古坪村六七十年代引种的安溪色种、老枞水仙等，都被砍成砧木，嫁接为香气吸引人的品种。几十年下来，也就形成了我们所见之整齐新茶园环绕古茶树的景观。而从走街串巷卖茶的"货郎仔"开始，重新对潮汕人内销的凤凰茶，也用上各种名枞的名字作为招揽。只是这些茶树早已是大面积种植的后代，并非取名时那棵母树单株所产了。话说 80 年代种下的茶树，如今也有三十来年树龄，堪称老枞。凤凰山西麓大质山棋盘村、石古坪村一带引种尤早，加上当地土壤富含油页岩，做出的茶香气刚劲沉厚，不逊乌岽。而乌岽高山特有的山韵，亦自领风骚。另一名优产区则在主峰凤鸟髻山上。至于低山、平地所产，一年能采五季，多是多，和山上比，品质却差了许多，最多也就算过去的"水仙茶"。

我曾比喻凤凰单枞是"茶中香水"，以高香见长。沸水高冲注入盖碗，首先飘出浓郁的香气。而让人数不清记不住的诸多名枞，多也是以香气区分、命名。对单枞，似乎没见过持中间立场者：或极喜欢，不吝金钱，不辞辛苦，年年上山逐户品尝挑选，若能淘到陈年老茶或性价比高的老树茶，更是喜笑颜开，这次访茶路上，我们就见到不少名车，停驻乌岽各村；或极不屑，认为此茶香媚在外，缺乏内涵。的确，凤凰单枞，不像武夷岩茶那么考究"水"（也就是茶汤的醇厚度）。寻常百姓日常喝的，多半也就是百元上下的大众茶，产自低山平地。若论香气，霸道强劲可能比山上更胜一筹，回甘和韵味却有欠缺。当地人喜欢喝再三焙火、味道浓重的茶，冲泡时干茶堆出碗边，稍稍坐杯才出水，浓酽以至微苦，在一定程度上弥补了香气的浮泛。但这样重焙火重冲泡的茶，外地人却喝不下去，是以卖到外埠的茶，仍是轻火清香为主。如果品质本身不够好，缺点更掩盖不住。海拔450~800米的，被称为中山茶。这片山场所产，如果茶树有一定树龄，制作也得法，强烈的香气后面，茶汤也可能醇厚有力，代表是大质山茶。800米以上，乌岽茶的香气，反而优雅纤弱起来，和中山相比，高山茶更像大家闺秀，虽不让人惊艳，细品之下却绵绵不绝，舌根后部回甘悠长，甚至汩汩生津。这或许就是茶农们所说只可意会不可言传的"山韵"。因香气夺人，单枞更需平心静气，耐住性子把一道茶喝透，才好评价。

在凤凰的最后一天，从饶平出产白叶单枞的岭头村，绕回凤凰大质山。一个星期来难得半晴，马路上纱网连成长条，家家户户抢着采茶晒青。一芽三四叶采下的凤凰茶，必须先在阳光下摊晒半小时左右，才能搬进室内晾青，待鲜叶散发出香气，开始浪青、摇青，促使叶片碰撞发酵，产生红边和花果香气。做茶人整夜不得休息，每半小时就要进作坊再次摇青，或观察静置的茶叶变化。中午后采摘，傍晚开始制茶，直至次日早晨杀青、揉捻、入焙橱烘干，整套工序几乎要持续一整天。这还只是初制毛茶，拣梗完之后低温慢焙一次，端午前再焙一次，如果要卖到第二年，中秋前还要焙一次。过去全靠手工，现在有了竹制摇青机、滚筒杀青机、电动揉捻机和像个大橱柜一次能烘干很多筛茶的焙橱。而精制阶段的烘焙，也基本由木炭改为烤箱电焙。原本和武夷岩茶几乎一模一样的工序，在焙火这道有了区别。除了风土有别，制作或也造就不同的性格，凤凰茶轻灵，武夷茶厚重，在我看来，各有所长。

凤凰单枞

由潮州凤凰山水仙系名枞单株繁衍出的百多个品系茶的总称，以高香见长，沸水冲泡，即冲即出，可品饮独特的香气。若长时间浸泡，则容易出现强烈的苦涩。上好单枞茶出自高山，香气清雅绵长，余韵袅袅，茶汤也不失稠厚。大体可分为花香型如黄栀香、宋种、芝兰香、蜜兰香、桂花香、夜来香、玉兰香等；果香型如杨梅香、苹果香、番薯香；药物香型如杏仁香、肉桂香、姜母香等。真正来自乌崇单株母树的单枞茶，价格不菲。凤凰山区产茶不多，在不可一日无工夫茶的潮汕籍人士中已基本消化。

石古坪乌龙

日本学者松下智认为石古坪乌龙茶是所有乌龙茶的起源，随本地畲族先民东迁传往福建、江浙一带。这个位于凤凰大质山的小村庄，仍然保留下古老茶种。成茶叶边有一线红丝，汤色黄绿，俗称"绿豆水"，有天然花香，韵味独特。只是产量极低，颇不易得。

岭头白叶单枞

和大质山接壤的饶平岭头村，60年代从凤凰山引种的茶树中，优选培育出白叶品种。蜜香尤其浓烈，后被引种回凤凰山区。岭头白叶也成为独立于凤凰单枞外的品系。

登乌岽顶天池，下山路上，遥望凤凰高山茶园

【潮州】

守山人

撰文：孟璟　摄影：马岭

一

　　四月的潮州城，笼在一片水汽之中，湿漉漉的，倒是应了潮州二字。一早，车子从潮州市区出发，去往 30 公里外的凤凰镇。沿路经过的小镇和古村，干净且安然有序。从城里到城外，潮州的古风渐行渐浓，潮人自古习尚风雅的工夫茶味儿也悠然而至。

　　工夫茶以浓厚著称，能得此色香滋味的只有乌龙，乌龙茶中潮人又最喜凤凰单枞，本地水配本地茶，最是道地。而最熟悉这茶味儿的黄柏梓，便是我到凤凰镇要寻的人。这位 74 岁老人跟凤凰单枞茶乡凤凰镇有着同样的声名，或是说，这座镇上的山、山里的茶、茶中的香，如今能去往更广远的地方，都起于老人少年时的一个梦。"高中的时候，我想学凤凰茶的历史，可是没有一本这样的书来总结它，便开始想我要写一本这样的书。"这粒种子种下以后，便在凤凰山的山水茶气之间生根萌芽起来。若干年数不清多少个茶季后，我循着远溢四方的凤凰茶香来见当年的少年。

　　等到镇上，老人已在凤凰大排档喝着茶等候了半个多小时，中山装下直挺的腰板儿，红润气色伴着有力握手，不似寻常印象的广东老人，倒像一位峥嵘岁月的红色干部，别于小镇上的闲散气，唤他黄伯更跟得上那股利落的精神气儿。问起我们是上海哪里的，答了再问靠近哪个茶城，倏然明白，黄伯的地图是以茶来标记的。

　　黄伯是凤凰山下坎头村人，进村的路上小片地种着茶树，蜜兰香和乌叶，这里地属低山又近路边，自然产不得好茶，茶价也与中高山上的天差地别，但对于世代以茶为生的凤凰村民来说，千百年来在这老天爷的脸和老祖宗的地跟前，定是早已懂得顺应天时，守得本分。

走到村子尽头一片青草田边，就是黄伯家。1939年他出生在这儿，七十多年后，他和老婆、儿孙一家十口依旧住在这间老屋里，他说家里穷便没有分家。老屋只在1979年重修过一次，清简的泥水墙下零星放着几件老家具，上了二楼却是另一番气象，正中间的大玻璃柜里齐整摆放着荣誉证书、奖杯、奖牌和一面"感动中国文化人物"牌匾，一整面的金光灿红正对着窗外远处的茶山。"这些都是凤凰人民对我的支持，来，喝茶。"他笑着拿起茶杯。

二

农历二月到三月间，正是采春茶的时候，等过一冬的暗香酝酿，唯有春茶是四季里最美的，亦如宋代曾巩那句，"滋荣冬茹温常早，润泽春茶味更真"。

这会，便跟着黄伯上山寻春茶。这是他几乎每天都走的一条路，随心情走上个三四公里，跟茶农聊聊天，半晌时光总是轻快过去。如今到了凤凰山一年里最要紧的春茶季，他每日的转山，便比平日添了一份紧绷，高山的凤凰茶一年只采一季春茶，茶品好坏，年丰年荒，就看这个把月的光景，他自然提着精神不得松懈，即便这收成并不连着自己，心也是放不下的。

细雨蒙蒙的春日茶山，水洗般的青绿，映得心底清凉。凤凰山由几百座山峰组成，古时叫作翔凤山，唐代堪舆家在翔凤山南，发现双髻梁山像极凤凰鸟之冠，认为这片山地应成为凰，凤与凰双双展翅，是凤凰山。或许古时便拢起的这团吉祥和瑞之气，注定了人与茶皆好的人世风景。

过了三百多年的太平寺，就是中山了，采茶归来的妇人们沿路跟黄伯打着招呼，她们七八人一伙，各人肩背一只茶篮，熙熙攘攘地走下山。这些采茶女有的是本村人，更多是从福建请过来的，有的一户茶人家便请几十个，山前山后一派农忙好景。

"好，我们下车喝茶。"黄伯招呼我们进了大庵村一户人家。不待寒暄，便围着茶桌随意落座，话不到三句，茶便已泡上，主人家告诉我们这一泡是2013年的芝兰香新茶，茶香浮动水汽缭绕之中，一轮关公巡城、韩信点兵的筛茶。"请。"这一方工夫茶桌，此时便成了江湖，三盏小杯在主客之间轮转着，热茶暖心肠，情谊自然扬洒开来。别了这家，他径自走进一户人家内屋取了两把伞递给我们，"都是自己家"。说罢，再领我们进了另一户人家，喝上一泡盖山香，茶香细细真香无边，黄伯欢喜得很，"采茶期间

2013年，黄伯74岁，行山路矫健，随身物为一副眼镜和一支笔，酒量甚好

左：乌岽大庵村茶农陈阿娇，采完茶回家顺手摘了朵路边的月季。她家有棵三百多年的老枞蜜兰香
右：乌岽山顶李仔坪村，南宋末年最早开始种茶，至今古树仍多。一年倒有三分之二的时间笼在云雾里

有口福，再喝一杯，我们走啦！"谢过主人家，放下茶杯，快走两步才跟得上已经跟别家聊起来的黄伯。转着山，十一泡凤凰茶喝过去，一闻一品便知采摘制法够不够讲究，人家若问，他才评价，若要送茶，他是不收的。

"好茶品不完，名字记不全"，十一泡茶只是凤凰山的缩影。1980 年以后，随着凤凰镇农村生产体制的变化，各家各户都有了自己的茶园和茶叶加工，如今已有八千多个作坊，茶名儿也自己起，今天发现了一个新香型就多了一个新名字。听起来态况散落，却恰是稳实。凤凰茶底依托的不是规模化的产业链，而是潮人根深的凝聚力与伦理心，面对天地人事心存敬意，茶自然留有真味。

这片山水人情，黄伯守了几十年，山路上几道弯，每棵老茶树多大岁数，谁家里刚采了好茶收起来，都跟自家事似的明了，山下排档里递烟的外来茶商，到山里请吃茶的各村老少，也都如自家人不带半分客套。

三

山里的村民，都管他叫"凤凰通"，也有人说他是凤凰山的记者，还有个怪人道他上知天文下知地理，通晓风水。

VIII

云南

【普洱】

茶山远在时光中

建立正确的口感

岩教心事

终老的地方

普洱茶的历史和现场

【景谷大白茶】

丛林之中觅本真

种茶记

【滇红】

高山上的瑞草

我和红茶的缘分

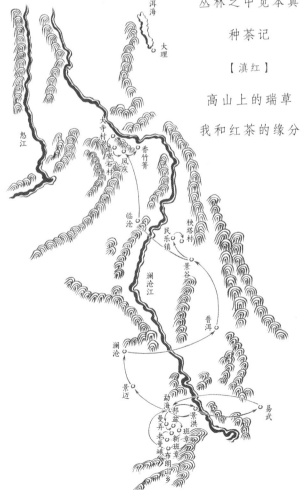

云南凤庆大寺乡，水冬瓜树荫蔽下的大叶群体种老茶园

云南茶苍

平心尝世味，各笑看人生。

——凤凰的联

老曼峨村，虽然普洱正在改变寨子，家家户户的中心仍然围着这座火塘

【云南】

茶山远在时光中

撰文：茶小隐　摄影：马岭

普洱第一波风潮涌起，就有朋友投身其中，眼下也是颇有名气的藏家了。但我有意保持距离，准备把其他茶类弄清楚，再来专门了解普洱。"茶之路"规划行程，春茶产区都还有数，唯独普洱产区，颇费思量，咨询许多普洱圈前辈，都说太仓促，一个月也未必能把主要山头粗走一遍，别说一周了。几经权衡，江外古茶山主看贺开布朗一线，江内古茶山主看易武正山，再去景迈走走。在景洪落地后首先拜会致正茶翁，他说虽然时间赶，还是要设法体会完整流程，从跟着茶农上山采茶开始，直到毛茶晒干。

江，是澜沧江。江水在西双版纳境内划出一条南北向的弧线，江水以东，无量山余脉中有易武、倚邦、蛮砖、莽枝、革登、攸乐六大古茶山，清代改土归流归中央政府派驻官员管理的普洱府，进而名重天下。江水以西，民国时仍归西双版纳州前身车里宣慰司自行管辖，横断山余脉中南糯、勐宋、帕沙、贺开、布朗、巴达、曼糯、小勐宋、景迈九大茶山迤逦展开，其中景迈古茶山又被作为嫁妆赠送给孟连土司，如今归属思茅地区。两山夹江，构成中国最核心的普洱产区。普洱圈又常把江内茶区统称勐海，江外茶区统称易武，大致是勐海刚烈，易武柔和。

通向布朗山之路

自从 1938 年建佛海茶厂，到新中国成立后变身勐海茶厂，再到今天的大益集团，普洱茶大规模机制由此开始，小城勐海也就自然成为西双版纳普洱生产交易的中心。2013年许多茶友组团上山买茶，离勐海最近的南糯山，就像旅游景点。昭通来的年轻茶商陈楠，找来老曼峨村的布朗小伙子岩猛，带我们上山。等回村皮卡车的工夫，就在勐海老街上岩猛亲戚家茶店晃荡着喝茶，村里缅寺两位师傅也正好下山瞧病，笑盈盈坐在茶桌后面看我们。原本腼腆不语的岩猛，和亲戚们会合立刻有说有笑。"老曼峨有甜茶，有苦茶，先给你们泡今年的苦茶喝喝。"茶汤淡黄清亮，入口果然比通常喝的苦不少，但一会就化成回甘，还蛮持久的。甜茶比苦茶也就是苦的程度略低点，更能喝出滋味后面的层次。老曼峨村的茶，这几年逐渐响亮的名声正是"入口苦回甘快"，和老班章算是一路，只是茶气略弱。眼下春料行情老班章毛茶 4 000 块一公斤，老曼峨则是 800 块。

一条坑坑洼洼的泥路，是串起曼弄、班盆、老班章、新班章、老曼峨等赫赫有名普洱村寨的黄金之路。山中是典型的亚热带河谷干热气候，路旁灌木、杂草、蕨类植物，感觉要比山外体积大好几倍，却并不觉湿润，空气颇干燥，处处飘着红土浮尘。在庞大山里行走的小皮卡，简直像虫子，时速或许连十公里都达不到。倒数十来年，古树茶还不值钱，深居在大山里的寨子，几乎被外界遗忘，勉强填饱肚子得靠刀耕火种旱稻。

景迈古茶山芒景寨，在政府统一规划下保留的高脚木屋风貌

　　第一批古茶树是在靠近贺开茶山的曼弄老寨时冒出来的，低滑下去的坡地上、木头吊脚楼的边上，一棵棵至少碗口粗，枝干遒劲斑白，却比其他热带树木矮许多，高者也就五六米，像是脾气古怪的矮个子老人。在台湾和香港的人们把普洱带旺初始，更受重视的是新中国成立后大面积密植的"台地茶"，树龄最多几十年。中茶那些被炒成天价的"印"级茶，就是用上好台地茶选料拼制的。年代更久远也更珍稀的"号"级茶，晚清时原料却来自江内外的古茶山。很快有茶客追访源头古茶树，进而发展到追山头、追村寨、追古树纯料。仅在西双版纳茶区，保留下来的人工种植古茶园就有5万亩，原料充足。岩猛记得老曼峨的毛茶在2006~2007年，突然从十几块一公斤，涨到六七十以至后来两三百一公斤，低迷一阵子又继续涨。

　　尤其是老班章茶，曾因入口苦味太重而不受喜爱，根本卖不出价钱，许多被拿去做熟茶，短短数年，竟以茶气霸道强劲称雄"普洱之王"。我们在这个圣地级寨子稍做停留，寨口拦了岗哨，检查有没有偷带别处茶叶。黑瓦木头吊脚楼式建筑的寨子，大半已换成天蓝色有些刺眼的钢化屋顶，钢筋水泥的新房，正在取代木屋成为主流，样式还是吊脚楼，感觉已完全不同。沿途经过的寨子，认识不认识的，随便走进一家，主人都会请坐下泡茶喝。岩猛说，在老班章就不要想了，一泡茶，就喝掉主人家几十块钱，宁可请吃饭。

　　初制所出现在几乎每个村头，外来茶商直接向老乡们收购鲜叶，按自己的加工标准制作成毛茶，再运出山精制压饼。我们走进班盆村头一座初制所，这里属于远在湖南的老板。从山下雇来的傣族妇女负责称茶、萎凋、晒茶和挑拣茶梗黄片，男人则负责杀青、揉捻。10公斤一锅鲜叶，堆得满满当当，和太平猴魁二两一锅反差还真大。一般用两只酷似弹弓架子的木叉翻炒，也有仔细的师傅怕戳破茶叶不好看，戴手套手炒。大火烧柴，200℃以上炒到叶子熟软，就倒在篾席上团揉，再薄薄摊于竹匾，摆到露台上暴晒到干即可。习惯上把普洱茶归入后发酵的黑茶，2013 年总有人说，熟茶固然是黑茶，生茶初制完成时，却是如假包换的晒青毛茶，属于绿茶。只是茶叶中物质比小叶种丰富许多，杀青后还保留了部分活性，加之云南阳光猛烈，生晒一夜即干，根本不需要烘干。随岁月变化，生茶中的活性慢慢转化，终有一日跨入黑茶行列。

日暮时分终于到了老曼峨。一半新一半旧的寨子，岩猛家倒还是木头吊脚楼。阿爸阿妈也正在做今天采下来的茶。杀青专用的柴灶这几年才砌上，以前就用炒菜锅。阿妈接着像搓衣服一般在竹匾上揉出条索，就一匾匾薄摊搁在屋顶梁架上晾晒。在城里也不算普及的电热水壶、公道杯等整套茶具，居然家家都备置着，是收茶的茶商带进来的玩意。

这一夜就在火塘边的地铺上，听着来串门的邻居轻言细语的聊天声，沉入梦乡。天一亮便醒来，跟随穿筒裙上山采茶的大姐们，走到寨子边上。初升阳光下，三千多亩茂密如丛林的古茶山，紧挨寨边那座著名的缅寺，向大山的腹地延伸，和原始森林融为一体。在茶树间穿行。主干碗口粗，三四米高的，岩猛说树龄在 500 年以上。手臂粗的，也有两三百年。这些都叫"大树"，区别一百到两百年的"小树"。老树主干粗，叶子却比小树稀疏，长满苔藓、地衣、树胡子、螃蟹脚甚至不知名草花等寄生植物。虽然不像"台地茶"那么整齐密集，却也能看出是成片人工种植，如同北方村头的果园。不禁纳闷，古人为什么要种植如此大面积的茶园？据缅寺里的碑刻记载，1 300 多年前，布朗族祖先迁居山中，首先建立的定居点，就是老曼峨。他们就是汉人史籍中说的"濮人"，东晋《华阳国志》说商周时濮人便种茶，大概先民驯化了原始野生大茶树，找出煮喝的方法，并世代种植守护茶树。而有组织的大规模种茶，学者詹英佩考证始于明代车里宣慰司，目的是为政府向西南少数民族"榷茶"提供茶叶以易马匹。虽经历年损毁，老曼峨茶园仍是其中很广大的一片，屈指算算真有六七百年了。

茶对寨子的改变显而易见，年轻人飞快接受山外的时髦事物，古老传统却也还没完全消失。老曼峨至今夜不闭户，邻里间随意进出。像我们这样的不速之客，主人也会自然地接待食宿，自然地接受礼品，并不觉得需要道谢和被道谢。这种在"文明人"中几乎销声匿迹的自然礼仪，或许比古茶山还要珍贵。

渥堆的秘密

拜会致正茶翁时，他说这么短时间不可能深入普洱，也不可能了解各产区口感的差异，但希望我们传达关于普洱的几个观念：普洱不一定粗老。上等普洱也是用明前头春的一芽二叶，清代贡茶就有瓶装芽茶和蕊茶；熟茶不一定不洁净。他自己做的熟茶喷洒地下泉水促进熟成，精制时要过静电机吸走尘土杂物。普洱熟茶的源头，就在勐海。

王一球1995年来勐海办郎河茶厂，专攻的就是熟茶。80年代初期，他在广东外贸系统做出口，把刚问世不久的普洱熟茶推向欧美市场。几百年来，普洱都是晒青毛茶制法，先作为榷茶为朝廷换来西番的马，继而作为贡茶，和广受东南亚欢迎的大宗贸易茶。流传到南洋的普洱，有的过了几十年后才喝，口感却变得特别醇滑。于是有人向当时主管普洱出口的广东外贸建议，普洱能不能直接做出类似广西六堡茶的醇厚感，不要等那么久了。这是研究普洱渥堆发酵工艺的肇始，王一球有位好友正是参与最初试验者之一，就睡在茶堆旁边，随时爬起来测温，观察变化。用水热作用和微生物作用共同促使普洱加速氧化、发酵，这个实验基本成功，勐海茶厂派人来学习，回云南后继续改进，成就其后诸多熟茶经典的诞生，勐海茶厂，也就是今天的大益集团，也无可争议地被同行视为熟茶第一把交椅。

王一球说话带浓重口音，爱吃辣椒，怎么看都是地道湖南人。但他早就在广州安家，准备创业做茶时，跑遍所有茶区，最终落脚勐海。茶厂选在郊区樟树茶树交错的园子里，办公室更是一座原汁原味的傣家大竹楼。展示架上既有添加茉莉、玫瑰、白兰等香花出口的小沱茶，也有郎河自己生熟系列。量最大的还是熟茶代工部分。王家开始收做熟茶的毛茶，年代颇早，和勐海周边地区茶农关系深厚，都知道郎河的仓库存满好山头原料。技术上博采众长，也能顺应市场，不管是三个月完成的大众茶，还是要慢慢渥上一年熟成的高档茶，难得都平滑醇顺，没有堆味，因而吸引许多客户找郎河定制。制作间里蒸茶压饼的流水线繁忙极了，一桶桶蒸软的茶从传送带上送过来，姑娘飞快往布袋里一倒，熟练盘旋成饼，再交给下一位小伙子在机器上高压定型，最后摆放在木架子上自然干燥。这天加工的既有广东订的新会陈皮七子饼，也有台湾订的"文革砖"。过去外销走量，低端被当作保健茶出口已经颇稳定，但利润微薄。这几年内销明显增长，比外销的等级高，利润也高许多。

唯一不能参观的，是渥堆车间。以"吨"为计量单位的普洱茶堆积如小山，在水和热的影响下长时间"发酵"，据说其中如何在细节上控制，是日本人多年来试图窥视的秘密。熟茶被认为不伤胃，短短数月之内，性格刚猛的生茶，变为平滑厚重的熟茶，变化全在这神奇的渥堆之中，比如看上去像一块块泥土的结块"老茶头"，却是最细嫩的芽叶在温度和压力下变成的。其中种种，外人是难窥堂奥了。

老曼峨村，布朗族妇女爬上村边的古茶树采茶

这一芽两叶再展开些，就是标准的高等级茶菁原料

易武青年茶人会

一方风土一方茶，都说勐海茶刚烈，易武茶柔和。路上景物即大不相同，那边大山干热苍茫，这边植被青翠润泽。江内古六大茶山并入普洱府后，最大的茶山易武（漫撒），不久之后就曾成为最重要的集散地，茶号高峰期曾达到几十家之多，包括著名的同庆号、车顺号、乾利贞号等等。抗战期间南洋商路阻塞，普洱茶贸易一落千丈，易武和其他五大茶山，茶号衰败，茶园荒芜，五六十年中竟变成无人再做七子饼茶。80 年代虽然新种不少"台地茶"，却也只是向机械化生产的勐海茶厂等供应原料。直到 1998 年台湾茶人组团寻访普洱之源，才有人重新认识到古茶山的价值，十来年间新一代茶号又在易武纷纷开张，保留旧日场景的易武老街，也成为普洱爱好者的朝圣地。

在易武新街和老街交接的岔口往山坡上拐，80 后年轻茶人刘源彬办了个小小的茶坊。父母赶上那波种台地茶的风潮，在源彬小时候就种茶制茶，母亲更是本地包压手工茶饼出名的快手。去石家庄读大学那几年，易武古树茶正在复兴中，源彬课余时间就带上茶样，城里一家家茶行推销过去，竟然收益不错。大学还没毕业，就有机会去北京与别人合伙办了家普洱主题的会所，专为老茶客供茶。几年下来，源彬突然发现如果控制不了茶的源头，品质就无从谈起，便决定回家乡做茶。

毕竟在大城市生活多年，回到只有两条街的小镇，到最近的景洪还有两百多公里，起初的确不习惯。和从小一块长大的同学玩伴，经历不同，也不容易找共同语言。定下心来，源彬却发现家乡的好处，安静、朴实、可以专注做事。源彬家虽没有古茶山，同学却遍布几乎所有产茶的村寨。这些年轻人大多都在做茶卖茶，古茶树价钱飙升，坐在家里等茶商上门，就能衣食无忧。他们帮源彬找好的鲜叶原料，源彬则给他们带来外界对古树普洱的认识和视野。渐渐在"源彬茶坊"这间小屋里，几乎每晚都有茶聚。吃完晚饭，骑摩托下山，带上自家新制毛茶，或是淘来的好茶，大伙轮流主泡，互相品评，乐此不疲。

高超是住得最近的同学。高超家古树不算多，还没盖起新房，茶就一筛筛摊晒在平房的瓦屋顶上，他个子高，一伸手就能拿下来。屋檐底下试了一泡，茶气非常强劲，新茶的青涩也明显，是个性鲜明的茶。源彬说这茶虽好却宜拼配，易武茶主要风格还是要柔和绵长。高超则不以为然，他对自家的茶信心满满，还打算好好研究下做类似红茶的"谷风茶"，对大家一致劝说古树红茶成本太高的话听都不愿听。

从三丘田继续进山，云南特有的"弹石路"经落水洞、大漆树，直到麻黑，至此都称"易武正山"。再深入下去，道路不好走，茶山更古老，比如这一两年在老茶客中名声日隆的茶王树，附近真正产茶的古茶山要坐摩托穿越丛林，或是走四五个小时。正山一带，古茶园不少，有矮化传统，便于采摘。每个寨子当年的收购价，由茶商推动，也由茶农共同坚持。因为收购多为初制完的毛茶，采摘嫩一点、老一点、杀青轻一点、重一点，是不是混入了"小树"茶菁，都难以判断，只能靠喝来选择。在麻黑寨源彬另一位女同学家，一家人都坐在院子里拣黄片。她家的茶入口绵长，喝到三四泡茶气渐渐透向后背，只是伴随着不太容易化去的涩。这家的茶全部被一位新疆茶商包下，毕竟是正宗麻黑茶。这么大老远的，怎么找过来的呢？

这些不可控因素，让源彬决心主要收鲜叶，自己加工毛茶。几年来，他在易武深山拜了不少师傅，这些师傅手把手教给他杀青、揉捻的手势，通过温度、轻重的调节，茶的涩度、甜度都可以调整。源彬不同意普洱制作方法简单的说法，正因为简单，细节把握才更重要。源彬还在不断做尝试，比如把黄茶的做法糅合到普洱里，加强甘甜。是否成功尚需拭目以待，易武正山的年轻人，让我们看到各种炒作潮流之外，对普洱的纯净心意。

景迈的杯香

从四川开始，各茶区都抱怨干旱减产，勐海和易武也不例外。裕岭一古茶园公司的创办人蔡林青先生却特别自豪：我们景迈一点没受影响。的确，自从向勐海西北方向驶入景迈地界，山水便格外清秀起来，空气润湿，草木优雅挺拔，茶厂门口，更有三株少说树龄在千年以上的巨大榕树，巍巍如守护神一般。

如果说勐海茶刚劲质朴，易武茶柔和绵长，景迈茶就是知性美女，入口虽不强烈却伴随绵绵不绝的后劲，苦涩很快转化为回甘，杯底留香更是一绝。裕岭一的钟厂长和蔡先生一样，也来自台湾制茶世家，模样像和气气的老寿星，他教我们怎么分辨古树茶：投茶8克，第一杯即冲即出，闻杯底是否留有花香兰香等种种杯香；第二杯泡一分钟，品尝茶的甘滑度；第三杯泡5分钟，如果苦涩能很快化开，前两条都具备，肯定是古树茶。

蔡先生和钟厂长镇守的这座茶厂，说大名裕岭一没什么人记得住，说101在当地乃至普洱圈中却几乎无人不晓。无论在台湾，还是金三角的美斯乐，蔡家开的茶厂都叫101。蔡先生特别认真地取来十年前和政府签订的土地使用协议，证明景迈古茶山各村寨连成片的上万亩茶园，五十年内使用权都归他们一家。

景迈这万亩茶园，布朗、傣族先民千年前便开始种植，大规模扩展也是在明代车里宣慰司的组织下，乾隆年间作为公主陪嫁送给孟连土司。然而，到蔡先生十年前被当地

班盆村一座初制所，收来的鲜叶萎凋后堆进柴灶上的大铁锅翻炒杀青，用手揉捻后摊晾晒干即成毛茶

贺开古茶山曼弄老寨，拉祜族女主人正在楼顶晒茶

政府邀请来考察时，他一天之内就看到上百棵古茶树被砍伐当柴烧，因为鲜叶收购价一公斤才一块钱，古茶树一点用都没有。蔡先生心疼极了，马上决定投资设厂。他其实从来没做过普洱茶，也没有在内地办厂的经验，全凭心生一念，101坚持到今天，挽救了景迈古茶树，带动老百姓生活富裕，也成为普洱名利圈外的另类传奇。只是那份协议并不能阻挡景迈山里潮水般冒出的大小茶厂，也不能阻挡村民向别家出售鲜叶。

101只做200年以上的古树茶，不收小树，也绝不收喷洒过农药的树。蔡先生教我们一个辨别古树的好办法，且不管到底有多老，摘下鲜叶放进嘴里咀嚼，又硬又扎嘴苦涩又化不开的，肯定是树龄不够的小树茶、台地茶。柔软、虽然苦涩但很快化开，甚至有花果香的，肯定是古树。我们就在路边古茶园随意尝试，也摘取间杂小树的叶子，果然没错，味道最好的一棵树，甚至带着浓郁的李子香——就是北方初夏上市的那种又酸又甜汁水盈盈的李子！101愿意为上等鲜叶付高价，十年来景迈人人皆知。为了让受教育不多的村民了解他们是来真的，101把收鲜叶标准简化为"要大树不要小树"，"要没毒的不要有毒的"，回厂多批次抽查，发现问题会予重罚。蔡先生和钟厂长也时常走访村寨，向村民传达理念。久而久之，鲜叶的品质标准算是建立起来了。

对鲜叶如此苛求，蔡先生最早也是出于无奈。对普洱和国内茶叶市场一无所知，按欧洲标准一台台设备拉上山建成的茶厂，最初只能走蔡氏家族最熟悉的国外市场。普洱熟茶进入欧美有几十年，略有基础。普洱生茶，蔡先生起了个英文名叫"Green Pu-er"，还需要重新开拓。蔡先生想到景迈古茶山最有优势的就是野放上千年的有机生态，便申请了欧、美、日最严格的四大有机认证。国外客商来参观也很信服，国外市场逐步打开，算是 101 的立身之本。国内市场，则是这几年才逐渐增长起来的。

钟厂长在台湾研究了几十年生物化学，101 创办后，被蔡先生说服来管生产。虽然不熟悉普洱，但制茶原理一通百通，钟厂长总在琢磨怎么能把古树茶特质更好地激发出来。晚上近九点，他带着我们，穿上白大褂，戴上鞋套和帽子，走进车间。员工正把一筐筐萎凋了大半天的鲜叶，倒进不锈钢滚筒杀青机中，极高温快速杀青，接着用我们见过的最强力的揉捻机揉到茶汁淋漓，再理条摊晒。做好的毛茶，会存在库房里熟成半年左右，才选料压饼。每年出一款周年纪念饼，用当年最好的纯料拼配，口感由钟厂长设计。我们喝到 2012 年做的九周年纪念饼，已经颇为圆熟，回甘也很长。2013 年赶上十周年，钟厂长虽不张扬，也流露出要做一款卓越纪念饼的心念。101 的做茶法，着重在促成生普更快进入后期氧化转变，到十年左右就会像二三十年的老茶，达到醇滑和滋味丰满的高峰。有对此不以为然者，然而只要好喝，用经验和理性设计新制法，又有何不可？

我知道 101，最早还是通过古典美人。一直找台湾各产区的东方美人喝，还写过一篇《意外的甘美》，说小绿叶蝉咬过的蜜香。听说云南有人竟用大叶种古树做了一款"古典美人"，就去找来喝，印象深刻。少了台湾东方美人的秀美，多了大叶茶的刚劲，花果香蜜香会在茶气背后灵光乍现。所以一见蔡先生，我就问他为什么想到在景迈做美人茶。他说在台湾制茶世家，东方美人的诀窍都是传儿不传女，小绿叶蝉咬只是诱因，制出蜜香的关键还在节点把握。他和钟厂长都有做东方美人的经验，在景迈无意中发现此地也有小绿叶蝉咬茶叶（虽然个头比台湾的大许多），试制居然风味别致，遂成保留产品。比古典美人发酵程度更高者，称为"蝉涎红"。4 月 11 日，我们喝到前一日新制的蝉涎红，茶汤如红色水晶般剔透，虽然还是尚未提香的试验品，却满溢春天般的甜美清新。钟厂长也很满意，这一年夏天的美人们，天生丽质应该没问题了。🍃

云南普洱茶

生茶即云南大叶种晒青毛茶，熟茶通过渥堆处理促使滋味提前向圆熟转化。内含物质比中小叶种更为丰厚，也更依赖风土，可以说一个村寨一种滋味，初入门者总有无从入手之感。

一种办法是先建立正确标准：选择若干公认标杆性村寨，头春一芽两叶制成品，如布朗山的老班章、易武的茶王树等，少量购买样品，体会其风味，再以此为标准判别其他山头。还有一种办法是简单判别：芽叶肥壮、面里一致、茶香宜人、苦涩感适度而容易化开、茶汤稠厚耐泡、回甘持久……各方面表现都不错的茶，不拘是否名寨，都是好茶。普洱生茶的陈年转化，确实可以让茶变得更加圆熟内敛，但需要合宜的储存条件，自行储存宜咨询行家。

【云南】

建立正确的口感

口述：致正茶翁　采访：晏礼中　摄影：马岭

　　年轻时，我在北京喝到过一款非常优秀的普洱茶。那时对普洱还不太懂，后来等我要找时，发现北京根本找不到我要喝的那种，我就来了西双版纳，自己给自己做。刚到版纳的那三年，我不看书，不听别人讲，也不在市场上混，直接坐公交车去茶山。对茶的理解，我是在茶树下蹲出来的。每个寨子茶的味道都不一样，即使两个挨着的寨子。你跟一般人讲，他们也听不懂。

　　很多人每年来茶山，讲得也都头头是道，但只是来作秀的。当你还没建立正确的概念，任何人说茶你都会觉得头头是道，但你最好清楚一点，只要说的人沾商业了，就一定会胡说。很多人都在为普洱茶做事，把自己打造成普洱茶大师。我不管谁是真大师，谁是伪大师，再有名的"大师"也要拿茶出来比。

　　前阵子，有个著名的茶人在微博上说他去了茶王树，发了自己在茶王树下的照片。有网友问：您是不是有茶王树的好茶奉献给我们？他说，是有些私房茶。后来我去茶王树，茶农说，那人说要买茶才带他去的，结果去了又没买。你看，那人去趟茶王树，不用买那里的茶，就能卖自己的茶。他很狡猾，也没说是私房茶王树的茶，就算别人追究，也能理直气壮地说自己没说谎。

　　不懂茶的人，拿着詹英佩的书去茶山没问题，其他人写的书在我看来都是扯淡。有些人写茶跟泡妞一样，只是在文化上忽悠，而有一些人非常懂茶，但只是为了卖茶而写书，人们看完只会被误导。

　　在茶山，古茶树是很容易看到的，但你问一个茶农他家的古茶树有多少年了，他肯

致正茶翁对古树茶纯料有自己的执着，他做的新茶也有老茶的平和滋味

一泡"昔归"的叶底

定不知道，都是卖茶人说的，因为可以卖高价。有人说，一定要用老壶来泡老茶。这是卖壶的人自己说的。我用玻璃杯也能把老茶泡得很好。我们只是讲泡老茶、新茶得用不同的壶，生熟不能串。

喝茶时，我们通常会注重周围的环境，营造一个气氛，但却不太注重自己壶和杯的干净。"干净"不是指表面是否洗得干净，而是指是否只泡一种好茶，这种干净很重要。昨天，朋友送我一把壶。我问她用这壶泡过茶没有，她说，泡过。我说，那你拿回去吧，壶是很好，但你平常喝的茶都太烂，这壶可能已经被污染了，茶壶是会吸附的。所以说，喝茶是个麻烦事，并不是每个人都要喝茶的。如果跟茶无缘，最好不要沾边。

我每天的工作就是试茶。有人说喝茶要轻松点，不要太计较。但我一轻松，你还能喝到好茶吗？高山云雾出好茶，这是错误的观点。人喜欢茶，但茶不喜欢人，好的古茶树都是没人打理的，它们在雨林里，旁边有几十上百种植物，滋养丰富，根本不需要人。我喜欢的茶地都是没人去的地方，只要被人工管理过的茶树都出不了好茶。普洱茶"粗老"这个观念也是我要打破的。普洱茶也讲求鲜叶的嫩度。茶我只采头拨。有人说，云南的茶头拨不好，真正懂茶的人都不收头拨。这种说法非常低级，任何中国茶都是明前最好。

普洱茶山虽说不能像在龙井村那样，摘下来就可以炒，但初制也都应该在茶山上。我做茶就住在雨林里。有些人说自己在山里找茶被蚊虫叮咬，打这种悲情牌没什么意思，如果连这一关都熬不过还做什么茶？我的茶都是就地取材，直接把鲜叶放在芭蕉叶上，在雨林里摊晾。拣黄片时，我要求用筷子拣，不用手。我的茶根本不接触人，连汽油味都没闻过。源头不抓紧，补救是没用的。现在的人越来越懒，摊晾都是在塑料大棚里，下雨就不用收，这非常不好，因为挡了一道紫外线。你细品，塑料大棚下晒出的茶跟我的茶味道不一样。很多人做了一辈子茶，做出来的茶都不能喝。

普洱茶的体系很庞大，但不神秘。只要建立一个正确的口感，虽然说不清楚，但很快能喝明白。好多人一说到品茶就是生津回甘香，喝了舒服。对我来说，这些都不是衡量茶的标准。你说哪款茶喝完不生津回甘？哪款茶喝完后舌尖、喉咙、身体会不舒服？我喝的是适口性，简单说，是茶的纯净度，越平和越好，越没刺激越好。好的普洱茶，香气会跟着茶汤裹到身体里去，而其他再好的茶，香气也只会留在口腔里，绝对不会往下走。没有苦做底相伴，茶的香也是苍白的，一味的香甜早就被我淘汰了，人对苦、臭的东西才会上瘾，所以人们喝咖啡上瘾，抽烟上瘾，很少有人会吃糖上瘾。

我是高价收茶的人。比如"冰岛"，炒到五千，我花六千也要买；比如"曼松"，如果能拿到真的，我根本不在乎它一公斤是一万还是两万。今年出了高价，明年就一定会更高，很可能今年的最高价就是明年的开盘价。我每年做的茶百分之九十都自己存起来。不谦虚地讲，纯料古树茶，谁都没有我存得多。

我现在不惜成本地出高价抢"昔归"，因为它下面水库一旦蓄水到发电水位，昔归茶地还有没有就不知道了。有人说我炒作茶价，我承认茶价的抬高跟我有关系，但我真不是有意的，对我来说，普通茶确实已经满足不了我的口感了。茶价高，老百姓的积极性高，确实不砍树了。但茶价高也有不好的地方，按道理说，古树茶应该是没有化肥农药的，但因为茶价高了，茶农为了增高产量，开始洒"叶面宝""催芽素"这些东西。

有棵被称为"茶王树"的古茶树，农民从来没给它打过农药，但它对我没有任何意义。因为他们在旁边种了玉米，种玉米之前，会在地里洒除草剂。树有多高，根就有多深，雨水一冲刷，玉米地里的农药就会被茶树吸收，最少七到十五年才能被降解。而且，还得保证这七到十五年里，不再打第二次。你们喝的大多数茶都是农药茶，很多所谓"有机茶"只不过是符合农残标准而已。有人说农药都是冬天打的，春天下雨一冲刷就没事儿了，完全是骗人，农药都被根系吸收了，七到十五年才能降解。所以，我们根本不能排斥农药，只是多少而已。而农药茶就一定坏吗？也不一定，农药茶的口感生津回甘也都不错。🍃

岩教的阿爸阿妈每天都在忙着采茶、炒茶、晒茶，他们从未想到茶会变得这么金贵

撰文：晏礼中　摄影：马岭

【云南】岩教心事

噼里啪啦，柴火在火塘里响了整晚。连续几天了，吃过晚饭，岩教家都会陆陆续续来很多人，人们围坐火塘边，喝着他家的茶，听着他父母对那件事的解释。

岩甩离婚了，岩甩是岩教的大哥。在云南勐海这个叫老曼峨的布朗族山寨里，离婚是件罕见的事，整个山寨都在为之沸沸扬扬，因此，亲戚朋友们都要来问问究竟发生了什么事。

大哥岩甩躺在沙发上，愁眉苦脸地看着电视。大哥刚修了新房，本打算跟大嫂搬过去过小日子的，但大嫂跟来寨子里收茶的人偷情时被大哥撞到了，于是，他们便离了婚。

本以为大哥要分家出去，岩教才还的俗。岩教记得三个月前的那天，母亲到寺里来给自己送饭，告诉他，大哥在修新房了，准备跟大嫂分家出去单住。他对母亲说，那我还俗了吧，大哥分家出去了，二哥又常年在山下，总得有人照顾你们。母亲说，你不要还俗，我们可以照顾自己。

岩教还是还俗了。他觉得不仅该照顾父母，也该照顾自己了。岩教是念书念到小学五年级时，被父母送去当和尚的，就在老曼峨寨子里的檀迦拉寺里。他从没谈过恋爱，所以，他迫切地想还俗之后交个女朋友。岩教喜欢内向、温柔的姑娘，有福时可以同享，没福时可以一起做茶。他是当过和尚的人，怕跟人吵架，在他看来，吵架容易激发人的"嗔恨心"。

这些年，老曼峨的茶价每年都在涨。2005年，一公斤一二十块；2006年，一公斤七八十块；2007年，一公斤一百多块；现在，一公斤几百块。随着茶价的上涨，山寨的变化也越来越大。岩教曾暗恋过的几个姑娘都下山卖茶去了，留在寨子里的四五个单身姑娘都是他亲戚。他想，真是麻烦，女朋友可能要到外村，或是到山那边的缅甸去找了。还好，去缅甸只要骑三小时的摩托车就能到，当和尚时，岩教去过那边。

布朗山就夹在这中缅边界的大山里，他们的老曼峨山寨则是整个布朗山乡中最古老、最大的布朗族村寨。布朗族是新中国成立后才叫的，之前历代，他们都被山下的人称为"濮人"。布朗族虽然很少被外人知道，却是云南最早种茶的民族，寨子迁到哪里，祖先们就把茶种到哪里。如今的老曼峨寨子有150多户，700多人，仍有3 000多亩古茶园，遍布在寨子四周的丛林中。在岩教出家的寺庙里有块石碑，上面说，老曼峨寨子始建于傣历元年，到今天已经有一千三百多年的历史了。

跟寨子里大多数人家一样，岩教家从50年代就开始搞茶叶了。那时候，茶叶是卖给国家的，茶叶按条索好坏，一共分了十级。独芽是特级，一芽一叶是一级，以此类推，到黄片就是十级了。直到六七十年代，收茶的都是供销社的茶叶组，特级一公斤四块钱，十级一公斤四毛钱。

过去的茶都在火塘上炒，然后用土锅煮，一家人围着喝。后来，收茶的人说火塘上炒出的茶有烟熏味，他们就从2001年开始改用铁锅炒。黄片叶子老，揉不动，过去他们用脚踩，但现在也不行了，谁要是用脚踩了，老板们就不收了。

岩教家的茶地里有些古茶树。有的说有千年，有的说有百年，树龄到底有多大？谁也说不清楚。2000年以前，寨子里的人还不知道什么是古茶树，古茶新茶都是一样的价卖，很多年里，他们老曼峨的茶都没人稀罕。供销社不再替国家收茶后，寨子里的人就用大编织袋装上茶叶，走好几小时的山路，把茶挑到山下的路边卖，生意好差。那时候，还没人告诉他们"古茶树好啊，像古董一样好"，要是知道古茶树有一天会变得这么值钱，他们就不会觉得"影响种地"而砍那么多了。

老曼峨的茶山上不时能见到一些牌子，上面印着一些公司的名字。不知道的人会以为这是某某公司的茶地，但其实，并非如此。牌子是老板们自己插的，只要给那些茶地的主人一点钱，就可以把自己公司的牌子插到茶山上。有了牌子，老板就能把客户带上来，告诉他们——看，我们公司的古茶地就在这儿。

岩教家的茶叶作坊就在二楼的屋外，一排竹竿架在巨大的屋檐下，竹竿上放着竹筛，筛里装着加工好的茶叶或刚采来的鲜叶，这里光线好，通风好，茶叶自然晾干，不怕捂着，也不怕下雨。

老曼峨的晒青毛茶，有苦茶和甜茶两种，苦茶的叶片厚且色深，甜茶的叶片薄而色浅。苦茶是奇苦的，苦而不化，喝一口，半小时后才会有回甘，但收茶的人说，老曼峨的茶

清晨太阳升起，村里人就骑着摩托上山采茶

岩教阿爸50年代就为生产队做茶，他去景洪修过码头，能讲不错的普通话

香气充实，茶汁滑度高，汤色明亮，苦涩味可以通过投茶量、泡茶器皿选择、出汤时间等来控制。据说，老曼峨的茶陈化后能保留茶汤浓厚的特点，所以，茶厂和茶商们在生产加工普洱茶饼时，往往用老曼峨的苦茶做拼配，以提高和丰富茶饼的口感和滋味。

茶树平时是不用修剪，也不用施肥的，每两三个月骑摩托车上山把茶地里的杂草锄一锄就好了。在布朗族山寨，锄草都是换工的，今天你家锄时我去你家帮忙，明天我家锄时你来我家帮忙。只有到了每年那几个采茶的季节，才会有人花钱请工，因为那时候家家都在抓紧时间采茶，谁都没空帮谁，所以只得去请那些山下的傣族妇女，一天一百块钱。岩教会用在寺院里学到的傣语告诉那些傣族妇女苦茶放哪边，甜茶放哪边，他家的采摘标准是什么。通常，在自己家里，他们是喝甜茶的，那些所谓的甜茶其实也不甜，只是相对于苦茶来说，没那么苦而已。岩教坐在母亲身边，哪位客人碗里的甜茶干完了，他就过去给他们续上。

过去几十年里，每天凌晨五点，母亲就会起床做早饭，一碗菜，一碗饭，在家做好后，打好包，跟其他家的老妈妈们一道，送到寺庙门口，排成一排，等着和尚们出来取食。岩教在寺里当了八年和尚，长老说碰到谁送的就吃谁的，不要挑食，不要有分别心和执着心，但岩教每天还是想方设法地想吃母亲送的饭。吃到母亲做的饭，念经时声音就会特别响，他知道当僧侣们诵经的声音在寨子的大喇叭里响起时，母亲能听出他的声音。

这些年，整个布朗山都在因茶叶而改变。乡亲们越来越有钱，几乎每户人家都在忙着盖新房，就像大哥岩甩一样。新房就盖在自家的茶地上，盖房的钱是茶叶变的。茶地是不能变大的，但能变密。每年都可以种新茶，用茶果种。一颗茶果埋下去，就会慢慢长出一株茶树来。每年 11 月，老茶树就会结茶果。

寨子里的人过去是好客的，外面的客人无论到了谁家，都像到了亲戚家一样，好吃好喝好招待。但现在，茶价涨了，人们有了些钱，心也有些变了，人们开始打心里的小盘算，这个人该不该接待呀？是给他泡茶呢？还是去湖南人开的小卖部里给他买瓶矿泉水或是红牛呢？

寨子里的人还学会了造假。有些人在山下买些便宜茶回到寨子里，当老曼峨的茶卖。时间久了，那些生意受到影响的人就会谴责这些"缺德的人"，当收茶人说老曼峨的茶品质下降时，他们就会告诉收茶的人，谁家的老曼峨茶是做假的，于是，那些做假的人家的生意就会越来越差，过去多赚的也会赔进去。所以，人们说，这叫过得了第一关，过不了第二关。

岩教一遍遍地听着父母向亲朋好友解释着大哥所遭遇的"不行"，一遍遍地想着老曼峨寨子这些年的变化。岩教想，还好布朗人没有在家供佛的习惯，要不佛祖整天看着人们在家里"瞎造业"，该是多伤心啊。三个月前，岩教什么都不想，就只想还俗，可现在，他又有些后悔了。

终老的地方

口述：蔡林青　采访：晏礼中　摄影：马岭

　　我是台湾省南投县人，家里三代做茶，我是在茶树下长大的。后来，我的家族在泰国美斯乐种乌龙茶，我负责在美国卖。2003年，前任的云南省委书记带着九县一市的县长市长到泰国参访，来到我家族的茶园。书记对我说，你有空来云南看看，能在自己的地方种茶最好，不要在别人的地方种。

　　第二年，我就来了云南景迈山。据说缅甸的一部佛经提过这片茶山，它始种于唐代，一共种两万八千亩，原来是连成一片的，后来被分割成六个片区，加起来仍号称有一万亩。当时已有很多人来看过，没人敢要，因为这片古茶园太大了。

　　第一次到景迈山考察，我就看到当地人在砍古茶树。那时候，没人要古树茶，古树茶的鲜叶一公斤才一块钱，卖茶时，如果里面混有古树茶，价钱还要更便宜。古茶树高，会遮住阳光，影响下面高价台地茶的产量，而且爬上去采很危险，所以，他们索性把古茶树砍倒了采，采完，古茶树也就不要了。当时政府没能力保护。我想，我要不下决定，古茶园也许就没了。我就一咬牙把这六片古茶园租下来，租了五十年。本想签完合同回趟美国，当时"非典"很严重，对外交通完全封锁。我索性一个人留下建厂。刚开始，我的家族并不支持我来云南，他们认为在加州硅谷卖茶叶挺好，没必要来深山里受苦。但我想，我要不来，这片古茶园就完了。后来，当地人也对我说，他们一个人一天能砍一百多棵古茶树，我要晚来半年，就都砍光了。

　　我把厂房和宿舍建在茶树最少的山坡上，一共十亩地，年产十吨的规模，投资八百万，制茶设备都从台湾运来，一年就盖好了。

景迈古茶山：一棵丛林中的古茶树仰视景正

如何才能让老百姓不砍古茶树呢？他们不会因为有人承包了就不砍。要让他们认识到古茶树的价值，把古茶树保护起来只能提高收古树茶的价格。我从收茶第一天就把古树茶的价格从一公斤一块涨到了十二块五。第一年收购鲜叶，半年里我给茶农们付了126万。每次都带着现金，来山上发。开始有公安保护，后来发现根本不用公安，当地人自己就会保护我们，他们信奉小乘佛教，敬天畏地，还是比较好说话的，也许在有利益冲突时会有一些小奸猾，但绝对不会做伤天害理的事，现在也一样。

这六片茶地有两个村寨，三千户人家，一家一家地签协议。刚来时，他们问我，现在的毛主席是谁？他们只知道毛主席，以为毛主席是个官的名字。我就入乡随俗买了张毛主席像贴墙上，老百姓会觉得亲切。我跟农民打交道很多做法很宽松，我并不在乎他们私自采些去卖，只要不过度采摘、不砍就好了。

开始我希望招些大学生，但没人愿意来，这地方实在太偏。寨子里会写字的就是知识分子，中专生就是状元。因为偏，所以我当初最担心的其实是安全，除了自己谨言慎行，我还请了些当地退休的领导来当顾问。那时候路都是土路，美国朋友来看我，来过一次就再也不来了，他们说，那条路太"按摩"人了。

我的茶80%出口外销。我在美国生活了10年，很多美国的中餐馆，茶是免费提供的，但用的都是些垃圾茶，茶水味道很差。外国人觉得倒掉可惜，就把茶和酱油混在一起泡米饭吃。我知道西方人的口味，他们喝不惯中国传统口味的茶，只知道绿茶和红茶，没人知道普洱茶。开始我用古树茶只做绿茶和红茶，不做普洱，先做他们习惯和喜欢的茶，再让他们逐渐了解其他的中国茶。不过，到目前为止，普洱的熟茶，外国人还是接受不了。

茶要卖去外国必须通过认证。当时我们的认证是通过美国环保总署来做的，我们一年就通过了三个国外认证。国内认证只认证原料，国外还要再认证生产环境和生产工艺。我们的认证分两份，茶叶的管理，以及工厂的生产机器和工艺。我们所有接触茶叶的设备都是不锈钢材质的，做茶绝对不能用生铁锅，因为生铁加热时会有重金属和其他物质释放出来。用的水都是从九公里外引来的泉水。在有机茶厂，什么都要检验，每年都要检验。

我们不收干茶。古树茶的干茶跟台地茶的干茶不好分辨，但它们的鲜叶一眼就能看出来，古树茶的鲜叶更亮更绿。外国人的仪器很厉害，催芽素、叶面宝，什么都能检测得出来。我们必须在原料上把关，保证没这些东西。开始我们告诉农民，这些茶是出口的，为了国家的面子，你们不能把带有农药残留的台地茶混进来。开始还有用，没过多久就没用了。我们只能检测，检测通过的，给最高的价钱，检测没通过的，一半价钱都没有。我们的检测不是抽检，而是每一批都要检。我们这样做，只是为了自己的企业。出口到

左：蔡林青和钟厂长，两个台湾男人在景迈山按自己的节奏生活和做茶
右：101茶厂有我们在国内见过的最强劲的揉捻机

国外，被人家检验出有农残再打回来，公司会没面子。外国人只认检测结果，解释没用。我们家族几十年建立的品牌，一批茶就可能会将其毁坏，不能有万一。

古树茶的特色是第一泡茶就能喝，不需要洗茶倒掉，喝完后，茶香能挂壁，挂得越久，纯度越高。古树茶的另一个特色是泡多久苦涩都能化掉，茶如果泡一下就出汤的话，每种茶都是一样的。所以说，泡浓茶才能泡出茶的品质，浓到极致的时候，什么味道都出来。茶是不会骗人的，只有人会骗茶。

我之前没做过古树茶，但"做茶看茶，看茶做茶"的原理是相通的。茶需要静止时不能动，但需要动时必须动。在台湾，做茶是门保守的工艺，什么时候动，什么时候静，怎么看，看哪里，这些知识都是不外传的。过去，这些知识女儿都是不传的，因为女儿要嫁给外姓。我女儿我当然要传她，因为我只有一个女儿，不过，她对学这些没兴趣，她只喜欢卖茶。

这些年，茶价每年都在翻倍，价格越高，越强调纯料，造假的也就越多。这些现象对普洱茶市场绝对是一种伤害。过去，我提高茶价是想让他们意识到古茶树的重要性，

哎冷山，古代这里的首领帕哎冷被布朗族尊为"茶祖"

保护古茶园，现在，他们都知道古树茶的价值了，但每年还在把茶价抬得更高，高也无所谓，他们还掺假。

原材料价格涨了，我跟外国人的报价也得随着涨，外国人回邮件跟我说，你想钱想疯了吧？什么泡水喝的饮料价格能一年翻一倍？当时的收购价国内都接受不了，何况外国人？普洱茶价的暴涨，我想有部分也是为了洗钱，一些人买了很多放在家里，喝又喝不完，又不能拿来洗澡，你说他能拿来干吗？

茶就是一种喝了对身体好的饮料。对我来说，好茶就是自己喝了觉得口感好，喝它经济上又没有负担的茶，如果你喜欢喝的茶太贵，因为伤了钱包而伤心，那它对你来说就不是好茶。

刚到景迈，茶价不好，生活也不太好。有些寨子上只有一台公共电视，大家都来看，看电视还要分担电费。现在，不但家家有电视，很多人家都有汽车了。有时候，我觉得挺好笑。很多人说茶价是台湾人炒起来的，是台湾人为了发财而干的坏事。他们不认为是台湾人保护了古茶树，是台湾人改善了他们的生活。

这些年来，老钟是我最好的搭档。他是学生物化学的，他的家族也有茶园，工作之余也帮家里做过茶。他 2003 年退休，2004 年来帮忙，当时他身体不好，住在台北不想跑太远，我就一直跟他讲这边多好多好，有国家原生态保护林，适合养生，人生应该多尝试一下。差不多讲了一年，2005 年他才征得太太同意，说先过来看一下。这一来，他就待了下来，每三个月回台湾待一个星期，到现在，将近九年了。来的时候他五十几岁，现在六十几岁了，来的时候头发是花白的，现在头发居然变黑了。

我也曾经想过要回去。因为我发现当地政府是说话不算话的。他们说，这六片地加起来有一万亩，但后来我用卫星一测，才八千亩而已。承包前，有十几家小茶叶厂在我承包的茶地里，政府的人说，肯定会让他们搬走，但十年了，他们也没有搬，只是承诺说只做台地茶，不偷采我承包的古树茶。

八千亩就八千亩吧，不搬就不搬吧，中国所有的茶区我都走了，这里的环境还是最好的。空气干净，衬衣一星期不换，领子也不会脏。我不想回美国，也不想回台湾，所有舒服的房子我都住过了，越简单才越幸福，这景迈山就是我终老的地方。

撰文：周重林　摄影：马岭

普洱茶的历史和现场

在中国，没有哪一类茶会像普洱茶这样缺乏完整的表达，主要原因在于，普洱茶的话语被历史、地域、人群以及商业稀释，显得零散而混乱。

具体而言，典籍与历史中的普洱茶与当下所言的普洱茶，并非一种传承关系，普洱茶的原产地及其主要消费地的人群长期以来各自表述，难以取得共识，而商业力量的崛起，则在很大程度上改变了普洱茶的面貌、工艺乃至存在形式，这些都增加了人们对普洱茶的认知成本。

也因为如此，普洱茶反而显得魅力四射，让人横生重塑欲望，余秋雨和他的《品鉴普洱茶》可视为这方面的典范之作。

认识普洱茶的常规路径，往往与历史话语有关，这也是早期和当下研究者角逐最多的领域。他们胼手胝足、筚路蓝缕开创了一个连他们自己都意想不到的普洱茶时代，在遥远的边陲云南，能够调动的典籍（汉文以及其他少数民族语言）可谓麟角凤毛，有限的云南茶信息只有借助历史语言学的放大镜，才能一步步被挑选并还原。

让我们放弃去汉唐的追溯，直接切入普洱茶成名天下的清代。

普洱茶命名的起源，被采纳最多的说法是因为普洱府的建立。大清雍正七年（1729），清政府在今天的宁洱县设置了普洱府，普洱茶因为在此交易、流通因而被人熟知。普洱茶在历史上的只言片语，无法令人满意，解释起来往往也令人困惑，就这一点，早在道光年间，阮福（1801—1875）就强烈地表达过。

阮福乃经学大师阮元之子，云南的金石学家，他在《普洱茶记》里说："普洱茶名遍

称茶，19世纪70年代

天下，味最酽，京师尤重之。"然而他到了云南才发现，这个大名鼎鼎的茶叶，在历史的典籍记录中可谓少之又少。万历年间的《云南通志》，不过是记载了茶与地理的对应关系。

清乾隆年间的进士檀萃也只不过在地理上作了六大茶山的分类（《滇海虞衡志》："普茶名重于天下，出普洱所属六茶山，一曰攸乐、二曰革登、三曰倚邦、四曰莽枝、五曰蛮砖、六曰慢撒，周八百里。"），鉴于此，阮福进一步记录普洱茶的成型路线图。

如果没有朝贡贸易，普洱茶即便是在清代如此盛名，也不会有太多的笔墨记录在案，因为这些早期书写者，没有一个人抵达茶山深处，我们也就无法获得茶山现场传达出的任何细节。尽管如此，阮福还是从贡茶案册与《思茅志稿》里转述了一些他比较关注的细节：1.茶山上有茶树王，土人采摘前会祭祀；2.每个山头的茶味不一，有等级之分；3.茶叶采摘的时令、鲜叶（芽）称谓以及制作后的形态、重量和他们对应的称谓；等等。

《普洱茶记》因为多了一点料，便成为普洱茶乃至中国茶史上著名的经典文献。从20世纪30年代开始，因为要论证云南是世界茶的原产地，阮福茶树王的细节一而再再而三地被扩大化，事到如今，已经形成了每每有茶山，必有茶树王的传说与存在。而其祭祀茶树王的民俗则被民俗（族）学家、人类学家在更大范围内精细研究，甚至被自然科学界引入作为证明茶树年龄的有力证据。在普洱茶大热天下后，《普洱茶记》再次被反复引用和阐释，同名书更是多达几十本，其核心也不外乎阮福所谈三点细节最大化。

比如讲究一山一味，出现了两种截然不同的制茶思路。

一是用正山纯料制作普洱茶，二是把各山茶原料打散拼配做成普洱茶。就普洱茶历史传统来说，前者一直占据了很大的市场份额，也诞生了许多著名的老字号，比如"同庆号""宋聘号"。这些老字号后来虽然在云南境内消失了很多年，但他们的后人（也许并非如此）在近10年的时间里，又借助商业的力量把它们复活了。令人惊叹的是，经销这些老字号的外地茶庄还健在，香港的陈春兰茶庄（1855年创建，是目前中国最老的茶庄）及其后人吴树荣还在做着普洱茶营生，市场上的正宗百年"号记茶"几乎都出自"陈春兰"。

这些"号记茶"为我们追寻普洱茶的历史，提供了丰富的视角，也是普洱茶能够大热天下的第一驱动力。2007年，首届百年普洱茶品鉴会在普洱茶滥觞地宁洱的普洱茶厂内举行，吸引来自海内外数百人参与观摩，有幸参与品鉴百年普洱茶的不过十多人，但围观人群多达上千人。我躬逢其盛，品鉴并记录当时参与者所有感官评价，在赞誉与惊叹中，也有一些疑惑之处。

百年"同庆号"茶饼内飞云："本庄向在云南久历百年字号所制普洱督办易武正山阳春细嫩白尖叶色金黄而厚水味红浓而芬香出自天然今加内票以明真伪同庆老字号启。"我们在此分拆信息：1.普洱茶在百年前就有百年店。2.普洱茶讲究出生地，也即正山。3.普洱茶有采摘时间，阳春。4.以"细嫩白尖"为上。5.色金黄。6.汤红且芬芳。7.当时就有假的同庆号。

然今日看到的"同庆号"非细嫩白尖芽茶，而是粗枝大叶居多，与内飞严重矛盾，内飞文字自然是真，茶就不好说，到底是当年的假货，还是当下的，不得而知。昔日作为真假判断的内飞，多年后依旧是有力的证据，茶饼逃不过历史的逻辑。

所幸的是，市场并非唯一的判官，北京故宫里层层把关的普洱"人头贡茶"还完好无损地保存着，2007年，普洱市政府操办了一场盛大的迎接贡茶回归故里的活动，投保值高达千万的一个"人头贡茶"巡展让上百万爱茶人顶礼膜拜。有人在普洱茶中看到了时间的法则，也有人看到金山银山。不到十年时间，普洱茶界诞生了中国茶界的第一品牌，普洱茶产值从数百万升级到数百亿，缔造了农产品不可思议的神话。

然而，许多人没有耐心，不是吗？所以，2007年，普洱茶市场崩盘了。那一年，我写下了一篇流传甚广的文章——《时间：普洱茶的精神内核》，无非是说，普洱茶必须活在足够的时间里，才能成为艺术，才能形成自身独到的美学体系。

我的朋友中，有相当多的人在坚持传统纯料的做茶路径。这两年，古老的六大茶山被新的山头取代，老班章、冰岛、昔归、曼松等等小村寨成为炙手可热之地。大数据时代，

易武茶马古道遗迹，这条道路见证了古六大茶山曾经的黄金时代

许多人会讲述拼了老命才购得三五斤的经历。我们统计得到，毫无疑问，在2013年，普洱纯料成为茶界最核心的词语。

拼配是普洱茶另一个传统，也可以说，是茶叶能够市场化最大的传统。许多人并没有意识到，拼配其实是一个科学概念，它来源于英国人掌控下的印度茶，而非中国。我们的传统虽然讲究味道殊同，但只是个人经验和口感判断，而非建立在对其香味、有益成分的生化研究上。简而言之，我们只有茶杯，人家有实验室。

印度茶能够异军突起，就在于英国人采用了不同原料的拼配混搭，把茶叶香气、滋味、耐泡度都提升到了新的层次。正是因为拼配技术，诞生了像立顿这样的大公司。1900年后，华茶处于全面学习印度茶的阶段，为了在国际市场上站住脚，拼配茶是他们学习的主要方式。30年代，李拂一（1901—2010）创建的佛海茶厂（即勐海茶厂）、冯绍裘创建的凤庆茶厂（演化成滇红集团和云南白药红瑞徕）走的都是这一理念，更不要说现当代的这些改制后的老国营茶厂以及他们培养的技术人员和他们之后创办的那些形形色色的茶业公司。

纯料与拼配可以说是一个伪命题，我不想介入，只想结束。在品牌力量没有形成时，追求某地与某茶对应关系很容易造成严重的后果。比如普洱茶与老普洱县（今宁洱县），宁洱成为普洱茶集散地后，当地茶并没有享受到普洱茶产业带来的太大好处。一个主要原因是，许多人不认可此地普洱茶。

罪魁祸首居然就是阮福的《普洱茶记》。阮福说，宁洱并不产茶，其实这个地方在道光年间绝对产茶。阮福没有到茶山的毛病，感染了许多人，茶学大家李拂一在40年代、庄晚芳（1908—1996）在80年代都延续这个说法，哪怕是近十年出版的著作，也还有人继续说这里不产茶。

历史话语的力量，当下还在发挥作用，你随便咨询一个普洱茶界的人，他们盘点完所有的茶山，也想不起来宁洱有个什么著名茶山。2007年，老普洱县更名为宁洱后，进一步加剧这一情况，姚荷生40年代的叹息仿佛又闪回，他如此感慨，这个昔日的茶叶重镇已经被勐海所取代。而现在，就连与它名称相关的称谓也消失不见了，只有高速公路边巨大广告提醒你，这里有一家叫"云南普洱茶厂"的企业。

2007年，我们就在宁洱的普洱茶厂举办了第一届百年普洱品鉴会，当时的县委书记就对我说，因为大家都说这里不产茶，他们都在推广上花费了很多功夫，费了许多唇舌让消费者相信本地所产普洱茶的正宗和优质，但效果还是不佳。

太多人懂得利用历史来增加文化筹码，但历史也有被架空的时候，这考究每一个人的智慧。

撰文：茶小隐　摄影：马岭

丛林之中觅本真

【云南】

无论从哪个方向启程，景谷都不容易到达。我们清晨从景迈山出发，辗转几站，傍晚才抵达景谷县城。从昆明出发，直达也需要八九个小时。而唐望所在的民乐镇，离县城还有 50 多公里。

他穿着一身球衣来和我们碰头，下午，作为秧塔村队的中锋，唐望刚参加完一场打成平局的足球赛。在茶山上待了七年，他俨然已经像个当地人。休息一夜，挤进唐望铁哥们老土的夏利，前往他在秧塔村的茶园。从公路拐入上山的小道后，车就在一处处坑洼碎石间颠来晃去，还好，老土属于"十个人里面那两个开得好的"，在丛林间穿行不久，就到了海拔近 2 000 米的秧塔下平掌茶园。

2012 年才在网上认识的唐望，喝了他的茶，看了他的博客，好像早就见过般熟悉。他在 2006 年辞别城市，包下的这片茶山，和秧塔村隔一道山箐，间有溪水，虽房舍可见鸡犬相闻，却要绕好远的路才能走到。村边上有整片 600 多棵景谷大白茶古树，最老的考证有 400 多岁了，还片更古老的勐库种古茶树。如果在百度搜索，所有资料都说是一个叫陈六九的汉人，在清朝道光二十年（1840），去江迤（即澜沧江）边做生意，在茶山坝发现白茶种，便偷偷地摘得数十粒种子，藏于竹筒扁担中，带回秧塔，种在大园子地里，遂成景谷大白茶始祖。但这个传说和大白茶古树的树龄显然不符，怕还是个噱头。边疆地区的历史，总被文化人忽略，比起闽北白茶，景谷可考据的史料竟是少得可怜。但从古茶山总可推想，景谷人几百年来都在种茶制茶，清代还和普洱一起，进贡用红丝线捆成小把的"白龙须茶"。村里多是彝族分支"香堂人"或拉祜人，除了世代相传的打猎和做茶，他们也不知道还能做什么别的，尤其是打猎被禁之后。

景谷大白茶大面积种植应该是在1985~1993年之间，昆明植物研究所进驻秧塔，把景谷大白茶作为高产、外形优美的品种，用无性扦插繁殖推广，目的却主要是为了制作普洱。貌如其名，景谷大白茶和闽北白茶，其实长得很像。尤其是只取独芽的银针，干燥后形如新月，毕竟是大叶种，比闽北银针略长，浑身披着亮闪闪的绒毫，摸上去像动物毛皮般顺滑。它的叶片，也比通常大叶种茶树颜色偏浅。自然变异叶色偏浅的品种，往往氨基酸含量更高，偶尔还会出现黄化芽叶，做出的茶比白芽还要鲜。可唐望上山的时候，并没有人想过用白茶的方法制作大白茶。老乡们要么杀青揉捻晒干做成普洱毛茶，卖给做普洱的茶厂，做成那种银白闪亮的茶饼，要么蒸锅上杀青，再自然晾干，做成"云针"，卖到遥远的广西横县去，做窨制茉莉花茶的茶坯。再就是凤庆滇红集团来收购茶菁，大白茶的芽针，可以做出金毫特别饱满浓艳的金丝滇红。总之这茶怎么做都漂亮，只有犯懒的老乡，才连杀青这道工序都省了，直接摊晒晾干算数。

唐望尝试做白毫银针，是在听了读了许多本地历史之后。据说当年的白龙须贡茶，用独芽轻快杀青，再揉两次，拉直成整齐的长条形状，再编结成谷穗捆扎红线。至今还有照这个方法做的散茶"把把茶"。靠一本《有机茶生产与管理技术问答》半路出家学做茶，自己亲手种下几万棵大白茶茶苗，又养羊积肥，用尽一切有机栽培法之后，等到茶园终于可以收采茶菁，唐望忍不住想把每种可能性都试试，比如复原白龙须贡茶。依照书上介绍的闽北白茶做法，结合本地气候，他设想出这样的做法：采下鲜嫩芽针，平铺在透气的竹筛上，置于阳光稀薄的菱凋间自然干燥，直到60小时后变成一根根美丽的银针。茶很美，可冲泡起来真是清淡，完全不同于之前熟悉的其他茶品。起初，唐望颇为沮丧，想不出谁会要这样的茶。直到一位朋友远道来访，告诉他说，不妨用冷水冲泡一大瓶，上班时放进办公室冰箱，下班前取出喝，会清甜柔顺，安抚一天的疲劳。他照此尝试，果然不假。接着在细节上改进，比如毛茶做好后存入土陶瓦罐，一个月后取出，涩味减淡，醇厚加深。又试验陈放到第二年第三年再喝，果然会和福鼎白茶一样，逐渐醇滑。这才把它当作正式产品，每年春秋两季固定采制。遥遥相距上千公里，闽北的银针，竟和景谷的银针，不谋而合。

由白毫银针衍生出的另一款茶，叫作花针。是用同一片茶园中茶树开出的花朵，晒干之后，与银针同压成小茶饼。金黄色的茶花，和银白雪润的银针，组成如印象派油画般炫的视觉，为给生活在茶园里的蜂群留下蜜源，加之茶花难采，每季最多也就做出上百片。这款茶清甜柔美，更被许多人称为所见最美之茶。

唐望的好奇心并不止于银针，明前一芽一叶自然菱凋，可做成叶绿毫显、滋味鲜爽

山宝去放羊，羊对他比对唐望服帖得多

上：茶园坡上，是唐望住过好几年的木屋，听说6月里他终于盖了座不透风的新房
下：采下的银针在萎凋房内摊晾60小时，自然干燥

的绿牡丹。而秋天同样的一芽一叶，还是自然萎凋阴干，却是一面银白如月光，一面漆黑如黑夜的月光白了。后山坡上山宝家祖传那片勐库种古茶园，春茶秋茶都按普洱做法压饼。6月开始，做白茶或绿茶都不够含蓄的夏茶，结合正山小种和滇红制法，做出名为赤兔的红茶，有时会带有玫瑰酒酿般的芳香。他甚至尝试过用小绿叶蝉咬过的紫芽茶发酵揉捻做乌龙茶，揉到满手都是黏糊糊的茶汁，这款茶起名紫霞。

这些天，唐望正在修葺茶园里的小木屋，2012年接上山的电线，也可以好好装几盏灯。我们到那的时候，还是当初上山的样子，板壁四面透风，连个玻璃窗都没有，冬天得用衣裳包住头睡觉。除了帮着放羊的山宝，和白天来帮忙的老憨哥夫妇，很少有人会进入这片世外的茶山。头三年住在山上，夜里听到风在箐子里游走的声音，睡不着便睁眼到天亮。在旁人难以忍受的孤寂之中，茶和文学，是唐望最大的安慰。他用全部的真心，写字、做茶。"我最高兴的事就是正在山上干活，电话铃声响起，远方的朋友说：'哥们儿，你的茶太棒了！'"一边在树下喝老憨哥在火塘上煮出的金黄油亮的鸡汤，一边听唐望讲他的故事。我猜同伴们也和我一样心念一闪，到这山上来生活可好？然而真正深入丛林，与世隔绝寻觅内心本真，却不仅仅是"放弃"二字那么简单。还是来听唐望自己讲故事吧…… 🍃

秧塔白毫银针

唐望采撷景谷秧塔村大白茶树春秋两季纯芽，自然萎凋60小时制成。用80℃水温冲泡，一两分钟后出水，银针亭亭玉立，滋味柔和清甜，淡而不绝。冷水长时间浸泡，入冰箱冷藏，则是安神清润的夏季良品。

火塘烧开水，泡一大缸"磨锅茶"，这才是唐望和老憨哥们日常的饮品

撰文：唐望　摄影：马岭

【云南】种茶记

　　我是 2006 年 7 月上的茶山。那天，是老历属虎的日子，按李叔的说法，这样的日子命硬。没决定上山种茶前，我已来到乡下，租了个大院子，读书会友，养了一院的兰花。"松涛煮酒醒诗梦，兰院茶香读离骚"，城市的生活一天天膨胀嘈杂，我在那里，越来越找不到生活的方向和尊严，而乡下小院，清风拂兰枝，白云划天宇，这能让我很好地思考往后的生活。

　　李叔是我好朋友的父亲，一位退休的交通管理员。秧塔茶山是李叔的家乡，得知他侄子有几十亩荒地后，我跟李叔就商量着把它们买下来种茶了。刚开始，我俩请教了一位当地的茶厂经理，他说起的有机茶与我们想种的那种不用农药化肥的茶不谋而合。那位见多识广的经理说，种那样的茶是可以通过专家品饮得出来的，这就解决了我们认证的问题。

　　进茶山时，正赶上普洱茶被热炒，秧塔山的茶农被突如其来的财富搞得心花怒放。秧塔公社的社长是李叔的侄子，开始他以为我们是来凑热闹的。他老婆说，不管茶多值钱，手膀子都会疼，你们一个领退休工资的人，一个上过大学的城里人来这里自讨什么苦吃？再说，这样的茶价，我们一辈子才遇上一次，长久不了的。我想她当然不能理解这里的青山白云于一位对城市心生倦意的人意味着什么。中国的土地不能买卖，我们能选择的余地不多，向我们转让荒地的是李叔的另一支系的侄子李二，他是出了名的酒疯子，在没喝得烂醉前在乡下的集上摆了个草药摊。

　　李二接过我的转让费，就去喝得大醉，逢人就跟人说他有许多钱，并强拉着给别人钱。

这间花三千元盖起的木屋，给唐望留下许多难忘的记忆

种茶多年，唐望爬山轻快，长相也越来越像香堂人

当然，酒醒后他又请了辆摩的，一寨一寨地向人要回他自己分发出去的钱。

山里种茶，我全然没有经验，好在有李叔从旁指点。那时候，我手头种茶的书只有一本一百多页的《有机茶生产与管理技术问答》。我们请了几个小工，按着这本书开沟挖渠。繁重的体力活消耗着我读书的热情，在我的一再坚持下又花了大价钱建了个大水池与粪池，接着盖羊圈，买羊买鸡，边选育茶苗边搞基础建设。翌年，茶苗种下地，李叔的侄子山宝也被我们收编入伙。第一次我在山涧边找到他时，他已是酒精中毒晚期，手抖脚摇，头不停地乱点，像块将要坠入深崖的黑石头。山宝负责放羊，这时我才真正开始了解他，在我们没来之前，他光棍一条，酗酒成癖，有一天没一天地胡乱活着。在没成酒徒前，山宝是这茶山上拿得出活儿的制茶师傅，也是我采茶制茶的入门师傅。山宝正常时，是我最好的老师，他总是对我这个学徒赞不绝口，夸奖我哪怕最微不足道的优点，直到我自己都不好意思不好好学。每年，山宝总有一段时间会神经混乱，想象着这寨子的某个人杀了什么人，然后乱叫一气。在山宝面前，我才充分认识到世间一切学识情感在叔本华所说的"生命意志"前是百无用途的。

上山后，一直到 2012 年，我都生活在没电的环境中，没电也有没电的好，在现今这个活得匆忙，来不及倾听与感受的时代，没了电反而让时间变得从容悠缓。为体现有机环保，我搞了几次水力发电，但都没有成功，那台国产的水力发电机太容易坏。在度过了许多个不眠之夜后，我发现唯有在白天把所有的精力都消耗在劳动中，晚上才有沉沉睡过去的可能性。我也买各种茶书闲时瞎琢磨。太玄太高深的书读得我心里空落落的，反而那些指导实际茶叶制作的书此时更对我的胃口。虽然一直没有电，在这七年中我很有把握地做过六大茶类，红茶、绿茶、普洱、乌龙、白茶及黄茶，虽然自感多属失败之作，但也有朋友从中找到了让他们心动的茶，比如有人问我，唐望，你这款"赤兔"是种在天上的吗？自豪吧？但我不自误。我有自知之明。我只是通过这些实践来加深对茶的理解。茶该是什么还是什么。每一款茶都只有天地自然、茶及人结合好了才能出佳品。

育茶时我遇到过很严重的虫害鼠灾。所育的大白茶大部分都被一种当地人叫作"钻山老鼠"的鼹鼠所毁，余下的一半又接受了胃口惊人的绿蛾的考验。虽然用大蒜捣汁喷洒，但到种茶苗时还是损失惨重，所以，我们茶园的茶相比茶农的要稀疏许多。

李叔是位随意的老人。他像我父母那代人一样，深受体制毒害，好面子，讲形式，喜欢听人夸奖。李叔虽然年事已高，但却还是个急性子。我坚定有机种植不容商量，这让他的情绪一落千丈。我们是如此的不同，唯有夜深人静，空山传来鸟叫，我们俩才会在漆黑的小木屋里谈些他儿时美好的回忆。

冬天与雨季的茶山苦寒。繁重的体力活似乎永远也忙不完，山宝经常不吱一声地玩失踪，茶园的进展突然就陷入困顿，没过多久，我们一老一少也都落了病。我回到昆明住院，躺在病床上，整天都能嗅到一丝死亡的气息。人生只有痛切地感受过被死亡的强拉硬拽才会因之不同。挺过鬼门关后，我回到茶山，而李叔却真真切切地永远走了。如果说当初我是出于玩儿来种有机茶的，那么经过这一劫，我才真正找到了自己活着的理由，发现热爱的工作，去做好它，因为在死亡那边，没有这些。一个人活着时能做自己喜欢的事，并以此养活自己，还有什么比这更幸福呢？李叔去世后，他的长子"老憨哥"子承父业跟我上了山。我们很少请工，茶园里大大小小的事都自己做，山宝仍然像这里阴晴不定的天气一样不时回到我们身边，他高兴的时候就会笑逐颜开，露出他那洁白的牙齿来……到了摘茶的时节，老憨哥会把大嫂接上山来，这样也算对付得过去。

一切都沉静下去，我有些累了。自从得了那场大病，我在茶山下的小镇买了房，家里堆满了书与茶。晴耕雨读，独自品茗，我从未后悔过当初的选择。这些年因为茶认识了国内乃至国外的朋友，是茶给了我不一样的人生，它不怎么精彩，但足够让我沉溺其中。这些年，能卖的茶我们卖了一些，卖不了的放在通风好的房间里自然陈化。我从来不觉得它们功德圆满静候伯乐，就像我们一样，世界是缺憾的，永不追逐圆满完好，但我们都得成长与等待。

茶园最大的投资是肥源。为解决肥源，我们一开始就养羊积粪，但四五十只羊远远不够，我们也曾尝试养过一次牛，但牛粪肥效不是很好。我们每年都得到其他寨子买牛粪，到山里找放羊的人买羊粪，或是到糖厂买处理过的糖泥。李叔活着时，有一次我们去买人粪。他觉得我是城里人，买人粪这种活儿无论如何还是他这个从山里出去的退休老人做更恰当一些。那天很热，当他抽好粪后去盖自制的铁罐时，一股看不见的剧臭熏到了他，让他险些从拖拉机上摔下来。我卖茶时老想着这些，所以，如果有人作践我的茶，我会气得很没风度。当然，事后，我也会很懊悔。

种茶之余，我会花时间来种自己的"另一块茶园"，就是文字。如果心有所感，晚上我会写个博客，发几张照片。虽说做茶有很多辛酸苦辣，但我更喜欢把那些自认为美好的东西贴出来跟朋友们分享。因为那样的"美好"，有些网上认识的朋友不远千里跑进深山找我玩，我带着他们爬山摘茶，山宝在旁边表扬他们亲手揉的茶，老憨哥憨态地笑着……这些都是平凡生活里浮现的一丝霞光，也像野鸭潭中央的那潋滟的涟漪，它能给我们的生活漾起鲜活甜美的憧憬，但这些远远不是生活的全部。

七年了，在城市里也许就是一眨眼的工夫，而在山下的镇子里种茶的日子，竟那么漫长与丰富，充满艰辛却又何其美好。种下的茶苗，死去的很让人心痛，活下来的一天天枝繁叶茂，渐渐茁壮。过去走过许多弯路，总想凭着自己有限的精力来面对这一切，

左上：厨房和水缸
右上：老憨哥拎把砍刀上山修剪古茶树的枝条
左下：坚持按有机法种植的茶树比邻家瘦很多
右下：自家蜂桶取的蜂蜡，杀青前用来润锅

总是找些方法去挽留，后来实在分身乏术，并细心观察，才发现，其实把茶完全交托给大自然才是最有效的挽留。其间读了几本书在思想层面起了作用，比如《寂静的春天》《自然农法》，茶山的那些久经风霜的老人也有许多有益的教益，现在，这园子里的害虫靠的是小鸟、蜘蛛、螳螂、蟾蜍、蛇等来平衡。猖獗的时候则靠我们几个用手捕捉喂鸡。实在无暇顾及时则听之任之，这也是我对有机种植的一点认识，任何物种的存在都蕴含着造物的深意，真的做得赶尽杀绝，十全十美，那还是有机吗？大自然不是这样的。大自然只有与你的孤独相处，良久——一年或多年，由于你的孤独你才能与它相似，开始理解它，懂得它，与它交织在一起。然后，它的慷慨净化了你的语言，像母体那样抚慰着你的心灵，你才开始与它说话。

【云南】

撰文：茶小隐　摄影：马岭

高山上的瑞草

从景谷到凤庆200多公里，没有直达车。我们清晨出发，先到临沧，车站里啃了几口凉粽子，下午四点多才进凤庆。这是座躺在大山里的小城，四面皆山，一重重不见尽头。迎春河穿城而过，老城鲜有遗迹，市集上卖土陶瓦罐、酒瓶和各色鸟笼的店铺，看上去颇为兴旺。我甚至在路旁树上见到一只长尾公鸡，神气活现地站在通常养鹦鹉的那种鸟架上，脚爪上套了根金属链。后来有人告诉我，本地人有养野山鸡的爱好。

凤庆古称顺宁府，划归濮人居住。濮人就是今天的布朗族、佤族的祖先。东晋《华阳国志》有濮人向周武王进献茶蜜的文字，无论确凿与否，濮人种茶，应该始于上古，否则凤庆周围的群山中，不会留下五六千亩古茶树群落。被认定已经3 200岁，现存最高寿的那棵，就在离县城70公里的香竹箐。

云南人把大山谷叫作"箐"。比如景谷和凤庆最高的山顶可以互相远望，却可能因为中间隔着"大箐"，需辗转许多路程才能到达。安石村茶农李哥，是个一笑一口白牙的汉子，一大早就开着他那辆减震不怎么好的微型车，翻山越箐，带我们去看那棵茶树爷爷。领路的杜永刚是云南农大茶学系出身，眼下安家凤庆做茶，不时旁白讲解路旁茶园的来历。凤庆大叶群体种，也就是滇红茶的原料，很早就种植在凤庆周边海拔1 500~2 200米的山间。靠茶果自然繁殖的茶树，遗传可能发生变异，尤其是野生向人工栽培型过渡的阶段。那些变异特别典型的单株，潮州人培育成凤凰单枞，武夷人培育成五花八门的名枞，凤庆人却什么也没做。途中爬上一片50多年的老茶园观看，茶树叶子有的长，有的圆，有的厚而叶面凸起，有的薄而柔软。同一片茶园里，随便就能

大寺乡茶厂，揉捻过的滇红正在竹篓中发酵，盖上微湿白布静置于暗黑发酵间，是最传统的做法

找出上十种类型。貌似有些漫不经心的种植，却也留下茶园与亚热带林木自然共生，不过分开垦的生态。尤其是水冬瓜树，最适合荫蔽茶树，提供漫射光。老茶园自不必说，即使在大规模开垦的新茶园里，原先的树木也被保留下不少，不至于茶山濯濯。

到达海拔两千多米的香竹箐村，下车走进雾里，水珠直接濡湿脸颊，犹如细雨。杜永刚招呼我看茶园边上那几棵半野生古树。此前在普洱产区，被告知碗口粗细的主干，至少意味着 500 年以上树龄。这几棵主干既粗，分枝还多，叶片边缘带红，锯齿不太明显，节间很短，和常见茶树不太一样，显然是野生向人工栽培过渡的品种，杜永刚却说它们最多也就两三百年。而附近山坡上，成片一两百岁的古茶树林，也并不难找。这一路关于树龄的认知不断被颠覆，再不敢轻信千年老树之类的说法。但长在山顶上那棵香竹箐古树爷爷，可真是大。几年前某杂志做红茶专题，还到树跟前拍过照。现在却只能隔道围墙，梗着脖子使劲眺望。怎么说呢，简直就像是棵大榕树，听说八个人才能合抱。到底有没有 3 200 岁不敢定论，它够老、够粗、够霸气是真的。

香竹箐古树过去肯定不是用来做红茶的。云南红茶 1937 年才试制。抗战期间，祁门等出口茶产区沦陷，中茶公司为开辟新货源，派专员冯绍裘和郑鹤春到云南考察。看到凤庆（顺宁）周围茶树成林、芽壮叶肥、白毫浓密，就试制红绿两个茶样，汤色、香气

左：大寺乡群山都开发成茶园，但凤庆茶价比做普洱的名山低很多
右：单芽可以做出很漂亮的"滇红金丝"

都很优秀。由此滇红诞生，先建顺宁实验茶厂，首批生产 500 担销往英国。其后，西双版纳佛海（今勐海）等地也组织生产。凤庆茶厂、勐海茶厂的前身即源于这次滇红大开发。

　　冯绍裘曾在祁门茶厂工作，滇红工夫也和祁红工夫一脉相承。只是最初目的为出口创汇，起始阶段便使用内地运送来的揉捻机、理条机等设备，不全是手工作业。在县城西北大寺乡空荡而安静的老茶厂里，我们见到传统做法的野生古树红茶，正在竹篓里发酵。和大工厂普遍使用的发酵槽相比，竹篓更透气些。杜永刚反对在发酵室加温加湿的做法，他只在竹篓上盖一块湿润的细棉布，让揉捻过的茶，在黑暗的发酵室里长时间自然发酵熟成。萎凋和发酵，是红茶制作的两大要素，通过时间长短组合控制，技艺高超的制茶师可以做出不同风味的红茶：花香重一点，果香重一点，或继续发酵让茶出现甜香。只是拿捏须在微妙之间，同样是甜，可以做出讨人喜欢的蜜糖香、焦糖香、蔗糖香，也可以做出不那么雅致的烤番薯香、蒸番薯香甚至烂番薯香。一款好茶出炉，并不在于是否完全手工，而在于制茶师对每个环节的细心把控。拿揉捻机来说，通常能买到的铜盘揉捻机不是不能用，但若能找本地师傅定制水冬瓜木面板，捻槽间隔更粗的机器，就不会有金属气味渗进茶叶，效果好很多。这些细节，正是"工夫"之所在。

　　别处制茶人说起产量，用"斤"，用"担"，只有在云南，每个人都用"吨"。杜永刚这样的独立制茶师，一年也能做两三吨。滇红名声响亮，产量也大，却卖不出价。安石村是最大原料产地之一，李哥家一年能收采三四吨鲜叶，若在出名的普洱寨子，早成富翁了。可他不过能换回两万来块辛苦钱。一芽一叶的鲜叶，每公斤还能卖十几块，到春尾粗老的一芽三四叶，做 CTC 红碎茶的，就只能卖三四块一公斤。茶贱伤农，制茶师可以尝试高端，寻常老百姓就不甚讲究。鲜叶堆在院子里萎凋，揉捻完，大塑料袋装起扎口就开始发酵，最后连烘干机都舍不得上，直接摊在马路上晒干。这种晒红茶汤色香气都不怎么好，二十多块一公斤，卖给大茶厂做拼配用。好的差的混在一起，也就分不太出。低档滇红多拿来做 CTC，一个英文字母都不认识的老百姓都会说这个词。CTC 是压碎（crush）、撕裂（tear）、揉卷（curl）第一个字母的缩写。安石初制厂有台 1962 年进口的 CTC 机，鲜叶经过传送带进入钢制滚筒，借由高速压碎和撕碎叶片，迫出茶汁，揉捻卷绕成为颗粒状后，再进行发酵及烘焙。CTC 机做出的茶多用于茶包，冲泡时可以迅速释放出色香味，然一泡尽矣。碎红茶外销，要和印度、斯里兰卡做低价竞争。两三百万买台印度机器，有出口门路的话，一年能加工一两千吨，每公斤利润一两块，虽然微薄，却以多销求安稳，也有不少人在做。

从十几块一斤的晒红茶，到滇红集团新近推出数万一斤的"中国红"，凤庆所见滇红，似各自在乱中求生。过去滇红生产标准最高级别也就是一芽一叶，这些年来市场要求高了，出现许多单芽做的金丝、金芽、全身金毫，送礼特别漂亮。但更好喝的，往往还是黝黑粗犷、踏踏实实做出来的传统滇红工夫茶。

凤庆滇红

云南大叶种茶树制作的红茶，生长在高海拔山间，茶多酚含量比小种高近三分之一，茶黄素、茶红素也更多。上好滇红，橙红透亮，在白色杯壁上最易显现金圈。不必追求全芽制作，含芽带金毫，香气甜醇馥郁，滋味浓厚饱满的，就是好茶。云南采茶可至初冬，以春茶品质最优。

撰文：杜永刚

【云南】我和红茶的缘分

2004 年，我从云南农大茶学系毕业，之后的每一天，都在和红茶打交道，不管是在茶叶公司负责外贸质检，还是创业打拼，开始做自己的红茶。做质检时，每天都会讨论当天审评的茶样的来源和工艺。直到有一天审评到一款红茶时，我说这个茶应该是这样做出来的，前辈当场就说："你又没有做过茶，怎么能肯定它就是这样的工艺做出来的？"当时着实哑口无言。虽然做审评这行也很长知识，但自我感觉像是半空中飘浮的云，无根而无形。一年后，公司决定派我到云南凤庆管理制造滇红茶的分公司，借这个实践机会，我和当地老茶人交流，跑茶区，走茶山，看品种，断树龄，不断翻阅各种红茶的不同制法，再去试制，听取反馈。像凤庆茶区有多少种揉捻机、每种效果的差异，我都曾做专门搜集。越是深入做茶，越发现茶是无止境的，不能满足于靠几个杯子纸上谈兵的快乐。

2010 年开始，我在凤庆定居下来，和媳妇一起开了个门面，销售自己做的滇红茶。2012 年已经有几个品种比较稳定，个性得到客户认可，2013 年就接着做。还有不是很稳定的，像花香小白，是一款轻发酵的红茶，2012 年在工艺上没有完全把"涩"去掉，也考虑好如何调整，2013 年就打算把缺点去掉，再加强花果香，打开来就能闻到熟了的葡萄香气那种。当然，靠自己小本经营，还要考虑到能投入多少的问题。这样，在春茶开始前，我就已经定好小计划了。

2013 年的凤庆红茶，其实有点难做，天气相对往年来讲，要干旱许多，茶树的鲜叶也抽发得少，3 月 20 日一开秤，各村的鲜叶价格就显然走高，最好的鲜叶，每公斤能比2012 年高出 10 元钱，这就意味着干茶的成本每公斤要高出 40 元钱。

风庆红茶中最好卖的还是金丝，全身绒毛金灿灿的，送礼很体面。我除了做机制金丝，还做了一百公斤手工金丝红茶。一款茶正式做以前，我都会按照我想达到的效果，试验萎凋、发酵、揉捻和烘焙时间，工艺确定下来，再交给帮手去做。手工金丝，每个步骤都用手工，甚至揉捻——揉捻机滇红诞生就开始用了，最后用传统木炭焙笼焙干。不说原料，人工都高得吓人，开始心里还有点打鼓，没想到一个月不到就几乎都被订光了。

像野生红茶这类特殊产品，就要比较小心。2013年鲜叶价格比2012年涨了一倍，成本增加。但也没办法，茶树要求野生古树，才能做出自然甜醇带山野气的味道，北方和广东的客户都很喜欢，也只能继续做。这茶鲜叶收采时比较粗放，毛茶做好，我媳妇每天都要一边带孩子，一边弯着腰在店门口捡梗挑杂叶。

花香小白历练了三年，2013年终于做成功，香气与茶汤的融合度在我看来是最好的。萎凋相对加重了点。为了让涩味减轻，也做了细节上的处理。不断地想，重复试验，不断修正原来的做法。不经意间，一款茶开始的味，做到后面可能全丢弃了，再出现一个新风格的产品。这是最让我感到满足的期待。

做工自然、味道自然的红茶才是好喝的。红茶的标准审评术语是这样来评价滇红的：金毫特显，芽头肥硕，汤色红艳明亮，金圈明显，香气甜香馥郁，滋味醇厚，饱满，回甘，叶底嫩红匀整。这道出滇红的风格。每当做出一款红茶达到上述要求，甚至在香气和汤感上更为精进，有茶如此，夫复何求！我对红茶的热爱，或许已转化为一种偏执，执着于不断重复制作，不断调整工艺。看来这辈子，我是没法离开红茶了。

IX

闽东 闽北

【福鼎、政和白茶】

返璞归真香

古老又鲜活的茶

【福州茉莉花茶】

茶为骨，花为魂

鲜灵浓郁的理想世界

【岩茶】

岩茶的地土之香

大红袍的播火者

【正山小种】

溯溪寻正山

金骏眉的故事

"红色液体"的神秘历史

福鼎白茶发源地点头镇柏柳乡，非遗传人梅相靖老伯演示寿眉的制作要领

闽东 闽北

会建而上，群峰益秀，迎抱相向，草木丛条。
水多黄金，茶生其间，气味殊美。岂非山川重复，
土地秀粹之气钟于是，而物得以宜欤？

——【北宋】宋子安《东溪试茶录》

太姥白茶山上，茶人方守龙用大如手掌的老叶试制大叶白茶

返璞归真香

撰文：茶小隐　摄影：马岭

　　"堂主"生就一副运动员般壮实的块头，可在茶席边一落座，立刻变得沉着细致，稳稳当当拿起一罐白毫银针，在盖碗里堆出小小锥形。等水烧开再略降温，一手执壶，一手扶盖，以颇不相称的温柔，围绕茶锥细细注水，再双手扶膝，静等出汤。这是太姥山脚下福鼎一处茶友聚会，宾主身份各异，常用网名互称，不问来处，只谈茶事。这晚泡的是主人新收来的白毫银针，汤色清透，入口淡淡草木香，还有一股清甜。女主人说，这些天野茶喝多了，这款"家茶"虽不错，总觉不够劲。主人一有闲暇，便到周边茶农家收茶，但遇上品，绝不还价，立刻买下。年积月累，家中辟出别室藏茶，说是一个月天天喝五六款，也不会重样。

　　"茶之路"走到福鼎，已是四月的尾巴，春茶季刚刚收尾，错过了村村镇镇摊晒白茶的场景。在细雨中去看点头镇一带的茶山，茶园首尾相连，翠绿喜人，在远山衬托下格外壮观。这些大片茶园，虽然是近十年白茶内销渐长，点头镇一带才大面积开发的，按云南讲法，是典型"台地茶"，却难得太姥山土壤富含风化岩层，临海水汽循环活跃，风土宜茶。在基本按有机法种植的情况下，茶树几年下来就能长到一米高。茶园中忽然走出一对老人，蓑衣斗笠，犹如来自从前年代。他们挎着茶篓，来采晚茶，谷雨过后的鲜叶，又是雨天采摘，大概只能做等级不高的寿眉了。

　　不管是制作方法还是品类分级，白茶都是六大茶类中最简单的。福鼎白茶称为"北路"，相对于西南方向政和的"南路"，另有建阳、松溪一带亦产。鲜叶采下，清明之前的先抽出顶尖那根细长的芽针，在阳光下晒，或在室内阴干，自然萎凋48~60小时，再上焙

貌似简单的白茶工艺，每处细节都是对制茶师傅功力的考较
右下：梅相靖祖父梅筱溪在家谱中留下了民初白茶制法的珍贵史料

方守龙在太姥山上研究各种白茶制法，用砂锅存茶也是他的一大发明

笼烘干，即成等级最高的"白毫银针"。清明到谷雨之间，则采一芽两叶，同法制作，称为"白牡丹"。而谷雨后的一芽三四叶，或抽针后剩下不含芽的叶片，则用来做成"寿眉"。依细嫩程度，无非这三个级别。然而这貌似极简的体系中，又蕴含着丰富的不简单。

点头镇柏柳乡被认定为福鼎白茶发源地，刚获得国家级非物质文化遗产传承人称号的梅相靖老伯，告诉我们，要把白茶做好，一点也不简单。清晨采的鲜叶，要轻快地薄摊在萎凋筛、萎凋架上，萎凋架要倾斜架起，不能让阳光直射，先背对阳光晒，晒至五六成干时再调整竹面方位正面晒。绿茶用高温杀灭茶叶中酶的活性，中止氧化，乌龙茶、红茶则激发酶的活性，通过发酵改变叶内物质组成，造成变化无穷的香气。只有白茶，就这样慢慢萎凋至干，不加任何人为干扰，茶叶天然的成分，被原封不动封存起来。第一次喝白茶的人，会觉得格外清淡，像青草香、树木香、豆香、米香，就是不像熟识的茶香。香气亦得之于制法，一种叫作"己醛"的物质，在白茶中含量远远高于其他茶类，和造成花香感觉的醇类物质一起，构成白茶独特的嫩香、毫香。

南路白茶的代表政和，在崇山峻岭中，气候较阴冷，多用室内阴干萎凋，遇晴好天气则三晒三晾，日晒阴干交替进行。等级高的茶如银针，萎凋到八九成干，就上焙笼，在绝无烟气的炭坑上低温慢焙，间中翻茶数次。中低等级的茶，现在常堆置在一起，互相碰撞，轻微发酵，过段时间再烘干。柏柳乡20世纪50年代建的老茶厂，最敞阔的就是院中摊晒场，加工部分倒占不了多大。晒干晾干，说来简单，细节却极考究。比如把鲜叶摊放的"开青"工序，要保持成品上的细嫩"白毫"，不能手法粗重，也不能堆叠造成变黑变红，老师傅两手持水筛边缘一摇即均匀，没几年工夫还真掌握不好。又比如在什么时间点要立刻收起焙干，萎凋稍过就可能大打折扣。每位师傅做的白茶，汤色、口感、叶片都有差别，关键是对每处工序的把握。故而60年代，张天福在福鼎调研白茶，就说白茶看似简单，实际复杂不易掌握。春天怕发黑，夏天怕发红，同样的鲜叶如制红、绿茶可卖到一级，制白茶只能卖到二级，相差几十元，采工大，产量少。如果不是一直有出口任务，白茶或许早已销声匿迹。

工艺的考究之外，白茶风味的差别，也来自品种。书中介绍，南北两路白茶，主要用福鼎大白茶、政和大白茶制作。学者考据前者在1857年，由柏柳乡竹栏头村村民陈焕从太姥山中移植而逐渐繁衍，后者在1879年前后亦由政和茶农（一说风水先生）发现母株压条繁殖。但这两个地区主要用以制作白茶的茶树品种，直到新中国生产队时期大力推广"大白茶"前，主流仍是"白毛茶"，即当地土生菜茶。梅相靖的祖父梅筱溪，生于光绪元年（1875），曾在福鼎茶出洋的历史中扮演重要角色。至今仍然保存完好的梅氏家谱上，筱溪公亲笔写道：三十岁那年，分家后仅余小屋茶园，幸好岳父送来白毛茶苗数十株，嘱咐开山栽种，几年后分枝同插，不数年间，收获六七十元。这批"白毛茶"，为筱溪公日后应同乡邵维羡之邀，合股售茶，奠定第一桶金。可见民国初年"白毛茶"仍是主流。政和东平镇的制茶人张福贞也说，过去政和白牡丹，主要用原产建阳水吉南坑村的菜茶制作，民国初年出口旺盛时，也曾用水仙茶树制作。故两地大白茶移植虽早，大规模推广仍是在注重高产的年代之后。大白茶取代菜茶，一是制出的银针肥壮，比菜茶做的土针好看，二是高产。而之后选育的福鼎大毫茶、福安大白茶，竟比福鼎大白茶、政和大白茶还要肥壮，近年多为茶农所选。

白茶的来历，有许多混淆的信息。按制作工艺划分六大茶类，是20世纪中期学界才确定的。此前史籍上出现的各种"白茶"，究竟指哪种茶，不易辨别。生晒茶树叶片再饮用，想必对上古时代先民是最简捷的方法，但无史料确证。陆羽《茶经》摘引《永嘉图经》：永嘉东三百里有白茶山。并无注释，原书佚失，虽陈椽教授认为应指永嘉以南的太姥山，所指究竟是哪里，是什么茶，仍争议不休。让人着迷的误会还有"宋徽宗最爱白茶"一说，经冈仓天心《茶之书》传播，更为流行。其实《大观茶论》原文很清楚："白茶……与常茶不同，其条敷阐，其叶莹薄。崖林之间，偶然生出，虽非人力所可致。有者不过四五家，生者不过一二株，所造止于二三胯而已。芽英不多，尤难蒸焙，汤火一失，则已变而为常品。须制造精微，运度得宜，则表里昭彻，如玉之在璞，它无与伦也；浅焙亦有之，但品不及。"这是说，北苑（建瓯）有几家茶农有叶色比通常更"莹薄"的珍贵茶树，制法仍和当时其他团茶一样，需"蒸焙"，只是尺度很难把握。"浅焙"的话并不好。同时代苏东坡《嘉木记》中记载的"峨眉白芽"，也是取自然白化之茶叶，以蒸青法制作。白化茶叶，往往氨基酸含量更高，制出的茶也别具鲜爽。和宋代白化蒸青团茶一脉相承，浙江安吉白茶、四川峨眉雪芽，均是白化品种制作的炒青或烘青绿茶，名为白茶，都和不炒不揉生晒至干的白茶类白茶毫无关系。最早记述白茶制法的应是明朝人田艺蘅的《煮泉小品》："芽茶以火作者为次，生晒者为上，亦更近自然，且断烟火气耳。生晒茶沦之瓯中，则旗枪舒畅，清翠鲜明，尤为可爱。"其后高濂也在《遵生八笺》里引用了这种说法。那时松萝山炒青法正盛行，生晒说可谓另辟蹊径。但田和高都是浙江人，他们说的生晒茶，未必和闽北白茶有直接关系。万历二十八年（1600）陆应阳《广舆记》载："福宁州太姥山出名茶，名绿雪芽。"万历四十四年（1616）《福宁州志·食货·贡辨》又载："芽茶八十四斤十二两，价银十三两二钱二分"，明白指出太姥山已有名为"绿雪芽"的名贵芽茶。绿雪芽，眼下被用来命名太姥山鸿雪洞顶一棵1957年发现的百年古茶树，也被某企业用作白茶商标，但典籍中的"绿雪芽"，是按白茶法生晒，还是按绿茶法炒制，又是悬案一桩。

"茶之路"一个个区域写过来，发现政治需求、贸易需求，才是每次茶叶大变革的推手。比如福建人蔡襄把贡茶院从浙江长兴搬到闽北建瓯，不遗余力为皇家制作精细的团茶。比如为了安抚少数民族实施茶马互易的榷茶，川西南、云南南部，连绵数万亩种下茶树，边茶、普洱延续至今。比如凤凰单枞和武夷岩茶的品类香型大发展，是清中期后出口贸易暴增造成的需求使然。白茶形成今日格局，也不脱其间。上古民间即有的生晒茶法，崇山峻岭中的太姥山畲族原住民中或代代延续。闽北、广东信宜地区畲族，仍保留称"畲泡茶""白茶婆""老茶婆"的土茶，取茶树粗叶晒干，置于瓦罐中煮饮，接近寿眉，陈者更作药用。其后，太姥山中与文人交往的僧侣，或用山中野生茶树或菜茶细芽，制出更精致更美的"绿雪芽"，只是产量不大。晚清闽北红茶贸易由盛转衰，东印度公司偷取到印度、锡兰种植的茶园，以价廉取代中国红茶份额，国内祁红也异军突起。以白琳工夫为主的福鼎、以政和工夫为主的政和，不得不另辟蹊径。绿雪芽演变为白毫披被外形漂亮的白毫银针，在出口红茶箱中用于洒面增加美感。这种茶1912年独立作为品种出口，之后白牡丹及大众化白茶开发出来。一战爆发前，福鼎和政和两县年产各1 000担，也是梅筱溪们周游南洋做茶生意的年代。一战使得销路阻滞，此后数十年，产量小，价亦高，仅作为当地红茶的补充。

出口欧美同时，也顺带销往香港南洋。白茶仅在叶片碰撞中产生轻微发酵，粤人认为性寒，可清热解毒，故其廉者寿眉，早就成为港粤茶楼必备。新中国成立后到1962年，整个宁德市（含福鼎地区）只向社会主义国家出口红茶，新开辟的福鼎大白茶茶园，也都用作制作白琳工夫红茶，直到中苏关系恶化，红茶出口减少，白茶才恢复少量生产。1968年，香港茶商通过福建省外贸公司，希望制作一批供应茶楼的白茶。县革委会以打击台湾产白茶，对敌斗争需要为名，要求四乡茶农采摘荒山野茶，现金收购。白琳茶厂技术员王亦森原本就在研究怎么把粗老叶片加以轻揉，做成卷曲形香气更高的白茶，这下有了用武之地。这款轻揉捻白茶当年产销300担，列入外贸出口茶类，后改名为新工艺白茶。萎凋后轻度揉捻，令叶片表层破碎，加强酶促氧化，造成比传统白茶略重的发酵程度，香气也较浓烈。新工艺让白茶在70年代的港澳地区风行一时，出口量猛增到200多吨。

第三轮兴盛则要到2000年前后。欧美关于白茶保健价值的研究忽然兴盛起来，有抗癌、抗氧化、降低血脂血糖、抑制细菌病毒等功效，许多著名化妆品牌都出了白茶系列，大茶商也纷纷到福鼎、政和收购白茶，制成袋泡茶。相反，国内年轻人可能用过"伊丽莎白雅顿"的白茶乳液，却不知白茶产于何处，也不知是什么茶。

近年欧美经济不景气，出口减少，此前成长起来的茶企，被迫转向内销市场。恰好此时国内也出现一批有经济实力有兴致重拾茶文化的消费者，白茶慢慢得到欣赏，资本和政府力量联手推广，老白茶价格节节攀升。白茶，俨然已是古老而又新兴的茶类。

向福鼎茶友打听是不是真有那么多几十年的老白茶，他们都笑而不语。在出口贸易主导白茶命运沉浮之外的另一条线索，始终是民间对白茶的喜爱。民国学者卓剑舟《太姥山全志》写道："绿雪芽，今呼为白毫，色香俱绝，而尤以鸿雪洞产者为最。性寒凉，功同犀角，为麻疹圣药。运售外国，价与金埒。"民间认为白茶，尤其是陈年白茶，能清热解毒、治疗小儿麻疹、预防水土不服。过去家中诞下女儿，父母就会为孩子存下一罐"女儿茶"，到出嫁时作为嫁妆。这罐陈年女儿茶会被当作传家之宝，秘而不宣。有幸喝过的朋友说，连续数日奔波，身体濒于崩溃，竟在一泡茶之后很快平复下来。新制白茶，清甜且清新，而曾被当作极品凉药的老白茶，随着年岁增长，茶中活性物质继续转化，香气减淡，滋味却稠滑沉厚。在太姥山上，我们到茶人方守龙大哥的茶室小坐。他1980年进福鼎茶厂，洞悉白茶所有工序，现在则把所有精力花在研制各式各样的白茶上。饶是架上摆满各种作品，方大哥自己喝的，还是桌上那只大茶壶里闷泡的老树大叶牡丹。这茶喝起来并不惊艳，却似有着岁月般清润平和而又绵延不绝的

滋味。"大茶无味，真水无香"，或许遍览茶间世间百态的人，才会对白茶返璞归于本真的茶香，心领神会吧。🍃

福鼎白茶

以福鼎大白、福鼎大毫或当地小菜茶制作，日晒凋萎后烘干。等级最高的白毫银针根根饱满，银毫如茸，汤色浅杏黄，有草木的自然清香。一芽两叶者为白牡丹，叶面灰绿，背面披毫，新工艺者略夹红筋。纯为抽芽后叶片制作，或一芽三四叶，称为寿眉，香气最淡，滋味最浓。既可用 80~85℃ 左右温盖碗冲泡，泡尽再入壶焖煮，也可如民间法，用大壶或大茶缸沸水闷泡，随喝随取，消暑最宜。白茶中活性物质未经高温杀青破坏，置于干燥避光处可陈年转化，三年为首轮转化期。耐心等待，可品尝到岁月带来的变化。

政和白茶

出自福鼎西南崇山峻岭中的政和县，号称南路白茶。萎凋以室内阴干或晒晾交替为特色，滋味与福鼎白茶各有千秋，有人形容为福鼎华丽张扬，政和朴实内敛。福鼎的白毫银针制出更早，政和则以白牡丹而著称，老茶客也会特意去山中寻找当地菜茶制作的"小白"。冲泡法与福鼎白茶相同。

撰文：李博

古老又鲜活的茶

2014年清明前，在茶市春寒料峭中，福建白茶产区的茶青价格逆势飞扬，大批茶商拍马杀到——白茶悄然热了几个年头了。从躲在一隅无人喝彩，墙内开花墙外香的茶类，到媒体关注，茶人热议，白茶华丽地亮相了。也许这真的是一场久违的登台，如此小众的茶，历经岁月的洗礼，完成了千年的修炼，自信满满地站在聚光灯下。

作为不炒不揉，直接萎凋、晾干烘干而成的传统白茶，随着关注度的提高，不少绿茶用"芽发如纸"白化程度很高，或者是白色茸毫多的芽叶来"凿壁偷光"，把白茶概念搞得混乱，使得消费者无所适从。同时，近年来白茶的考证之风也渐起，但是，严谨的不多，商业气息浓厚的倒是不少。

现今关于白茶考证的文章，多从生晒（不炒不蒸）或者针形外观入手。

如果以生晒作为白茶出现的标准，那么李白的《答族侄僧中孚赠玉泉仙人掌茶并序》中早有记载："曝成仙人掌，似拍洪崖肩。"那么白茶应该出自唐朝时的湖北？当然不是。现今公认的白茶起源记录为明朝田艺蘅的《煮泉小品》："芽茶以火作者为次，生晒者为上，亦更近自然，且断烟火气耳。生晒茶沦之瓯中，则旗枪舒畅，清翠鲜明，尤为可爱。"其实这段话，严格来说也只透露了日晒工艺的芽茶（散茶）信息，不是李白笔下生晒的手掌模样的紧压茶。如果只是从日晒角度出发，这也同样可以成为普洱生茶起源的证据。幸亏，明代稍晚的闻龙在《茶笺》进行一次背书："田子执以生晒不炒不揉为佳，亦未之试耳。"不管"试"还是"未之试"，首次明确提出的"生晒不炒不揉"概念，呼应田艺蘅的说法，可以作为传统白茶起源的佐证之一。

针形茶制法是用手工进行抖散、理直、搓条的茶叶工艺。做形中的搓条是针形茶成形的关键（白毫银针除外），通过搓条将叶子搓成浑圆、挺直、富于光泽、紧如针的外形，影响搓条的因素有锅温、炒制手法和用力程度等。从针形茶外观上看，唐代吕岩的《大云寺茶诗》之"玉蕊一枪称绝品，僧家造法极功夫"，其中"玉蕊一枪"的说法，不知道是不是针形茶最早的代名词，但不是白茶起源的依据。宋代大观年间，继"白茶"之后，又呈现三色细芽，即小芽、拣芽、紫芽，在拣芽基础上又创"银线水芽"，其取芽体例与现今白银钱针极为相似。同样，我们知道宋代北苑是蒸青绿茶，不管选材多精致，也只是绿茶的原料而已。至于央视报道，2009 年考古工作者在陕西蓝田吕氏家族墓的发掘中，发现了距今一千多年前宋朝的白茶（有说是白毫银针），如果按照福建的习俗，祭奠先人或者入殓，以新鲜茶青为好，墓室构成的干燥密闭环境，或许可以完成茶青到白茶的简单转化，但是，蓝田不能种茶，最近的渭南茶区距离蓝田约 300 公里，基本可以排除这种推断。如果是成品茶，更无半点可能，因此，笔者认为是一件非常不严肃的事情，依据甚至是荒唐可笑的。张天福前辈，这个茶界的"袁隆平"考证为，清嘉庆初年（1796），福鼎用菜茶（有性群体）的壮芽为原料，创制白毫银针，也是白茶创制的历史。笔者尚不清楚依据何在，因此不便给予评判。不过，从目前的各种书面证据上看，到底是福鼎还是政和可以作为白茶的始祖，这仍然不是一个板上钉钉的事情。

茶学界对白茶起源一直存在争议，孙威江教授归纳为"远古说、唐朝说、明朝说、清朝说"。笔者从考证的角度，支持"明朝说"。但是，如果从推理的角度（因无法提供文字和实物等证据），笔者更倾向杨文辉教授的"远古说"，如同我们知道的中药初加工方式一般，古代先民也是有意识将鲜茶晒干保存，以备不时之需。他认为远古之茶"与现今的白茶制法没有实质性的区别，属于白茶制法的范畴"，并推断出"中国茶叶生产史上的最早发明是白茶"。古人这种用晒干方式制成的茶，我们不妨称为"古白茶"。

不同的是，杨文辉教授认为茶（古白茶）最初是作药用的，还成为祭祀天地神灵和祖先的供奉品、帝王贵胄享受的奢侈品、方家术士修道的辅助品。笔者则认为茶首先是食物，承担很弱的药用地位，最终在唐朝上升为一种独立的高尚饮品。

在蛮荒久远的年代，人类生存得非常艰难。食物不足和疾病是最大的难题，也是原始人平均寿命仅有 20~30 岁的直接原因。可以夸张地说，吃下去不死人的东西都成为食物，吃下去不知道会不会死人的，可能都成为巫师手中的药。茶叶，和许多其他植物叶片一样，开始进入人类的食谱；但是，作为巫师手中的药，茶叶恐怕并不是什么好选择。我的茶叶历史观是：茶，进入人类的视野之初，最主要的功能是食用的，药用及其他价值和地位非常非常低。今人之所以认为茶在历史上的药用等价值，其实都是对所谓神农氏的"日遇七十二毒，得茶以解之"说法的想当然理解。茶，天生就是好食材好饮品，而不是一剂好药。如果指望茶来治病，说句狠话，巫医中医都不需要存在了。不排除，茶在历史上一度曾经被试着作为一种治病的药，只是没有什么用处便被放弃罢了。

茶，一定是以食物的身份，才能穿越古老的岁月，直到陆羽洋洋洒洒地写下千言《茶经》，正式升格为一种高尚饮品，我们今天才有福分享用的。如果是以药的身份，也许今天还在云贵高原上的深山中茁壮地成长，成为参天大树。其实，茶的食饮身份很早就可以寻到蛛丝马迹。比如，用茶为祭的正式记载，直到梁萧子显撰写的《南齐书》中才提及。该书《武帝本纪》载，永明十一年（493）七月诏："我灵上慎勿以牲为祭，唯设饼、茶饮、干饭、酒脯而已，天上贵贱，咸同此制。"祭品是什么？当然是神灵或先人爱吃的食物和饮品，肯定不能拿药来祭祀吧？陆羽《茶经》中说的"茶之为饮，发乎神农氏"，也是引用所谓的《神农食经》，侧面又证实是一种食品形态存在的茶。

唐宣宗大中十年（856）杨华的《膳夫经手录》所载："茶，古不闻食之，近晋、宋以降，吴人采其叶煮，是为茗粥。至开元、天宝之间，稍稍有茶，至德、大历遂多，建中已后盛矣。"以及晚唐诗人皮日休在《茶中杂咏》序文中曾有评说："自周以降及于国朝茶事，竟陵子陆季疵言之详矣。然季疵以前，称茗饮者，必浑以烹之，与夫沦蔬而啜者无异也。"这样的文字容易刺激从神农氏就开始谈茶之人的神经，但是，将鲜茶或干茶煮成茗粥或者菜蔬用来填饱肚子，的的确确是中唐以前茶的最主要用途。陆羽《茶经》之前那些一鳞半爪、语焉不详的茶史料，不断被质疑推翻，连茶祖神农氏"日遇七十二毒，得茶以解之"说法也在国内竺济法和周树斌等专家学者考证下真相大白，令人啼笑皆非。

中国人历来就喜好托古而说，自春秋战国一直延续至今。春秋战国是中国学术理论最耀目最伟大的时期，各种学说纷纷出炉。在严格追求礼法的时代，寻一个上古传说中的伟大人物作为学说的创始人或者思想启蒙者，无疑是有很好的感召力和说服力。历史上，传说与真实也总是扑朔迷离。据日本学者考证，中国隋代之前，已有《本草》类著作百种左右，唐代以后更多。各种版本的《本草》，或冠以神农之名，或托神农之威，谁叫"头上长着两个角"的神农氏在中国历史上如此大名鼎鼎呢。因此，陆羽在《茶经》中说"茶之为饮，发乎神农氏"是很容易理解的一件事。

即便是茶已经升级为单纯的饮品，在宋以前，以煮茶作为茶饮的形式也存在了上百年，正是茶食物属性向高级饮品过渡期的绝好证明。同样，宋代的"点茶"，虽然摆脱了原始食材的"煮饮"之法，连汤带末全部喝下的方式，还是深深地印下了食材的烙印。

今天云南少数民族还保留的"腌茶"和"烤茶"的方式，就是茶叶食饮的化石标本。今天在崇山峻岭之中的太姥山村民，由于缺乏与外界的交流，仍执着地沿用晒干或阴干方式制茶自用，无意间将古白茶制茶工艺保存了下来。山民这种自制的土茶，俗称"畲泡茶""白茶婆"，也是一种非常原始的茶饮方式。

考古学界发现 5 亿年前的寒武纪是地球生命多样化的一个分水岭。寒武纪是多细胞生物起源、生物多样性大大增加、奠定今天几乎所有生命形态的重要时期。古白茶犹如寒武纪之前的生命形式，哪怕单细胞也是如此丰富，但是没有"骨骼"形成化石，什么都无法留下，只是茶的传奇或者神话。明代炒青工艺出现之后，今天的六大茶类中的大部分纷纷来到这个世界，丰富多彩，风情万种。

白茶，古老又如此鲜活，一如中国人的文化和精神。

茶为骨，花为魂

　　"窨花茶，就是把上好鲜花的芳香物质尽可能多地渗透到茶叶里去，并让茶叶的苦涩度降低，香气更加鲜灵浓郁，我一辈子都在学习，现在还没到头。"坐在福州三坊七巷旧时大宅院的后花园里，一面喝着老茶人陈成忠亲手制作的茉莉雪针，一面听他讲这一生和茉莉花茶的故事。

　　我们到的几个月前，陈成忠刚申报了福建省非物质文化遗产福州茉莉花茶窨制工艺传承人，他15岁进福州茶厂，到现在48年，几乎没有一天不泡在茉莉花茶里。可惜我们一路赶春茶脚步，花茶却要等到茉莉盛开的夏天才开始窨制。福州茉莉花茶出名，首先是花好。福州本地种植的广东种双瓣茉莉花和福州种单瓣茉莉花，别称"福州花"，陈成忠认为比其他产区香气更鲜灵悠长。20世纪80年代鼎盛期，福州近郊的城门镇胪雷、龙江，远至长乐、闽侯，家家种茉莉。每到夏季，数万亩花田灿若云霞，花香弥天盖地。五六月开的花，称为春花，七到九月为伏花和秋花，花香气最好，所以最高级的花茶，要到入秋才能喝到。天气晴朗的日子，下午三点前后，花农顶着烈日，采下含苞欲放、洁白饱满的花朵，堆放伺花管理，到晚上八九点左右，自然开放成"虎爪形"，吐出香气最佳。这时，就可以开始窨茶了。

　　香花入茶，古已有之，最初是文人别出心裁的雅玩，嗣后逐渐普及，成为雅俗共赏的茶类。南宋施岳《步月·茉莉》有"玩芳味、春焙旋熏，贮秾韵、水沉频爇"之句，宋末元初周密补注："茉莉岭表所产……古人用此花焙茶。"南宋赵希鹄《调爕类编》写道："木樨、茉莉、玫瑰……皆可作茶。量茶叶多少，摘花为伴。花多则太香，花少则欠香，

213

手工窨花仅用在高级花茶上，动作需要轻柔果断。这是去年夏天陈成忠师傅为制作花茶作详细演示

而不尽美。三停茶叶，一停花始称。"陈景沂《全芳备祖》也引文说："茉莉或以熏茶及烹茶尤香。"可见宋元期间，茉莉已作为诸香花一种，与茶拌和熏制，取其香美。明代炒青散茶兴起，朱元璋的儿子朱权特爱琢磨风雅事，在《茶谱》里记述了"隔花熏茶"之法。有意思的是，花茶产自南方，第一个大发展的契机却来自北方。清末北京风土掌故杂记《天咫偶闻》上说："都中茶，皆以末丽（茉莉）杂之……南之龙井，绝不至京，亦无嗜之者。"一种说法认为康熙年间清朝权贵流行用玫瑰、茉莉熏制鼻烟，养成了对茉莉香的嗜好。咸丰年间北京、天津茶商到福建长乐收茶，受此启发，尝试批量生产茉莉花熏制茶北销，竟大受欢迎。这就是老平津人从小喝到大的"香片"。由此福州周边开始大量生产花茶，并磨合出一套完整的窨花工艺。第二个契机则是福州开埠，三都澳港辟为对外通商口岸，福州花茶出口欧美，占尽天时地利。在长时间海运途中，茶叶难免吸收异味，当时茉莉花茶、珠兰花茶，在出口茶类中备受欢迎，成为大宗，与此或不无相关，进而促使西人钻研在茶中添加各种香料的配方，这又是另一个话题了。

清末到抗战前的三十多年间，虽各地仿制甚众，福州花茶却一直独领风光。福州城内大大小小上百家茶行，竟有不少是"天津帮""平徽帮"。而北京城里不少茶庄，如前门大街的庆林春，也是福州人开设的。老北京人最认老字号茶庄的"京味"香片，这"京味"其实正是指地道福州小叶种茉莉花茶特有的韵味，被称为"冰糖香"或"冰糖甜"。老舍和梁实秋都回忆过"小叶茉莉双薰"，当年窨好的香片，茶庄伙计给包成若干纸包，再抓一把鲜茉莉撒面上，所以叫作"双薰"。这是有钱人家才喝得起的上等茶。

陈成忠开始学窨制时，福州茶厂已经有半自动窨花设备，但他最感兴趣的，还是怎么手工窨花，从每一处细节控制花与茶的融合。普通花茶，用等级较低的烘青，高级花茶，则会用福鼎大白、大毫全芽制作的银毫、银针做茶坯。春天虽然窨不了茶，陈成忠也要忙着三天两头跑闽东，订制上等茶坯，从揉捻烘干方式起就需要特别关照。伏天窨茶季到来，茶坯要先经过手工蹚、塔（分筛）、簸等工序，分出长短粗细，去除老叶、碎叶。陈成忠少年时代一有空闲就练习的这套筛茶手势，其实正是各茶区传统工夫茶的共同技艺，现在纯熟者寥寥可数，或许不久之后即成绝响。

"薰""熏""窨"，都指将茉莉花与茶坯充分拌和后，通过水热作用，一吐一吸。茶坯吸入花的芳香，同时鲜花水分也让茶中多酚类物质、蛋白质发生转化，减低苦涩。经过多次窨制，茶的骨子里浸透了花香，喝到嘴里犹如含着花的魂魄。窨花在夜晚十点左右开始，茶和花的比例，和南宋时代大体相同，100 斤茶，用 40 斤花，全手工制作，要用手把花小心拌入茶坯，轻轻堆放在竹匾上，静置待花吐香茶吸香。凌晨两点起身，翻搅通花，防止茶堆过热。早上八点，如果评试湿坯花香鲜明，没有水闷味，就可以用竹手筛起花，把已将全部香气贡献给茶坯的萎缩花朵筛掉，烘干后一轮窨花即告完成。过去，殷实如梁家，也不过喝"双窨"。福州茶厂一级茶窨三次，特级茶窨四次，特供中南海的外事礼茶用银毫窨五六次。现在对高端茶有需求，六窨七窨不出奇。我们喝的雪针，就是纯芽九窨。窨一次周期三天再续窨，九窨就需要将近一个月时间，日日守护，时刻留心水分温度，不敢稍有松懈。整个下来，要消耗近 500 斤茉莉花，以福州花眼下 20 元一斤左右的价格，成本可想而知。

如此费工费料，花茶却总被认为是不登大雅之堂的百姓茶，价格也上不去。90 年代后期，城郊花田被改造为大学城，茶价又被限制在十几元一斤，更雪上加霜的是，上百年来都习惯在澡堂泡完温泉后优哉闲哉喝杯茉莉花茶聊大天的福州人，也突然赶时髦喝起铁观音来。许多制茶人出走广西横县等价格廉宜的新兴产区，也带走了京津老字号茶庄客户，继续向他们提供低价香片。福州花茶可谓一落千丈，花源少了，客户少了，愿意学习传统技艺的年轻人少了，传统冰糖香味也少了。

我曾向北京的学茶老师询问哪里可以买到不贵又有传统冰糖香的福州花茶，他瞪着我说："你这几个要求都满足，实在太难了！"每次窨花，都是茶坯脱胎换骨的一次轮回。六七窨后，茶已吸收极为饱满的花香，厚实沉稳。而到八窨、九窨，香气竟会转向通透明亮、悠远澄净，入嘴满嘴清香中溢出丝丝回甘，正是而今难见的"冰糖甜"。并不是人人都敢尝试窨这么多次，茶坯自有容度，如果之前每次窨花不精确控制，吸收花香到极限后，茶坯可能会反吐花香，前功尽弃。陈成忠再三用"鲜灵"二字形容茉莉花茶的至高境界，他解释说这是一触即感的品尝体验，花香新鲜而细致，在嘴里是活的而不是僵硬的。

花茶的魅力，或许就是它借了茶的骨，重重凝练出极致纯净的花香，没有茶这个介质，用鲜茉莉花泡水，仍是云泥之别。好在福州也终于认识到这张城市名片的价值，开始做一些基础补救。陈成忠这一辈茶人，还有机会带着年轻徒弟，把对花茶的一片痴心延续下去。

茉莉花茶

现代茉莉花茶的起源地，以"福州花"窨出的"冰糖甜"著称。窨花的次数和"看茶做茶"的细节把握，决定最终表现。比如说收花时看当天天气和水分，决定收哪片花田的花，这种经验可能一辈子也学不会。九窨已接近茶吸花香的极致，市面上号称十几窨的多不靠谱。对花香不是很有信心者会加"一提"，即最后一次窨花烘干后，再拌入少量花，起花后不再烘干，能补充花香鲜灵度。高等级传统福州花茶能让你体会到"花香透骨"是什么感觉。

陈成忠最遗憾的就是没能让我们看到花茶的制作过程

撰文：夏楠 摄影：马岭

鲜灵浓郁的理想世界

一

茉莉花茶的茶季，从每年五月中旬开始直至九月初，而在此前要为组织茶坯作充足准备，因为这是影响花茶质量的第一步。2013年4月底，当我们在花茶发源地福州见到陈成忠师傅时，他就正在为今夏要制作的茉莉花茶操心茶坯的事，准备动身前往闽东一趟。在花茶传统制艺上已经摸了四十八年的他说："每个做茶的人都想把自己的茶做到最好，但很难，到现在我也没有出师。"这话出自福州茉莉花茶窨制工艺的非遗传承人陈成忠，不由令人起敬。而要掌握全套的传统花茶窨制工艺，制出一泡理想中的鲜灵浓郁的茉莉花茶，经过的道路之复杂崎岖非常人能想象。其手艺具有家族传承的渊源，从其祖父陈兴焰这代起，就开始了制作花茶的历史，而父亲陈必务则是他的第一位制茶师父。

父亲生于1905年，在四十五岁的这一年（1950）迎来第五个孩子的诞生，也就是陈成忠。七个兄弟姐妹中，只有陈成忠和弟弟陈成题继承了花茶的制作手艺。陈成忠十五岁时（1965）还在念初中，父亲六十岁，从福州茶厂退休，陈成忠因此以补员顶替进入福州茶厂工作，直到2010年退休。随即，他又被茶厂返聘。虽然辛苦，但对于视花茶为上瘾乐事的他来说，未必不是晚年的安抚。

说起父亲这代茶人，大概手艺人比较重在手作，不在言表，他有的印象竟是来自母亲的回忆，"听母亲讲，他们在手工也好，烘焙也好，各方面的技艺是很平衡的，每个人的技术水平也都差不多"。陈成忠父亲起初是在天津人开办的成兴茶行做工，新中国成立后公私合营，福州市包括何同泰茶厂等108家私人茶企合并为福州茶厂，父亲和其他一些老茶师也就都成为福州茶厂的职工。

从小在茉莉花茶的茶堆中长大，陈成忠自是得到过父亲的教导，而当他正式进厂以后，父亲担心他技不如人（如他这般年轻就进厂的极少），特别在家里教授他手工部分。尤其在"蹚"（将粗老的茶头装入布袋，用脚来回前后踩，以蹚改变茶叶的长短、粗细，同时保梗取茶）、"塔"（分平筛、抖筛和飘筛，指用不同规格的竹制圆筛，通过一定方向和力度的旋转抖动，分出茶叶长短粗细，挑出轻飘的茶片或草毛）、"簸"（双手扶竹制簸箕上下簸动，将轻飘低次的茶叶从中分离出去）这些起始环节，可说是父亲为他打下了基础。他现在还记得父亲手把手地教他，叮嘱他"筛的时候不要把里面的茶叶丢到外边去了，要旋转式地走动"。而这个阶段，厂里带他的王洛洛师傅，则全面教习他花茶的整个窨制工艺，使他在完整的流程中领会到茶叶管理的灵活性，并且夯实了基础手工部分。他总记得父亲跟他交代的，对老工人的态度要好，要尊敬有礼，向他们虚心求教。

七年后的1972年前夕，他被从车间调到科室，也可说是提拔。另一位师傅林依细看中他的勤奋肯学，也察觉到他对茶叶的敏锐感受力，特别向车间支部建议，将陈成忠调回车间，他亲自来带。厂党委书记找陈成忠征求意见，问："在科室，将来不是总务就是采购员，在车间呢，就是工人，你要怎么选？"陈成忠很老实地答："我是工人出身，我父亲也是工人出身，我还是想回去学技术，技术这饭碗倒不了。"

这一年父亲过世。林依细师傅如同另一位父亲，视陈成忠如己出，在长达八年的时间里悉心教授他窨制工艺中每道工艺过程的审评细节，而他也由此深深感受到茶世界的魅力，"懂得看茶叶，才懂得毛病，要抓住这个毛病，然后用什么方法来调适得当，达到一个相对完好的状态。所以过程审评很重要，光是懂要点不懂审评的话，就如同茶叶界的盲人"。两位最为怀念的恩师也已过世多年，陈成忠还在继承和传递着他们的手艺，这可能是他最觉得安慰的事。

二

可能也因为茉莉花茶的工艺极为烦琐复杂，发展至今，在中国茶叶类别里花茶仍然属于机械化程度最低的。"要做好花茶，就要有好的茶坯，好的香花原料，好的技术，还要人的和谐。这是我的观念。"陈成忠说。为了弄懂什么才是好的茶坯，

218

茉莉花茶的茶坯精制过程，图为分出长短后的茶叶（摄影：黄访纹）

他去学了一整套做绿茶的工艺，从叶子的采摘，到毛茶初制，茶叶精制，精制产品定级。而茉莉花则是一门更深的学问。

茉莉花种，分福州单瓣种（朵长花约 9 瓣）和引进广东双瓣种（花瓣约 15 瓣），单瓣比较香，鲜灵度强，叶子很薄，凋谢快。因为单瓣种产量太少，国家在按计划调拨时就转向广东双瓣种。茉莉花的采摘也很讲究。下午两三点最适宜，朵大，洁白，生命力强。采摘的时候含苞待放，收花后及时摊薄散热，大概当晚八点达到自然开放。这还只是窨制过程的第一步（伺花），第二步是筛花，用圆筛将花中的小花、花蒂和青蕾筛出，当花朵开放率达到 90% 以上，花形呈虎爪状，香气浓烈时，即可窨花。

后续步骤还有：茶花拌和，静置窨花，手测窨堆温度，通花，起花，烘焙。陈成忠师傅津津乐道地讲述每道工艺，他很和蔼，对于我们好奇的任何问题都耐心解答。在问到什么才是好的茉莉花茶时，他给出了自己的见解："茶有茶味，花香比茶香更突出。使茶坯内在的苦涩、异味去掉。通过窨制过程把茉莉花香吸附到茶叶里，并通过烘干降低茶叶水分和苦涩味。所以好的茉莉花茶，更多是鲜灵浓郁的茉莉花香。"

他说，过去这四十年没有做基层审评、质检科，以及出厂审评这些工作的话，他也不可能全面掌握这些要点。茶叶审评比较累，要管所有车间里茶坯的量，各种窨制过程中的状态（一窨、二窨、三窨等），要对茶叶品质审评；还要管茉莉花收购进来的状态，但他也觉得那是最有东西学的时候。"比如把茶叶泡下去，看这个茶叶是什么状态。有没有涩口，检验茶坯。比较涩口的话我们要采取什么措施。窨花时第一次用多少花量及配方，第二次用多少，要根据茶坯的内质来决定花量的使用。"

相比陈成忠师傅的一腔热情，茉莉花茶在今天茶叶市场上显得备受冷落。曾经让福州人亲近的巨大的茉莉花基地，在90年代中被卷入城市化进程，规划了现在的大学城。福州人回忆起来总是说，夏天的时候，那里就像一片花海。花茶工艺也像一门老手艺，在向这个不断更新的时代发出挑战，虽然陈成忠也在教80后的儿子陈铮学习花茶窨制，然而陈铮更多的兴趣转向了花茶审评，他也取得了高级评茶员资格。

恐怕很多人也有如我们这样的疑问："这么复杂的工艺做的花茶，得到茉莉花香，跟直接泡茉莉花又有什么不一样呢？"得到不疾不徐的回应："花开放以后，才吐香，是花香让茶鲜灵浓郁。直接开放了的花，你泡也没有香。"

刚刚初制完的肉桂毛茶，目前初焙多用热风炉烘干或电焙，十多天后捡梗完精制再足火炭焙

【闽东 闽北】

岩茶的地土之香

撰文：茶小隐　摄影：马岭

到达武夷已是 2013 年 5 月初，武夷岩茶在春茶中开采最迟。全国的春茶都在抢早，甚至正月里就开采。武夷茶却必须等到新梢叶片展开到近乎手指长的中开面，才能采制。70 年前史料记载，九龙窠那几棵大红袍茶树头采是 5 月 17 日。现在普遍提前，我们正赶上做茶最忙的时候，好几位茶友都致歉说不能陪同，因连日通宵达旦赶制，体力和精力都极度透支。一面是五一长假游人如织，一面是景区内外大小茶厂整夜飘出茶香。只有 23 万人口的武夷山，几乎所有的人不是在做游客生意，就是在做茶。

和武夷人说茶，往往会提起宋代北苑贡茶典故，及龙凤团茶等。"茶之路"走过的雅安蒙顶、宜兴阳羡、长兴顾渚，都是唐代御贡。因气候转冷、战乱引起的茶园凋敝等，北宋贡茶中心转置闽北，焙所设在离武夷山 100 公里左右远的建瓯，在建阳和武夷的遇林亭烧制斗茶用的建盏。这是闽北茶最鼎盛辉煌的年代，连宋徽宗赵佶也亲自写茶书《大观茶论》。从诗文中可知武夷茶亦属入贡建茶，但并非彼时中心。先蒸后榨汁研细，再压造成饼入焙烘干的工艺，基本是蒸青绿茶制法，和现在的岩茶也相去甚远。元代开始在九曲溪边设御茶园，官焙算是正式转移到武夷，做的还是蒸青团茶。

乌龙制法起源何处，闽北闽南各有说法。"岩茶"二字在康熙年间释全超所作《武夷茶歌》里已出现，而康熙末年，隐居在大王峰下的王草堂写《茶说》，已有采后晒青，摊而摇，等香气发散再及时加以炒焙的记述，这种制茶法延续至今，没怎么变过。

访岩茶，首先要理解"岩"字。闽北多山，从福州一路行来，福鼎太姥山，政和的鹫峰山脉，高峻清秀，各有胜景，让我们的眼睛舍不得离开车窗。然而一进武夷境内，

武夷山马头岩的茶山。马头岩以形似马头而得名，主产肉桂，茶香强劲，俗称"肉肉"。远看，从石头缝中长出来的房子，马等石道观所在。

景象又为之一变。大王峰、三菇石，一座座黝黑高大的山峰，隔着一条崇阳溪，就在城区的人间烟火旁拔地而起。原本极尽粗粝的丹霞岩体，浸润在山间溪涧和雨雾里，生出层层叠叠的青苔、野草、灌木和茶园。将粗犷与清秀结合得这般完美，武夷在"茶之路"上当居首席。古人在山岩间种茶，代代相传，自然总结出什么地方种的茶味最好，什么地方要差一点。乾隆年间任崇安县令的刘靖《片刻余闲集》记曰："武夷茶……其生于山上岩间者，名岩茶；其种于山外地内者，名洲茶。岩茶中最高者曰老树小种，次则小种，次则小种工夫，次则工夫，次则工夫花香，次则花香……"嗣后"岩茶"再分为"正岩"和"半岩"。传统上三坑两涧，即慧苑坑、牛栏坑、大坑口及流香涧、悟源涧流域，称正岩（大岩），九曲溪边所出称洲茶，二者之间称半岩。几十年来扩大种植，则核心景区70公里范围内，三十六峰九十九岩出产，皆可称正岩。过去只能叫"外山"的曹墩、星村等地，也能叫半岩了。

武夷山人把茶园叫"山场"，正岩产区，称作"岩上"。过去正岩山场，都是天心岩茶村村民祖祖辈辈在山岩间开垦出来。1999年为了申报世界遗产，村民集体迁出，山场却还是各家各户的。这些年来岩茶价格渐高，谁家有块岩上山场，足可保证富足。山坡陡峭，岩石坚硬，坑谷时常只有细细一条平地。前辈茶农，想出垒石块为梯台，担土填地，层层种茶的种植法。经年累月，也造就武夷山间石壁梯台层层相叠的茶园胜景，因山势而建，有的只能种几棵茶树，仿佛盆景。在这种梯台式茶园中生长的茶树，根系深入岩石风化而成的砾壤，表层则年年填补新土，充作肥料。水多而不留水，加上植被葱郁，阳光漫射，正是适合茶树生长的绝佳风土。这些岩上山场，都在公路不能到达的深处，每到茶季，茶农清晨即用皮卡车运送江西等地来的采茶工入山，再徒步跋涉到茶园采茶。另有壮年挑茶工将所采茶叶挑出，扁担前后两筐，近两百斤，每天来回四五趟。我们什么都不背，走三坑两涧马头岩，尚且气喘吁吁，在窄陡处让道，真为挑茶大哥们捏把汗呢。

岩上出来的茶，比半岩区值钱，主要贵在"岩韵"上。和凤凰高山茶的"山韵"类似，对正岩茶"岩韵"的解说，也玄而又玄。武夷山茶科所老所长陈德华对此有朴实的理解。他认为一言以蔽之，岩韵就是武夷山茶树品种在正岩产区内的"地土香"，这是专门针对岩上茶的评价用语，对外山茶没有意义。以香气特征明显的肉桂为例，1986年茶科所做了试验，用同一天不同山场采来的肉桂鲜叶，由同一位师傅制作，进行对比。结果正岩区内各山场各有特点但区别不大，而半岩的星村所产则区别很大，不能用岩韵来评价。正岩区各山场的微环境虽有不同，比如牛栏坑肉桂茶气霸道，马头岩的则相对内敛。但大的风土仍然接近，土壤多含红色岩石碎屑，富含有机质和矿物质。一出岩区，即使是外围山地高坡茶园，也很难具备岩区这种土壤条件，以红、黄土壤为主，茶树吸收的物质不同，表现出的风格也自然不同。有茶农说外山茶有"泥巴味"，就是针对土质而言。

左：磊石道观陈道长，喝的茶都是自采自制的野茶。有时多种野茶混合，有的野茶甚至叫不出名字。其深谙制茶之道，却又随性为之。其主张温火慢焙，制成毛茶即可，茶韵个性自由。道长还在屋旁种了几块菜地
右：道长在屋里晾制的草药

80 后年轻制茶师邬强则认为岩韵是一种从入口开始就别于外界山场的浓厚汤底，两腮迅速生津，久久不散，几道之后茶味开始转弱。茶汤中的偶带凉意的矿物质气息开始弥散，喝过之后让人在接下来的时间里都觉得心情十分舒爽。他从福州读完大学就回到武夷山，和父亲一起做茶。90 年代当作兴趣买下的几亩正岩山场，如今珍贵而不可复得，只能在半岩地区继续开辟茶园。我们造访了邬家在仙草岩的茶园，若论小环境，确实不如岩上山石垒立、大树成荫，抵押家中房产贷款种下的茶树，最老的也才四五年。但邬家父子立意坚决，为茶业长远发展而凭己力坚持有机，杂草丛生的茶园，和相邻使用除草剂者，对比鲜明。茶垄间堆着一袋袋等待自然发酵的鸡粪，绝对不用化肥农药。用自然保育、精耕细作的方法，加之制茶技术改良，邬家的半岩茶，喝起来也丰润饱满。

　　除了山场限制，做出一泡岩韵充足的好茶，还需要表现茶树品种的香气，做工、鲜叶老嫩等因素也很重要。凤凰单枞的单株品种从乌嘴水仙群体种中选育，武夷岩茶的名枞也从当地群体种菜茶奇种中诞生。乌龙茶制法尚未成型前，武夷茶已经通过荷兰商人外销，至清代中晚期更达高峰，既出口欧美，也销往东南亚。英国人罗伯特·福琼就是这个时候到了武夷，偷取茶种，用博物学家们使用的"华特箱"保育茶苗，还说服 8 位制茶工人和他一起去印度，使茶树种植遍及世界。外销旺盛让茶农更早热心于选育优良品种，岩边寺旁，长相奇特，做出茶香气滋味也特别的茶树，就会特别起名加护，加以繁殖。

半岩产区柘洋村综合做青机里萎凋中的鲜叶，用风扇鼓动炭火加温

至今仍有近百种名枞种植，除了最著名的铁罗汉、半天腰、白鸡冠和水金龟，白牡丹、金钥匙、不知春、白瑞香等许多品种也代代延续。只不过去用茶果，现在用扦插。德华叔还特别指出，名枞不等同于花名，过去来武夷山包岩办厂的多是闽南潮汕人，为了销售时名目好听，他们给茶起了各种花巧的名字，仅一家惠苑茶厂，就有 800 多种花名。随时间流转，这些花名多已弃用，与品种无关。

　　史上出了许多名枞，眼下武夷岩茶的当家品种却是清末从建阳引种的水仙和原产于马枕峰的肉桂。在武夷山走了那么多茶园，最好认的就是水仙茶树，叶子大，不修剪就会长得老高，还是最长寿的品种，能活到 100 多岁。水仙滋味柔中带刚，树龄 70 年以上的，称为老枞。我在大王峰顶上就曾见到如桂花树般高大的水仙老树。在凤凰山被视为病害的青苔、地衣，长在水仙老枞树干上却颇受欢迎。"枞味"明显的茶弥足珍贵，它被诠释为青苔味、木质味和粽叶味。与正岩区相距甚远的小村庄吴三地，本属"外山"范围，就因为留下 2 000 多棵百年老枞水仙，这两年身价高涨，直追正岩，一斤鲜叶都要百元以上。肉桂的叶片要小得多，色泽更深，过去并没有广泛种植，直到 1987 年省科委认定为优良品种，拨给崇安县 10 万块钱育苗推广才得以发展。如果水仙偏女性，肉桂就是典型的男性，或显桂皮香，或显水蜜桃香、奶油香，有些更伴随令丹田发热、脊背冒汗的强劲茶气，直冲脏腑，淋漓酣畅。

　　岩茶名枞中，传说最多的莫过于九龙窠绝壁上那丛"大红袍"，成名于明代，过去是天心永乐禅寺的寺产，新中国成立后归崇安县综合农场管理，从没断过专门看护。如今成为

武夷山流香涧，最传统的正岩产区"三坑两涧"代表一

上：半岩产区柘洋村的高枞水仙，树龄在40~70年之间

下：周师傅示范手工摇青，"看青做青"是关键，摇青和静置多次交替，有时持续整夜，直至出现"三红七绿"的红边，品种香充分显现才算到位

著名景点，游客都喜欢在崖下拍张照片，再到对面茶棚里吃一个"大红袍茶叶蛋"。满大街都是叫大红袍的茶，从几十元一罐到几千元一斤，让人摸不着头脑。被称为"大红袍之父"的陈德华告诉我们，真实的故事其实很简单。1964年，他刚被分配到武夷山茶科所，福建省茶叶研究所派来两个工作人员，由他带路陪同，拿着介绍信爬上九龙窠大红袍母树，剪下一些枝条带回去做扦插繁殖。直到1985年，陈德华得知惠安茶厂出了三款岩茶：铁罗汉、水仙和大红袍。闽南人都做大红袍，武夷山怎么就不能出叫大红袍的茶呢？于是他立意用茶科所茶园中最好的名枞，拼配出一款能体现当时最高水平的岩茶，就叫"大红袍"。并亲自设计外盒，找福师大的美术老师画茶树叶形标识，并请学界泰斗陈椽教授题写大红袍三字。第一批茶做成15克小盒装，只推出5 000盒，卖5块钱。上市的时候，德华叔心里还挺忐忑，觉得不含大红袍品种的"大红袍"，是不是会遭人诟病。结果因为品质超群，很快售罄，为茶科所创造了一大笔收入，德华叔自己未取分文，10月就去星村镇当副镇长了。可巧，到任不久，福建省茶叶研究所50周年庆，邀请他参加。他听说二十年前大红袍母树剪枝繁育的茶苗，技术已经成熟，就私下向当主任的同学要了五株茶苗。这五株都是九龙窠上那棵最大"正本"的后代，当时也剪下较小的"副本"繁育，实验结果各方面都不如正本理想。陈德华将茶苗带回武夷山，思前想后，还是种进茶科所的御茶园种苗基地。这里自1979年以来已经搜集了武夷山一百多种名枞，独缺最著名的"大红袍"，这下齐了。之后的事，德华叔也无法预料，这五株茶苗定名"奇丹"，迅速繁育，为武夷山所有"纯种大红袍"之始。而他首创的拼配大红袍，也不可逆转地成为人人可拼、人人可叫的商品，甚至只要是武夷岩茶就可以自称"大红袍"。是以，如果不了解岩茶，不知出处，你根本弄不清手中的大红袍茶，究竟是最粗陋的岩茶拼配，还是名枞精选，又或是难得的纯种奇丹。

　　品种好，山场好，岩茶之完美收官，还少不了一个"焙"字。入夜，我们到半岩区黄柏溪畔柘洋村一家茶厂观摩制茶。半岩区的茶园，十多年前已经使用采茶机收割，从拖拉机上卸下一麻袋一麻袋的鲜叶，等不得自然晒青萎凋，直接堆进滚筒式综合做青机中，用炭盆吹风加热，到深夜十点开始摇青发酵。凌晨三点可以开始杀青揉捻，再进烧煤加热的烘焙机里烘干。师傅虽然随时得盯着，机器已经取代了大部分劳力。拥有正岩山场的阿海则希望坚持做精品茶，茶厂里做茶的老师傅每年从江西来，看着他长大，如今在他的指挥下，完全按传统方式，用竹筛一筛筛晒青、摇青、揉捻，全部手工完成。无论前面的初制工序有多大区别，两家茶厂都少不了"炭焙"这道工序，这是形成岩茶之"岩骨"，稳定"花香"的关键。

　　乌龙茶制法近代才形成，炭焙法却与一千年前宋徽宗《大观茶论》中的记述几乎完全相同："用热火置炉中，以静灰拥合七分，露火三分，亦以轻灰糁覆，良久即置焙篓上，以逼散焙中润气。然后列茶于其中，尽展角焙，未可蒙蔽，候人速彻覆之。火之多少，以焙之大小增减。探手中炉：火气虽热，而不至逼人手者为良……终年再焙，色常如新。"在武夷山的焙间里，人们仍然是在焙坑中点燃打碎的木炭，覆上蕨类植物芒萁烧成的灰，再架上竹制的焙笼，低火温慢炖。初步烘干拣梗后的毛茶，几天后上焙复火，才算初步精制完成，一两个月后还要再次复焙。温度如何控制，何时翻焙，焙多长时间，完全由烘焙师傅掌握。一批不错的毛茶，可以通过最适宜的文火慢炖，叶色现出如白霜般的宝光，火香和轻微的焦糖香与发酵中形成的花果香相得益彰，也可能因焙不得法过度炭化，前功尽弃。难怪技艺高超的烘焙师傅在制茶季特别抢手，薪酬也最高。

7月中旬，上过两次焙笼，这一年的岩茶才算精制完成，可以销往各地。但这时的茶，火气尚旺，要放在干燥避光的地方，慢慢退火。2012年的岩茶，这会正是最好喝的时候，这一泡浓香醇厚的茶汤里，有山场香、品种香、工艺香、炭火香和制茶人彻夜不眠的守护，值得慢慢品味。

大红袍
纯种大红袍亦名"奇丹"，全部来自九龙窠大红袍母树无性扦插繁殖的后代。香气馥郁似桂花，七八泡后转化为粽叶香，与其他品种差异颇大。而市面所售大红袍多为拼配，家家不同，良莠不齐。

水仙
种植最广，最受百姓喜爱的品种。上品柔中带刚，回味甘甜。正岩水仙有明显的岩韵，而70年以上树龄的老枞水仙，则有丰富的枞味，似木香粽叶香青苔香，以惠苑坑和吴三地村所产最负盛名。在建阳书坊村尚有150年树龄的水仙茶树。

肉桂
滋味和香气强劲有力，令人一试难忘的品种。香型有桂皮香、水蜜桃香、奶油香等类型。正岩区所产牛栏坑肉桂、马头岩肉桂、竹窠肉桂，在老茶客中俗称"牛肉""马肉""竹肉"，各具山场个性，盛名之下价亦不菲。

武夷名枞
四大名枞为铁罗汉、半天腰、水金龟、白鸡冠。种植远少于水仙和肉桂，白瑞香、金钥匙、不知春、雀舌等品种也可见到。常见的新品种还有高香型的黄观音、金观音等。需要一一品尝才能找到自己喜爱的口味。

陈德华，他领头多年的茶科所，对武夷岩茶发展起到至关重要的作用，如今的许多制茶名人都自茶科所出身

【闽东 闽北】

大红袍的播火者

撰文：夏楠 摄影：马岭

一

　　"如果没有这个工人在，我肯定是不会进去茶科所（工作）的。"满头银丝的德华叔回忆起五十年前那个盛夏的情境时如是感慨。

　　1963 年，时年二十二岁的农家子弟陈德华从福安农业专科学校茶叶专业甫一毕业就被分配到武夷山下的茶乡崇安县茶叶科学研究所。崇安县茶叶科学研究所（1989 年崇安撤县设市，遂更名武夷山市茶叶科学研究所，本文中简称"茶科所"），最初设建在武夷山的天游峰上。1960 年设立，不到一年就停办；到 1963 年时，茶科所所在的一栋小洋房已是荒草丛生，门窗破损，蛛网遍布。天游峰上本就无人居住，年轻的陈德华站在极度荒凉的茶科所门前，心绪茫然。如果不是因为还有一位同事做伴，那么武夷山茶科所今天的一切或许就该另当别论了。比陈德华年长十六岁的朱宝桂，原是崇安县县长的警卫员，刚好这年转业，被分配到县茶叶公司工作。这年 9 月，夫妻俩带着三个孩子从县城来到天游峰，硬是从茅草堆中整理出来一个"家"。朱宝桂的所为，不仅为武夷山茶科所的发展铺垫了前路，对于离开福建长乐老家的青年陈德华来说也是莫大的慰藉。

　　陈德华永远也不会忘怀那一幕：在清理破败的茶科所时，他们发现了一块长约 2 米宽约 25 厘米的木板，拭去满覆的灰尘，露出尚新的字迹"崇安县茶叶科学研究所"。自这块牌子开始，陈德华的名字就跟"茶科所"结下了半个世纪的情缘。茶科所在他手上完成了真正的创立和一系列的重大发展。从事武夷岩茶名枞品种的研究长达 40 多年，及

232

左：北斗岩茶研究所的院子里，刚从山里采下来的半天腰、水仙开始晒青萎凋
右：萎凋之后接着摇青做青，待自然发酵满室芳香，才进滚筒杀青机中高温杀青，中止发酵

至 1997 年退休后的这 10 余年，他还是被人尊敬地称为老所长。

我们随茶人们一样亲切地称呼他为"德华叔"。第一次与德华叔碰面，是在武夷山大王峰下兰汤村。年逾七旬的德华叔健步如飞，我们小跑至前问老人是否有晨练的习惯，回答：没有。又问：除了爱喝岩茶您还爱喝什么？答曰：花茶。言语干脆利落。德华叔带我们到他退休后与小儿子陈拯共同创立的"北斗岩茶研究所"品茶。坐定，取茶，煮上沸水，这才一一叙开。

陈德华先生 1941 年生于福州郊区的长乐县（今长乐区）。1959 年，陈德华初中毕业，跟大多同学选择师范专业不同，他报考了福安农校茶学专业（算是全国较早开办的茶学专业），被顺利录取；如今回想，他对于在就读的几年当中那些授课的学识渊博的老师怀抱着感激之心，而恰逢三年严重困难时期，他亦庆幸挨过了那段每天都感到饥饿的残酷年月——两个班上有 90 多人，毕业时仅剩下 53 人。彼时彼境，果腹且难，何以奢谈茶饮？但茶的精神世界里充溢前人播种的光，使之探索的心愈发显现。

1963 年 8 月，陈德华只身带着简单的行李，经过山路颠簸到达崇安县，在参加了近一个月艰苦的茶园"挖山"劳动后，他被正式分配到茶科所。转眼到了 1964 年春天，建所时新种的茶园已能少量采摘。做春茶时，陈德华和朱宝桂在天游道观墙边简易搭盖了一间约 30 平方米的房间作炒茶、揉茶场所，又整理出焙茶间和做青间。没有电，他们在蜡烛、煤油灯下第一次开始按传统的方式采制春茶。这也是陈德华第一次参加岩茶的初制，认识了水仙、肉桂茶的品质特征。1965 年采制春茶时，他又一次认识肉桂茶，年复一年，年年有不同……

二

从 1963 年到 1997 年，陈德华在茶科所的经历可谓"三进三出"。故事的背后，当然有着他与大红袍、与武夷岩茶、与武夷茶业的不解因缘。

1965 年 10 月，陈德华被抽调到邵武城关公社一个极为偏僻的生产队从事社教工作。一年后他婉拒了领导让他回到茶科所的要求。当时茶科所还在天游峰，没有资金也没有条件进行科研；再者，通过与基层的农民们相处，他也获得了一种体会，因为每天都面对着最实际的问题要去解决，农民们的智慧也都在实践中彰显。茶，得做出来，既然没有条件做，那就接触那些做茶的人。因此他回到了茶叶局从事茶叶收购工作，奔波于武夷山群峰之中。在此期间，他于 1968 年与南平地区茶叶公司陈清水一起，在武夷山天心生产队试验岩茶机械化生产，用柴油发动机带动锅式杀青机进行炒茶，并用揉茶机揉捻；1969 年，他在武夷山慧苑生产队茶厂推广电灯照明制茶，成为武夷茶区第一个推广使用电灯照明制茶的人；1971 年，他在桐木关三港茶厂进行小种红茶传统制作工艺的改良。起先采用简易土炉灶用萎凋槽形式焙茶，结果因为烟味不足停用；接着，又请来泥水工，利用地势高低，在屋外砌炉膛，将柴烟通过烟道引进室内以起到萎凋的作用，取得了很好的效果，这种方法一直沿用至今。

1972 年，他再度被领导指名要求回到茶科所工作。当时，茶科所已从天游峰搬到了六曲溪畔的晒布岩下，盖了一幢一千平方米的综合楼，用于制茶、办公和住宿。陈德华上任后，除了通电，最主要的工作就是扩建茶园，使九曲溪从八曲到五曲的沿溪两岸几乎都遍布茶科所的茶园。此时，茶科所科研基地、厂房、办公场所、宿舍，初具规模。

1973 年，陈德华决定把肉桂当作当家品种，在茶科所开始大量种植。这想法源于他初入茶科所的那一年。受条件限制，当时，他就在茶科所门口整理了一亩茶叶品种园，分三坪，写信到全国各地索要茶籽，用来引种全国各地的品种茶树。盲目的试种并没有带来很好的成效，他引进的云南大叶种茶树，长势喜人，却不能收获。此时，一生致力于武夷岩茶研究的前辈姚月明恰好陪同茶界的品种专家陈炳环来考察，陈德华便带领他们参观了小有规模的茶园。陈炳环先生看完，沉吟片刻后，说："武夷山，就要有武夷山的特色。"陈德华一下顿悟：茶树生在哪儿，就是因为它适应哪儿的山土，山土就是它的特色。他铭记在心，又积累多年的考察经验，开始在九曲溪两岸大面积种植肉桂，并在日后成为向全县（市）提供苗穗的主要单位，现在武夷山市乃至南平地区其他县、市种植的肉桂茶，几乎都直接或间接来自茶科所提供的茶苗或苗穗。

1982 年，茶科所再次迁址，从晒布岩下搬迁到御茶园。对武夷岩茶来说，茶叶科学研究单位重建在元代御茶园旧址，是一件很有意义的事。此之前的三年中，陈德华整理了武夷岩茶的名枞和单枞。他带领茶科所的科研人员走村入户，对武夷山名枞、单枞进行全面的普查，问遍了岩茶产地的所有茶场、茶农，踏遍了武夷山每一座产茶的山峰、山石，对一些奇异的茶树都进行详细记录和考察，并委托茶农育苗。这次规模空前的名茶普查工作，从留穗到育苗，共经历了两次，征集了 216 个名枞、单枞。陈德华带领茶科所员工在御茶园新建了五亩名枞、单枞标本园，因场地限制只选植了收集来的 165 个名枞和单枞。其规模、质量都是当年御茶园遗留下的茶园无法比拟的。茶科所的试验，仿如一场星星之火，形成燎原之势，御茶园也堪称武夷岩茶的品种基因库。

自 1982 年首次参加全国名茶评比以来，陈德华以茶科所名义选送的茶样，每一次都获得名茶称号。这也是陈德华苦苦寻索的，如何有武夷岩茶的特色——他只简单概括，武夷岩茶特有的"岩韵"，"香气馥郁具幽兰之胜"，其实也就是武夷山的地土香。尽管在正岩之外的地方也有人培植肉桂和水仙，甚至大红袍（整体量少，因对地点极为挑剔），但只要入杯，他一闻就能大致辨别出是否出自武夷，是否有武夷的"地土香"。

三

《茶经》记载：茶"上者生烂石，中者生砾壤，下者生黄土"。大红袍生长的环境，奇绝罕有。但在很多人看来，它依然只是存在于传说之中。谈及大红袍，德华叔的言表中夹带着更浓的激情。他这一生都值得以此为豪。1985 年这一年，无论对大红袍还是对他来说都意义重大。经过反复推敲，在征求茶叶界同仁的意见后，9 月底由他策划推出了小包装 15 克商品大红袍，面市后获得极大反响，并持续影响至今。而也在同年的 10 月，陈德华第二次离开茶科所，到星村镇政府工作。趁参加福建省茶叶研究所 50 周年所庆之际，德华叔向他的同学、省茶叶研究所培育室主任黄修岩私下索要了五株大红袍茶苗，带回"娘家"武夷山，秘密寄种在御茶园名枞标本园内。而该大红袍是 1964 年省茶科所以科研名义到九龙窠从大红袍母树剪穗繁育而成。"这件事呀……通过官方途径是完全没办法达成的，即使可能，流程也极为复杂。"2010 年，德华叔在回忆武夷山茶科所 50 年发展历程的文章中，谈及大红袍一节时，特别将"引种"一词打上了引号。我们解读德华叔的言外之意是，这次"引种"，说白了其实就是已经离开茶科所的茶人、武夷山市星村镇副镇长陈德华与同学黄修岩集体合谋的"盗种"行为。今天，整个武夷山茶区的纯种大红袍繁育也都是源自那五株"引"自省茶科所种在御茶园里的茶苗。

精心"策划"的"引种"之举，无意间成为武夷山纯种大红袍从星星之火到红焰燎原的开端。陈德华也成为大红袍星星之火的"盗火者"和"播火者"，成为茶人口中的"大红袍之父"。

前面的叙述中出现了一个时间差。也就是说，15克装商品大红袍包装茶出现的时候，里面并没有纯种大红袍。但为什么又能命名为大红袍呢？这正是陈德华需要再三推敲的地方。心下发虚，如果有人问，要怎么答。为此他准备了很多个答案。但是，当以此征询茶叶界专家意见时，几乎所有人也都支持他。最令人惊奇的是，最后也并没有人询问他预设的那些问题。没有人像他那么较真。今天来看这段历史，能肯定的是，商品大红袍的横空出世，缘自一份要给予武夷山茶农们以恩惠的天意。

因政府大力扶持岩茶，目前茶科所所属的御茶园亦被当地较具规模的茶企收购。当我们问起茶科所的现状，德华叔无奈地摇头。在一切以利当先的茶叶市场的忧心之中，德华叔仍然给了我们一些积极的回应："大红袍做得好的，有，不多；茶人还不够熟悉它，了解不够。""我去过安溪、广东、云南等茶区，他们做茶的情景我都看过，总的来说，我觉得武夷山做茶比他们更细致、更认真。不讲其他，光是我们武夷山做茶的工具，就比他们像样得多，像工艺品一样。现在武夷山做茶的人，也越来越认真。"

采访临结束时，聊起名枞是否越老越好，德华叔的回答是："不！有生命的东西，有它的自然规律。"问起肉桂最佳的年份，他不无遗憾："十年吧……但是，现在的肉桂，有点儿变味了……我曾经对它很熟悉，现在变得非常陌生。因为……树龄的增长，香型很多都变味了。"

我们追问下去，聊出了本文开头的一段，有关老同事朱宝桂。德华叔异常平静地叙说着："走了，今年刚走，89岁……走了。"亦惊觉，对于在一天当中好像回首了一生的德华叔来说，相较起在1964年春天的天游峰上，他和老同事初制的第一泡肉桂，味道也已相距甚远。

底层烧上好马尾松木，中层用松烟熏焙，上层萎凋鲜叶的传统"青楼"

桐木烟萝

如梅斯馥兰斯馨，

大抵焙时候香气。

鼎中笼上炉火温，

心闲手敏工夫细。

——【清】释超全《武夷茶歌》

焙间四面木壁，地板为竹篾所编，以便底层松烟能从烟道好慢透出

梁骏德的茶厂迎来一批新采的一芽两三叶，将用来制作传统正山小种

【闽东 闽北】

撰文：茶小隐　摄影：马岭

溯溪寻正山

从武夷山正岩区开车前往桐木，要一小时出头。九曲溪的上游桐木溪清碧而湍急，沿着武夷大峡谷狭窄的河谷辗转而下，溪间巨石垒叠，给乘橡皮艇漂流的游人增添了许多刺激。近溪流上半段时路上有关卡，过了关卡就属于武夷山自然保护区范围，数年前已不再接纳游客，只有和深居山内的桐木村民联系、报备，方可获准进入。和武夷山景区中那种盆景般的奇特山水不同，桐木一带峰更高，谷更幽，是真正的"深山老林"。满覆藤萝树木，水量极丰，时有大小瀑布从高处淌下，运气好的话还能在溪边遇见野猴。

山中，茶树东一丛西一簇长在静谧的坡地上，和树林杂草浑然一体。看上去很美，但漫山遍野的石头地，几乎没办法种出任何庄稼。而本地土生菜茶（学名称为奇种），在这样的土地上也只好漫无章法地播种茶果，根本不可能种成山外茶区那种整齐的茶垄。锄草和施肥都很困难。茶树在石缝间深深扎根下去，尽一切努力吸收养分。它们和正岩区的奇种菜茶同出一源，因风土缘故，几十年树龄也只能长到大腿高，叶形也小，做出的茶古时即称"小种"，叶内物质却非常丰厚。

桐木村所在的山区习惯上被称为"桐木关"，因黄岗山顶、福建与江西交界处的关卡得名。在大山的江西一侧，也有个武夷山镇，那里也属武夷山自然保护区，也种茶做茶，但风味与福建这一侧颇有区别。桐木村自古交通不便，天高皇帝远。如今300来户人家，通用江西铅山话，祖先有江西迁来的，有河南迁来的，这次我们甚至还认识了一家60年代才从浙江迁来的。桐木村民生计全靠山产。除了茶，最大的经济来源是毛竹、桐油。老茶师梁骏德还记得小时候母亲用毛竹灰煮碱水，卖给做肥皂的。1962年星村到桐木的

桐木关早年做茶，皆用脚揉，后改用水车带动的双桶式揉捻机，直到1976年买了部柴油发电机，桐木才有了电，村子才用上如今广泛使用的电动揉捻机

公路才开通，之前，为了买米面粮食，桐木人需要步行到山外，到江西黄坑的山路比星村镇还近。这个山村和外界联结的最重要纽带还是茶。茶业兴盛的时候，客商不畏道阻且长，云集而来；茶业衰落的时候，此地又仿佛被世人遗忘。这样的兴衰，几百年间已经历过好几番。

作为红茶的诞生地，桐木的盛衰当然是与红茶有关。首创金骏眉而名声赫赫的正山堂有两款高端产品，一名1568，一名1604，就是为纪念红茶创制和首次出口的年份而制。关于红茶的诞生，最广为流传的故事是庙湾村茶农因兵扰使茶叶过度发酵，遂采取补救措施，利用松木烟熏，居然制出汤色橙红亮丽，散发出桂圆香和松烟香的茶，这就是最初的红茶。很多学者都对红茶做过考证，但具体到什么人、什么日期发明红茶，一时还难以定论。17~18世纪，先有荷兰商人、后有英国商人，都曾大量采买武夷山茶，其中当然包括星村镇及桐木关所产。正是闽北这片山水间的茶，造就西人饮茶习俗。

英文中的"Bohea Tea"，专指武夷茶。早期英文文献中的"Black Tea"究竟是指红茶，还是更早明确成型的乌龙茶，还未有确证。但19世纪中叶，《崇阳县志》确凿记载了红茶制法。同时期，福州港开埠后，"Lapsang Soucong"这个新名词出现了，围绕这个新词的种种记载，也能证明先揉捻，再发酵，继以松枝烘干的红茶做法，确实源于星村、桐木等地。

"Lapsang Soucong"就是正山小种。这个词是由福州方言"松明熏小种"音译来的。有人把"Lapsan"译为拉普山，但其实并没有一座山名叫"拉普"。前一阵看英

庙湾村保存着生产队时期建的青楼，规模最大，一字排开十个焙间，底下四口灶眼，只要预约，各家都可免费使用

剧，里边出现牧师招待乡绅喝茶，客人告别时向女主人表示感谢说：我爱极了"Lapsang Soucong"那烟熏的味道。桐木较之山外的星村、岩区，地势更高，也更冷更潮湿。受天气影响，在桐木关出现了使用本地所产松木烘焙熏干的特别做法。毛竹林下石头缝里长出的茶树，高度发酵加上松熏，呈现出带烟味的"桂圆汤香"。传统工艺造成这种风味，外山红茶无论如何也模仿不来。英国人对烟熏风味并不陌生，苏格兰威士忌中用泥炭加热麦芽，也产生烟熏风味。他们尝到最初的红茶——正山小种，便极表欢迎。再后来，东印度公司派人窃取茶种、请茶工，先在印度阿萨姆种植成功，又推广到各殖民地，红茶变成了全球性饮料。这段波澜壮阔活色生香的红茶演义，源头正是桐木山里某位不知名茶师为补救失误，妙手偶成的一次茶艺改良。

桐木关山外的星村镇，在清中后期成为茶叶交易大商埠。红茶一经诞生卖得就很好，迅速引来无数模仿者，比如邵武、广信一带产的"江西乌"。为正门户，桐木红茶此时正式起名为"正山小种"，产区范围约等同今天的武夷山自然保护区范围。外地所仿，统称"外山小种"。外山中又孕生福建三大工夫红茶：政和工夫、白琳工夫、坦洋工夫，都在正山小种基础上另有创新。向北，红茶延展出祁门工夫，向南，抗战时期在云南发展出滇红工夫。

桐木茶农家家建有"青楼"。早年全木结构，最下层为烧松木的炉灶，以上三到四层，略比人高。地面木格栅上铺设篾席，可透热气和松烟。传统做法鲜叶收采即进青楼，先在上面几层加温萎凋，手工揉捻后再入竹篓发酵，最后摊放于底层的火道边温火焙干，整个过程要持续二十多小时。庙湾村保存着生产队时期建的青楼，规模最大，一字排开十个焙间，底下四口灶眼，只要预约，各家都可免费使用。鼓浪屿工美油画专业毕业的徐学东，穿着一身迷彩工作服，正在青楼上下走动，监制自家的传统小种，他已经连续好几个晚上没睡觉了，好在忙完这一季，就可以卖茶、画画。一边为我们打开正在加温的焙间，一边告诫摄影师："最多只能给你五分钟啊，要不这批茶就完了。"每一层紧闭的木门，制作中都不能随便开启，热气走失可能导致前功尽弃。这几年，桐木建起不少水泥楼房，木头也越来越难找，但青楼仍是必不可少的制茶设备，于是出现了木头柱、水泥墙结构的新式青楼，关坪村的胡家就有一座。

桐木所在山区设为自然保护区后，松木被禁伐，松枝越来越珍贵，许多人开始做不用松烟熏制的小种红茶。胡家九个兄弟姐妹都做茶，三哥刚做出的私房野茶就没烟熏，细嫩带芽，花香和蜜香都很浓郁。但老六还念念不忘传统做法，2011年的烟小种做得很好，2012年却找不到好松木，效果不尽如人意。他说，松木太湿或太干、松脂太多或太少，都焙不出最佳风味。传统小种从萎凋开始进青楼，烟味才能深入茶骨，形成柔中带刚的桂圆汤香。如果只是烘干阶段送进青楼熏一下，烟味浮于表面，几泡后就消失了。2013年他早早从江西物色了一批好松木，铆着劲要再做上佳传统烟小种。

桐木关这五六年处处兴建新房，又见繁华。咸丰、光绪年间，正山小种外销处于鼎盛时期，正山范围内就有99间茶厂，海拔2 000米以上的高山都曾被辟为茶园。之后，国内红茶产区渐多，国外印度、锡兰红茶崛起，再加上连年战乱，到1948年，正山小种产量跌到只剩3 000斤。新中国成立后，即便在以粮为纲的年代，桐木老老少少依然做茶，国人却喝不到。每年桐木产的几万斤干茶，全部被收进星村收购站，再拉到崇安县精制加工，按出口标准分级、切碎，用正山小种名义出口，给国家赚外汇。梁骏德就在这个时期开始学做茶，从脚揉的"原始工艺"起步，也见证了手动揉捻机和水车揉捻机出现。1976年江墩、庙湾两村合买第一台柴油发电机，机械才开始在制茶过程中代替人力，梁骏德也成长为知名制茶师傅。

那时山外人都觉得桐木远在深山老林，生活困窘，其实桐木人过得还不差。立夏开始采一芽两叶，大约二十多天到小满结束，从上饶等地雇来的采茶女工，采一斤鲜叶可挣五六分钱。而梁骏德这样的制茶师，一个茶季能拿400工分，每个工分合一块五毛多，在当时可是难以想象的丰厚收入。

这份自给自足的安逸，随着外贸部门不再包销被打断。80年代末90年代初，八块七毛五一公斤的价格，外贸都嫌贵不愿收购。村办桐木茶厂只好转为开拓内销市场，派业务四处推销。可这红茶鼻祖，竟然已无人识得。那时梁骏德背出去二十多斤茶跑遍华北，一斤也没卖出去，都说：你们这是什么怪茶，一股子烟熏味！就这样慢慢耗着，茶卖不出去，到 1994 年前后，老百姓的鲜叶只能卖到七毛钱一斤，连锄草工钱都不够，大部分茶园都荒芜了。情况直到 90 年代末有机茶受到欢迎，才有所好转。正山小种的生长环境，天然限制了农药化肥施用的可能，外贸部门终于愿意按有机茶价格收购，村里也有了自主出口权。江元勋就是在这个时期开办了自己的元正茶厂，傅连兴也盘下村办桐木茶厂，如今他们都是红茶界"大佬"级人物。但真正的转机，还是 2005 年 6 月金骏眉的创制。金骏眉完全由独芽制成，用花果蜜香的清雅，区别于传统正山小种的浓厚。这个品种的出现，为久已疲惫的高端茶礼市场注入新题材，天时地利人和，竟在几年间造出市场神话，送礼必送"金骏眉"。而正山小种也随之重塑声名，甚至所有红茶品系的复兴，都可以说和金骏眉脱不了关系。

金骏眉
原本是正山小种最高级别，2005 年创制，随即引发中国红茶复兴浪潮。采撷桐木正山奇种菜茶头春新萌独芽，6 万个以上方可制出一斤干茶。汤色蜜黄清亮，花香、蜜香优雅，虽清淡却可持久冲泡。桐木关原产金骏眉产量不大，坊间多为仿制。观察冲泡后叶底是否均为黄豆大小细嫩独芽，是简捷的辨别方法。

正山小种
晚清诞生于星村镇桐木关，公认为世界最早的红茶。传统正山小种需以当地特产马尾松木熏焙至干，产生独特的"桂圆汤味"。又因杂生于毛竹林下，微带"粽叶香"。茶汤稠厚，回甘持久。亦有不经烟熏工序的正山小种，汤色金黄，花果蜜香明显，更符合大多数人的口味。

政和工夫
福建三大工夫红茶之一，出自武夷北面政和群山。传统政和工夫，应以当地小叶种菜茶手工制作，并在后期加以手工筛选分级等精制程序。衰落多年，传统工艺几乎失传，现在多用政和大白茶，或更高产的福安大白茶制作。上等政和工夫色泽乌黑油润，毫芽金黄，滋味醇正而带糖香花香。

白琳工夫
福建三大工夫红茶之一，出自福鼎白琳，曾是正山小种外销的强劲对手。用福鼎大白茶或当地小叶种菜茶制作，以鲜爽的毫香著称。汤色、叶底艳丽红亮，因此又名"橘红"。

坦洋工夫
福建三大工夫红茶之一，出自福安坦洋，目前在内销市场知名度甚高。最佳者用坦洋土生菜茶制作，有类似正山小种的桂圆香气和醇甜滋味，呈薯香者则不算上品。

口述：梁骏德　整理：夏楠　摄影：马岭

【闽东闽北】金骏眉的故事

一

　　我父母都是桐木关人，父亲姓江，母亲姓梁，因为父亲是入赘，八个孩子中我和一个姐姐姓梁，另外六个弟弟妹妹都姓江。父亲是江氏家族第二十二代子嗣，族谱记载，江家是由河南迁到崇安（武夷山市），再到桐木江墩村。世代种茶、制茶。

　　我虚岁六十六了。十五六岁起就做茶。没读什么书，连小学也没毕业，桐木关像我这年纪的基本都是早早做事，要么做茶，要么卖毛竹。深山里也走不出去，因为计划经济年代你出去也没有用。1962年，星村到桐木的公路（星桐公路）开通之前，毛竹卖不出去。嫩毛竹砍下来以后，放在锅里烧，化成灰，做成碱水，有经销商挑出去卖，它可以用来制作肥皂。这在我父亲那一代还有人做，我看过他们在山上烧毛竹。这里的土壤种不了粮食，可以种玉米、黄豆和菜。1949年后，我们吃"商品回收粮"，用购粮证到星村买，每个人有限额。

　　早年做茶非常可怜。1949年后，每家每户都分到一些茶山，1952年成立"互助组"，把每家人的茶叶，称在一起，也一起来做茶。1954年成立初级社，大家的茶山合并起来，统一雇人去做，每个自然村都有一个做茶的地方，江墩村是在半山一个私人的房子里。茶叶卖出去，当时是三块银圆一担茶（一百斤）。60年代以后成立茶叶收购站，我们就卖给茶叶站，一斤毛茶干一块多钱，由星村茶叶收购站统一收购了再送到崇安县去精制加工。1982年，茶山又分到各家各户。

身为老茶师兼茶厂的厂长，梁骏德亲力监督每一件事。称鲜叶时，他会先俯身在篓中抓起一把来看个仔细

桐木茶发展到今天有四百年历史，在制作工艺上除了揉捻环节有所改变，其他还是按传统做法。原来是用一口大木锅，将锅放在地上，用脚来揉。直到1952年左右，张天福先生发明了一个"木桶"，算是原始的"揉捻机"，不再用脚揉，一方面卫生，另外也加快了速度。到1956年左右，利用水车带动齿轮，代替人工，半机械的揉捻机出现了。1976年，我们这里还没有电，就用柴油机，来带动55型揉捻机，桐木才开始机械揉捻的历史。好在我在当学徒时就对做茶很感兴趣，技术也掌握得快，二十一岁就成为生产队初制正山小种红茶的主要骨干，负责技术把关。每个生产队，做茶的人拿的工分是最高的。做其他事情一天10分，做茶是一天20分。茶季二十多天做下来，我在整个江墩村得最高分，400多分。一分是一块多钱，一年做茶就可以分到五六百块钱，很高喽！

以前桐木茶在采摘的时候是不分级别的。都是一芽两叶，初开面。红茶在初开面采就差不多，不能采太老，每年采一季，一般在立夏（5月3~5日）采摘，现在气温变暖，采摘的时间也越来越提前了。桐木的茶树都散布在山上，必须手工采摘，一到茶季我们就得雇人。这里靠近江西，一般就从江西雇人，一个茶季要雇两百多号人。采摘标准上，以前要比现在高很多，一芽二叶，非常标准，因为那时的人听话，也都是强劳力（16岁以上45岁以下）的采茶工，但现在能雇到的都是老太太，因为年轻姑娘都到外面打工去了。那时采茶工的付酬标准是6分钱一斤鲜叶，如果采得不合格，就是5分，最差是3分（叶子采长了）。现在，一斤鲜叶不低于4元。

鲜叶到厂以后，在青楼做全程烟熏。从萎凋做成毛茶整个过程连续需要二十多个小时。发酵过程要六七个小时，按传统工艺，自然发酵，不加温，也不加湿，如果加温加湿，做出来的口感绝对没有自然发酵的口感好。因为它是焖出来的，有一定的焖味。大概六七斤柴可以焙得一斤毛茶干。自从1979年成立自然保护区以后，我们这里的松树不能砍，就只能从保护区外买松木来烧，松木的质量也会影响烟熏的效果，也就影响茶的品质。小时候我学做茶就是按传统工艺，现在还是，但在烟味的处理上，比原来的要淡些（做出口的时候，烟味比较重）。做茶得靠实际去做，一年做，两年做，三年做，摸就摸会了。我全套工艺都会。现在很多桐木人还是叫我老茶师。

茶季之外的时间，我们挖茶山（除草），还在山上种玉米、米豆、黄豆和菜。现在茶叶市场好了，也没人种菜，都改种茶树。在桐木，就算在菜地里种的茶也是一样的。比如说武夷山的茶苗买来种在桐木，很多武夷山人就到桐木来买水仙鲜叶，有多长采多长，就因为桐木的土壤好，水好，口感就有桐木味。所以说真的是地理环境造就了我们，祖先造就了我们。

正山小种传统使用本地的马尾松烟熏，选材宜干湿适中，近年桐木
关保护松木，要从外地购买松木

二

　　正山小种的加工有一定技术含量，还要有技术设备，最后分成级别。它按出口标准
分为特级、一级、二级、四级。

　　1988 年，有个老书记，姓吴，他说："正山小种产于桐木，为什么我们自己不成立
一个精制加工厂呢？"所以建了桐木茶厂，等于是村办企业，把我调进去搞技术，搞拼
配和精制加工。桐木茶厂直到 1997 年左右，维持不下去了卖给一家私人企业承包。也是
源于 90 年代以后劳务费提价，人工高，茶价提高（当时报给外贸的价格，一级是 8.75
元 / 公斤），他们嫌贵。那怎么办呢？我们就坐在一起商量，看能不能走内销。在 1991
年以前，正山小种一两内销都没有。

　　我们做了一些包装，派业务到全国各地，反正见到卖茶叶的店，就放一箱两箱，那
叫代销，不是经销。年底去收钱的时候，店不在了，人也找不着。所以 1991 年我们亏得
一塌糊涂。我也曾被派到北京做推销，后来我还去到内蒙古。每天背着二三十斤茶叶推销，
泡给他们一喝，说："呃！这个是什么怪味！这个有烟的茶难喝死了。"当时我们住在
条件非常差的旅社，一两茶也卖不出去，就跟旅社的人讲："我拿两斤茶叶给你，就不
要算钱？"他们说："不要不要！这个东西喝不来。"……我们又一路到宁夏，又从宁

夏到河南郑州，到江西南昌，回来，二十多斤茶走了一圈也没有人要。

1993 年的情况就更糟，处于滞销状态。卖不出，还得求外贸。在 1994 年以前，正山小种都是调到福建省茶叶进出口公司，由他们收购去出口。这之后便允许我们独立出口。但这年很多茶山荒芜，毛茶骤减到六万斤。那时包括武夷山人，如果不是茶叶界的根本不会知道正山小种是什么——还是墙内开花墙外香啊。

桐木茶厂被收购后，他们要留我做技术，我一直做到 2000 年。2001 年江元勋成立了元勋茶厂，他又把我请去做技术。到 2008 年我建立了自己的骏德茶厂，儿子也帮忙一起打理。到今天，桐木关也已经有好几座茶厂了。

这中间发生了两个转折性的事件，其一就是国外开始对从中国进口的茶叶实施农残检测（1999 年左右），外面很多茶叶过不了关，但桐木的茶是有机的。这以后，外贸来找我们收购茶，就按有机茶的标准，所以价格一下提上去了。还是归于桐木的生态，幸好早在 1979 年就设立了自然保护区，让茶叶的生长环境没有受到破坏。其二就是金骏眉的创制。可以说金骏眉的出现带动了整个红茶的市场，正山小种也大量销往国内，桐木关也被越来越多的中国人了解、熟知。

三

2001 年，我认识了北京的两位朋友，张姓和阎姓（两位先生）。他们是玩茶的人。其中一位，在北京飞往武夷山的民航第一次试机的时候来到了武夷山，1999 年第一次进入桐木，说"这个地方比武夷山还要好"，自然也爱上了正山小种，此后每年都要到桐木来。当时的正山小种按出口标准有四个级别，他们提出能不能做出比特级质量更好的产品。自此以后，我每年从特级里提取精品。

一直到 2005 年 6 月 21 日下午，我采摘了 2.6 斤鲜叶，用全部的芽试做。当时晚上就开始萎凋，他们开玩笑说，加班做，我煮点心，买茅台酒和你喝。我说，除非你们开车到武夷山去买，桐木买不到茅台。就这样，他们陪着我做到凌晨 2 点多才萎凋好。我在想，放哪里揉捻最好？最后看到有块玻璃，我想，放在上面揉捻不会产生茶芽的破损。揉好后已经凌晨 3 点了，正好睡觉时间是发酵过程。到 22 日早上 9 点开始烘干，等他们起床正好烘干结束。他们一看，用一种喜悦的目光看着我，高兴地说，烧水马上冲泡。冲泡前干茶有蜜香、果香、条索紧结、光滑、细小、很像眉毛；汤色金，滋味甘甜、嫩滑，他们说："老梁，你给茶叶命个名吧。"我开玩笑说，你们喜欢怎么叫就怎么叫。他说，是你亲手做出来的，把你名字的"骏"字用上，干看时很像眉毛，就叫骏眉吧。他们马上用秤称了 10 克，换算知道 1 斤骏眉需要 58 000 粒芽。

22 日接着采摘鲜叶（芽），但没有及时加工，到 23 日早上才做，成品出来后，外形都一样，可是蜜香、花香没了，口感也是差很多。正因为萎凋时间不一样，自然温度也不一样，所以造成内质的差别和失败。23 日采摘的鲜叶还是按 21 日晚上同样的方法做，成功了，一周后采摘一芽一叶，在传统工艺正山小种工艺上，有所改进，一泡成功。一芽一叶做好后，正式命名：一芽为金骏眉，一芽一叶为银骏眉，一芽二叶为小赤甘（当时的铜骏眉，后更名小赤甘）。

关于金骏眉，网上有很多不实的传说，说试制了上万次才成功，没这个事！ 2008 年开始，外面也有人陆陆续续做金骏眉了，它现在就成为一个"公共产品"。

不过话说回来，如果没有全国各地都在模仿金骏眉，它的知名度也没有这么高。大家宣传的也是"武夷山桐木金骏眉""武夷山桐木正山小种"。但毕竟，大家有一个共识，真正的正山小种是来自桐木的。如果靠我们这几个人来宣传桐木茶，是很难的，所以人们的口碑很厉害。也有人问我："你教我如何识别真假金骏眉。"我说："你第一句话就错了。不能说假，只能说不是原产地产的。都是茶树上的叶子嘛，哪有真假，只有是不是桐木原产地产的区别。"

市场混乱，对我们也有影响，你说全国这么大，这么多喝茶的人，哪能每个人都喝到桐木的金骏眉？喝不到。2009 年以后，进来桐木开厂的人也变多了。中国社会就是这样。

桐木关的环境很简单，也很生态，在这里做茶，身心都感到宁静。当然，做茶也是一个较为枯燥且十分艰辛的过程，如果没有一个始终坚持下去的理念，一般人恐怕无法长期地承受这种寂寞。

『红色液体』的
神秘历史

撰文：李博

　　第一次到桐木关，已是二十四年以前，那时茶对于我，还是父亲每天保温杯里闷熟的茶香，也是渴极了才会去喝已经冲泡几回后温淡的茶水。那时的正山小种当地人是不喝的，甚至桐木关的人也不喝，茶对于他们，远没有毛竹重要，每年春季做些茶只是补贴家用，野茶无人问津，年复一年。

　　记不清从何时起，家里开始摆上茶案子，添设紫砂壶或者白瓷茶具，还有或大或小的茶叶罐；也记不清从何时起，孩提时玩伴耍把戏般给我表演"武夷茶艺"，告诉我"关公巡城"和"韩信点兵"。二十多年前我还在北京读大学时，崇安县（现武夷山市）政府在京城五星级宾馆"港澳中心"召开发布会，我还假惺惺地安慰前来表演茶艺的小姐不要紧张，"焚香敬器"环节点香时手一定不要发抖。身边的同学和朋友近几年一个个投身茶界，日子一天天好起来，不时和我笑谈起今天的茶界高人们当年的事……而我自己，自2011年一头扎进旧书堆，就怎么也浮不出来了。微博昵称也唤作"茶傀"，不谈风月与工作，做一茶"票友"，甘心"为茶所驱"。也许，这就是我与茶的缘分。

　　很多茶人和我说，武夷山茶的水很深。遍布三菇和市区的城镇茶馆或茶叶店里，某个角落的茶案边，景区的某条小径上，大红袍的故事正在开讲，岩韵的秘密正在揭开，桐木关的神话正在传说……这里自古就是茶的圣城，住着茶的子民，呼吸着茶香弥漫的空气，影响着茶叶的历史，书写着茶的传奇。武夷自古茶事可以说的太多，茶研究者说的也已经很多。我就专门说说我对乌龙茶（乌茶或青茶）和红茶发明的看法。

　　我赞成安徽农业大学丁以寿教授对于武夷茶历史的总结："武夷茶始于晚唐，盛于

19世纪，福建厦门郊外内河码头上繁忙的茶叶交易

元，继于明，复兴于清。"南宋至元代是武夷茶第一次辉煌，第二次出现在明末至民国，最近十年武夷茶再次声名大噪。有确切茶史记录的一千多年来，武夷茶起起伏伏，以"甘晚侯"身份现世，历大宋斗茶的熏陶，蒸青团茶显赫于元皇室，明末清中惊艳于乌龙茶和红茶的发明，开创工夫茶之源头，影响着世界茶叶的格局。

我认为，乌龙茶出现在先，红茶在后。过去工艺创新的难度是非常大的，如同很多伟大的发明一样，茶类的创新，往往都是意外事件。如果考虑历史背景，几乎没有人会去主动创新，那个年代的创新，尤其是食品饮品领域，甚至意味着"死亡"。

乌龙茶的核心是"半发酵"（氧化），萎凋和做青之后还是杀青，依然脱胎于绿茶的原始工艺，只是杀青前增加了工序，许多客观条件限制或意外是容易导致这种茶类的诞生。红茶的出现则更具思维突破，从理论上推断，红茶是乌龙茶工艺的变异或简化，是乌龙茶制作中意外的副产品。从这个意义上说，乌龙茶和红茶产自同一个地方，也是很容易解释的现象。

从可靠的史料分析，宋代北苑的龙团凤饼工艺的记载中，已经若隐若现些乌龙茶的影子，揭开历史之谜的钥匙，则来自明末清初周亮工（1612—1672）的《闽小记》。明朝和尚皇帝朱元璋罢龙团兴散茶后，相当长时间内，武夷茶处境尴尬，尤其是以松萝茶为代表的炒青绿茶工艺的兴起，使得还沉醉在蒸青工艺辉煌的武夷茶，一度沦落为宫廷洗涤茶盏之用，颜面尽失。1647~1654 年，周亮工协助清廷镇压福建人民抗清，其间在闽北了解了武夷茶的制作工艺。《闽小记》记载，崇安县令殷应寅从安徽首招黄山僧引入松萝制法，以炒代蒸，色香味俱佳。但炒青的"武夷绿茶"叶色"经旬月仍紫赤如故"，被他归罪于"烘焙不得法耳"。更关键的证据是其中的《闽茶曲》："雨前虽好但嫌新，火气难除莫近唇。藏得深红三倍价，家家卖弄隔年陈。"今天武夷茶商经常以此证明岩茶的老茶价值，却往往忽略了其后的自注。"上游山中人不饮新茶，云火气足以引疾。新茶下，贸陈者急标以示，恐为新累也，价亦三倍。闽茶新下不亚吴越，久贮则色深红，味亦全变，无足贵。"我的理解是：武夷茶引入当时最时髦的松萝炒青做法不成功（或不彻底），由于茶菁（鲜叶）出现一定程度的萎凋，同时杀青不彻底，出现新茶尚可与吴越绿茶分庭抗礼，甚至美其名曰"武夷松萝"，也得到晚明文人墨客的推崇，但几月后或经年，既炒既焙"火气足"的武夷茶"则色深红"，已无意间出现乌龙茶的雏形。对绿茶时代的中国人而言，"味亦全变，无足贵"的评价再正常不过。我也注意到"雨前虽好但嫌新"的说法，在越早越好和越嫩越好的绿茶思维中，这样的描述已非常超前。之后，1713 年王潭《闽游纪略》也提到："闽俗茗饮，却新嗜陈。"

为什么武夷茶在绿茶时代会出现叶色"经旬月仍紫赤如故"，原因在于茶园多在偏僻的高山丘陵中。过去是纯人工采摘，山路崎岖，往往采茶人清晨带着食物上山采茶，傍晚才回去加工茶菁。武夷山四五月的温度，及茶叶在搬运过程中的相互摩擦，导致杀青前茶菁已不知不觉完成萎凋和一定程度的发酵。2004 年桐木关将加工正山小种的一芽一叶按照龙井茶工艺加工为绿茶，成品茶香气高扬，有板栗香和花香的特点，耐泡性强，适口性佳，唯一的遗憾就是一段时间后（在桐木关一周，在北方可保存一个多月）茶叶出现变色，出现深褐色或灰黑色。虽然茶汤仍保持绿色，已经失去作为绿茶开发的意义。这次三百多斤的实验，侧面证明了《闽小记》中反映的问题。这次考察特意去武夷山仙草岩公司的生态茶山体验了采茶作业，留意到地处偏僻、交通不便的茶山，手工采摘的鲜叶每天也只能分两次运走。中午时分由司机把午饭送至山上，然后把上午采摘的鲜叶集中运下山，再由车辆载至工厂加工。

现代意义上的乌龙茶在史料中出现完整的工艺描述，以曾任崇安县令的陆廷灿《续茶经》（1734）所引用王草堂《茶说》（约著于 1717 年）最为明确。"茶采后以竹筐匀铺，架于风日中，名曰晒青。俟其青色渐收，然后再加炒焙。阳羡芥片，只蒸不炒，火焙以成；松萝龙井，皆炒不焙，故其色纯。独武夷炒焙兼施，烹出之时。半青半红，青者乃炒色，红者乃焙色也，茶采而摊、摊而摝（振动），香气发越即炒，过时、不及皆不可，既炒既焙，复拣去老叶及枝蒂，使之一色焙之以烈其气，汰之以存精力。乃盛于篓乃鬻于市。"

一般情况下，这种渐变性的工艺突破过程，史料记载的内容会比实际推迟一段时间。推定乌龙茶于明末清初发源于武夷山，是比较合理的。今天武夷岩茶的工艺仍遵循这套原始传统的乌龙茶工艺，传承三百多年。

为什么桐木关首创的正山小种才是红茶的鼻祖？首先需要说明，桐木关的茶叶在清朝以前没有文字记载，正山小种的确切记载甚至出现在民国资料中。由于产量少，地处偏僻，红茶发源地在绿茶时代默默无闻。其次，红茶工艺的描述在国内史书中出现得很晚，约为19世纪中期。国外早期一些书籍传记中提到的"红汤"甚至"红茶"，不能作为红茶出现的时间表。当时中西方并未形成学术意义上红茶的观念，只要茶汤是红的，都可能称为"红茶"或其他别称，容易造成概念上的混淆。

正山小种红茶的诞生，无法绕开一个有趣的故事。明末清初时局动乱，桐木关是入闽的咽喉要冲。当时一支军队进入桐木关的庙湾，占驻茶厂，士兵甚至睡在茶菁上。茶厂待制的茶叶无法及时烘干，变软变红并发黏。军队走后，茶农为挽回损失，决定把已经变软的茶叶搓揉成条并采取当地盛产的马尾松木加温烘干，原来红绿相伴的茶叶变得乌黑发亮，形成特有的浓醇松香味，即桂圆干味。茶农把它挑到45公里外的星村去卖，竟得到喜爱，价格高出原来茶叶好几倍。这是一个很懂红茶制作工艺的人编的故事，故事版本不断升级以自圆其说，但值得肯定的是，正山小种也正是由意外产生的。从当时桐木关的茶叶产量、人口和知名度诸多方面而言，历史上此地茶工艺应是追随崇安的星村，也就是说，桐木关之前也一定是生产绿茶，其后也跟随加工乌龙茶，由于地理位置和小气候的特殊性，红茶最终诞生于这个偏僻的小山村。

那么为什么是正山小种？这个问题还是得从传统工艺中找蛛丝马迹。初制工序：采摘（茶菁）—萎凋—揉捻—发酵—过红锅—复揉—熏焙—复火—毛茶。正山小种传统工艺中独特的"过红锅"，即把发酵过的茶叶放在200~220℃的锅内，经20~30秒快速摸翻抖炒，使茶叶迅速停止发酵，提高香气，丰富茶汤滋味。对比武夷岩茶和其他后续出现的红茶工艺，"过红锅"独有的工序还是透露出正山小种的身世，也说明其作为红茶开创者在工艺变异进程中残留的乌龙茶加工的痕迹。另一个重要的突变基因则是更为大逆不道的"烟熏"工艺，也就是今天所说的"烟小种"。桐木关盛产马尾松，我们不能简单理解为茶加工的干燥环节就必然使用。例如，在茶叶加工漫长的历史中，并没有出现"烟绿茶""烟白茶"等品类，这是与传统观念尖锐冲突的做法。即便是根据干茶气味吸附性强的特点再加工，古人也是更自然地选择鲜花等来窨制，产生花茶这样有外来美妙香气的再加工品类，绝无可能想到使用马尾松木。为什么世界茶品万万千，唯独正山小种使用并保留"有悖常理"的烟熏工艺？这恰恰证明其红茶创始者的身份，并透露出茶类历史中工艺重大突破的意外性。我觉得是桐木关在加工乌龙茶时发生了某种意外（也许只是睡过几小时），半发酵过程变成全发酵（或者类似东方美人茶重度发酵），即便通过"过红锅"（最初想法还是杀青）去补救，但是为时已晚，香气和滋味已发生完全改变，不得已尝试使用烟熏来遮味，鬼使神差在烟雾腾腾中红茶诞生了！

"烟熏遮味说"只是笔者的一种假设，从茶叶正史上看，需要从北宋的建安北苑说起，依然需要从商品最基本的经济属性——成本说起。从这座中外历史上规模最大的皇家茶焙所的各种记载中，隐隐约约地透露着发酵茶发源的雏形。庆历年间，以北苑为中心的闽北一带，官私茶焙达到 1 336 座，官焙仅 32 座。当时加工龙团凤饼最后一道工序为"过黄"，即用烈火烘焙，再用沸汤熏蒸，反复烘熏三次，第二天再用温火复烘。"官焙有紧慢火候，慢火养数十日，故官茶色多紫。民间无力养火，故茶虽好而色亦青黑。"官焙可以不计成本使用无烟炭火，私焙则是无法做到的。如《品茶要录》所载："然茶民不喜用实炭，号为冷火，以茶饼新湿，欲速干以见售，故用火常带烟焰。烟焰既多，稍失看候，以故熏损茶饼。试时其色昏红，气味带焦者，伤焙之病也。"那么这种"带烟焰"的干燥手法，为什么自宋代在闽北出现，最终唯独化石般保留在武夷山桐木关，目前则无任何论断和相关研究，笔者认为这与桐木关相对封闭的环境和潮湿的气候有密不可分的联系，相信 4~5 月份去过桐木关的人，会对此有深刻的感受。

红茶出现的确切时间已无法考证，可以确定的是晚于乌龙茶，合理时间应在清朝中期（18 世纪中后期至 19 世纪初期）。

在强大的绿茶思维和两千多年顽固的绿茶嗜好影响下，除了花茶（也是使用绿茶坯窨制），其他类别的茶几乎是无法生存和发展的。要么接受绿茶招安，要么选择灭亡。除了一种可能，那就是为了交易。以西南边陲云南的普洱茶为例，十年前绝大多数云南人还不知普洱茶，喝的也是滇青绿茶，而过去的千百年间，普洱茶人背马驮，历经千辛万苦，通过茶马古道远销给西北少数民族，近代才转入香港和潮汕等地。同理，发源于武夷山的乌龙茶和红茶，正好遇到地理大发现之后的中西方首次碰撞，南美洲银矿的持续开采提供了交易的可能，使得对绿茶没有先入为主观念的欧洲人，慷慨接受了来自东方的"红色饮品"，也让乌龙茶和红茶幸运地得以生存发展。

中国与欧洲交易的"红色液体"到底是什么茶？19 世纪以前，几乎可以肯定是乌龙茶（武夷岩茶和闽南乌龙），而不是红茶。即便有正山小种红茶雏形，也只占很小的比例。以往一直出现在欧洲采购单上的"小种"，其实是一种武夷岩茶（乌龙茶），而不是正山小种红茶。清人刘埥，雍正十年至十二年（1732—1734）为崇安县令三年，他在乾隆十九年（1754）刻版《片刻余闲集》中写道："武夷茶高下共分两种……岩茶中最高者曰老树小种，次则小种，次则小种工夫，次则工夫，次则工夫花香，次则花香……"
福建三大工夫红茶（坦洋、白琳和政和）均出现于 1850 年前后，正山小种正式的英文名
称"Lapsang Soushong"也只出现在 1878 年。

由于未形成对茶分类的统一观念，乌龙茶在相对长的时间内一直被当作红茶销售，
从清末民国资料中，仍然能看到闻名天下、创制于 1875 年的祁门红茶，经常被标注为"祁
门乌龙"。1662 年葡萄牙公主凯瑟琳与查理二世婚礼上高高举起的杯子，几乎可以断定
那是一杯绿茶，些许可能是武夷岩茶，但绝对不可能是红茶。欧洲（尤其英国）津津乐
道的红茶史，在 19 世纪以前，其实就是福建乌龙茶外销的历史，一个以讹传讹许多年"红
色液体"的历史。

想想今天茶界的恩怨纠纷，多多少少总能在历史中找到相似的影子。毕竟，今天
的一切，也终将成为中国茶历史的一部分，放在两千多年的茶历史中，又算得上什
么呢，一朵浪花而已。

X

闽南

【闽南乌龙】

原乡的繁华与哀愁

回到土地

西风独自凉

禾怕寒露风

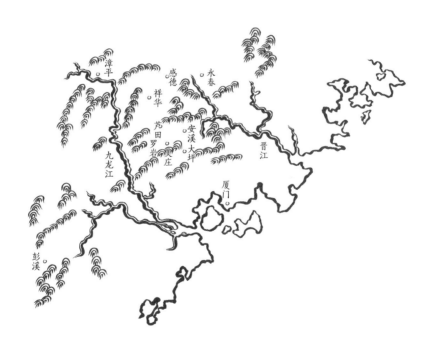

厦门－大坪－罗岩－美庄－芦田－祥华－感德－安溪－永春－漳平－彭溪

大坪村，高金清在检查做青完成的鲜叶，准备杀青

闽南青润

活火新烹涧底泉，与君竟日款谈玄。
酒须途醉方成饮，茶不容烹却是禅。
闲·白云眠石上，闲随明月过山前。
夜深归去衣衫冷，道服纶巾羽扇便。
【五代】詹敦仁
《与道人介庵游历佛耳，煮茶待月而归》

安溪芦田镇三洋村，是梅占的故乡。村边一角，古朴民居和茶园构成恬静的乡村画面

【闽南】

原乡的繁华与哀愁

撰文：茶小隐　摄影：马岭

铁观音

感德素有"铁观音第一镇"的名声，一条长街贯穿头尾，两侧除了几间杂货铺，都是卖茶的。气派些的置了根雕茶桌，悬挂牌匾，简陋些的只摆张铝制试茶台，一溜盖碗一壶开水，连招牌都未必有。眼下正是寒露前后，"正秋茶"最佳采制时节，茶农或茶贩在镇街上临时租间商铺，络绎不绝地往来四周乡间，收集初制好的带梗铁观音毛茶，再转售给全国各地来收茶却不知如何找到真正茶农的茶商。这般熙熙攘攘的盛况，在铁观音兴盛近 20 年的历史上，陆续由"外安溪"较低地势产区如西坪，向"内安溪"较高海拔产区的祥华、感德转移，听说这两年热点已经转向更深处的龙涓乡。有点名气的茶农，根本不需要下山卖茶，一做好就有人在家门口拿着现金收购，好年景持续了许多年。2013 年，普通毛茶价格下跌到不足一百，甚至三五十元一斤，整个地区的人既感到在预料之中，又颇不习惯。当然高品质的茶、著名茶师做出的茶，价格还能挺得住。

由古至今，安溪都不算宜于农耕的富庶地方。戴云山脉东南坡这片丘陵山地，平坝甚少，土质偏酸。闽北唐宋时广泛植茶，闽南亦跟进尝试，明崇祯年间的《清水岩志》上说："清水高峰，出云吐雾，寺僧植茶，饱山岚之气，沐日月之精，得烟霞之霭，食之能疗百病。鬼空口有宋植二三株其味尤香，其功益大，饮之不觉两腋风生，倘遇陆羽，将以补茶话焉。"影响了整个茶叶生态的半发酵乌龙茶制法，则要到清代中晚期才诞生出来。

关于乌龙茶由何处起源，有主张武夷者，也有主张安溪者，各执一词。乌龙茶、红

261

大坪乡萍洲村村民们的日常一刻。一边下棋，一边泡茶，在我们经过时特意邀请我们喝一杯

茶，谁先谁后，亦无定论。乌龙茶要通过摇青碰撞和摊青静置交替，让茶叶边缘破损，从而发生酶促氧化反应，完成一系列神奇转化导致茶香千变万化。可以肯定的是，在这种制作法发明很久以后，由于各地工夫红茶出口受新兴产地印度、斯里兰卡冲击逐渐衰落，乌龙茶，作为吸引外商注意的新品种，才步入大规模生产。与通商口岸厦门地理相接的安溪，自然有天时地利。其中雍正年间西坪尧阳村由野生茶树优选培育出的"铁观音"品种，因品质卓越凸显，随着移民大潮远播南洋，东渡台湾。由安溪开到香港，百年来名声赫赫的尧阳茶行，招牌就出自铁观音原产地。

　　由厦门同安翻过分水岭，便是安溪最南端的大坪乡萍洲村。大坪镇曾是繁华一时的区域交易中心，至今存留的老街上，一间间老字号商铺、茶行的名号在斑驳的骑楼墙上仍然依稀可辨，偶尔还能发现弃置的老式焙茶炉。台湾木栅张姓，当年便由此地迁居，又在返乡往来之中，带去铁观音茶种，保留下颇为古早的味道。内穿背心，白衬衫扎进皮带，扣子整整齐齐扣到第二粒，在大坪颖昌茶厂见到的张成璞老先生，年过八旬还是一副朴素儒雅的老式装扮。20世纪50年代初，张成璞先在大坪茶叶收购站做勤杂、送信，然后被正式招进安溪茶厂，从管仓库开始，包装、审评、收购，所有工序一道道做过去，直到 1977 年担任副厂长直至退休。那个年代，安溪铁观音主要还是为了出口赚取外汇，作为农副产品，由农民加工成毛茶后再统一收购到茶厂，分级精制。连接各村镇的公路开通以前，需要雇请工人翻山越岭，将毛茶一担担挑到西坪镇，单程五六个小时以上。直到 70 年代，张成璞的儿子张颖聪去虎邱镇上中学，每个周末还得披星戴月走几小时山路赶到学校。安溪茶厂出品的"凤山牌"只有三大品类：铁观音、色种和乌龙。铁观音价格最高，从近 2 块钱 1 斤到 3 块多，还奖售粮食化肥，交 100 斤茶可以买 80 斤粮食。本山、毛蟹、黄旦等品种，统称色种，特级收购价才 9 毛多。青心乌龙、矮脚乌龙、软枝乌龙之类便称乌龙。

一些重要的工艺改变在那几十年中逐渐推进。闽南乌龙独特的包揉工艺，目的是为了让茶汁溢出叶面，一冲泡就有茶色却又不会迅速涨开，更耐泡。从最初手脚并用的团揉，变成用布包起来揉，再变成木制手推式包揉，直到电动包揉机出现。60 年代发明的无烟灶渐渐取代烧木柴的焙炉，成为主要的烘焙机械，再到 80 年代被电焙即机械代替。但传统工艺的关键一直没有变，就是充足的摇青、发酵。

究竟什么是传统铁观音？这是我们到安溪，最想了解的问题。张成璞说当年国家标准外观要求"蜻蜓头、田螺尾、青蛙皮、铁板色"。也就是铁板烧热冷却后赤褐带点乌蓝的颜色，皱如蛙皮，还得挂上柿饼那样的白霜。内质要红镶边，发酵到位，必须四次摇青，根据茶菁的情况决定轻重长短，把茶梗中的水分均匀输送到茶叶中去，让香气饱满散发出来。在平和县遇到下乡和老茶农聚会的漳州茶厂原总技师张乃英老先生说："现在想找一泡传统铁观音，没有地方找。"一辈子和闽南乌龙打交道，他认为乌龙茶就是乌龙茶，不是绿茶，原料是基础，晒青是重点，做青是关键。一定要经过反复做青，香气才会出来，重摇一两次就以为能走捷径达到效果，是不可能的。好的铁观音，砂绿显，红点明，叶带白霜三节色，还要乌润亮泽。开汤茶色金黄，不是流行的青白。入嘴香气长耐、韵长。最后看叶底，又软又亮，摸上去像绸缎，带着红镶边，就是好茶。"如果不找回传统做法，铁观音会做死掉。"老人家声如洪钟，言之凿凿。

老先生的记忆中，传统铁观音工艺发生重大改变是在 1996 年前后，台湾几家茶商带来"清香型"的做法：制茶间装空调，保证 18~21℃的恒温条件，摇青次数普遍减少到三次，力度也减轻。与之对应，最后一次摇青静置，不再按传统做法香气达到顶点时"该杀就杀"，而是"养"在空调间里，让茶菁在低温下继续"发酵"。头天下午晒青，夜里摇青，第二天上午杀青，就算偏向传统的"正味"。下午到晚上才杀青，称为"消青"。第三天上午才杀青，叫"拖青、拖酸"。偏传统的做法，兰花香蕴含在醇厚的茶汤里，不那么夺人。新做法干茶和汤色都青绿得多，第一泡香气清冽，拖得越久，越会带酸甜味和青草味。说得更形象一点，"清香型"就是更像绿茶的铁观音，必须放在冰箱里才能保存香气，否则氧化速度会比传统铁观音快得多。随着安溪政府几次进京举办茶王拍卖等活动，这种风格迅速风靡原本只喝香片、绿茶的北方市场，甚至让许多不太了解乌龙茶的消费者以为乌龙茶就是铁观音，铁观音就应该是清香的味道，再烘焙一下有火香了，便是所谓浓香型。

新工艺激起的市场反应，吸引整个安溪境内的茶农投身其中，如何做出更绿、汤色更白的茶，一时竟成为新极品茶的标准。更省力的机械也被发明出来，比如以抛物线运动大力摔打干燥后茶包的甩边机，作用是甩掉传统"绿叶镶红边"的红边，让茶汤颜色不会发红，泡出的茶底青绿却边缘破碎。从废品液压机脱胎而出的"压机"，一次能把上百斤茶菁高压成块塑形，不用再反复数十次在包揉机速包机之间往返。瑞利茶业的老板陈朝财还专程请潜艇专家帮忙，新发明了一种"真空冷冻干燥机"，就是干燥程序不再经过热烘，直接像方便面里附赠的冻干蔬菜包一样低温冻干，最大限度保留叶绿素。这些机械的出现，很大程度上减轻了茶农的工作强度，但也让年轻一代觉得怎么省力怎么来似乎是理所当然的。

制茶工艺全面转型，原料也发生了巨大变化。原本茶叶种植只是安溪人的生计之一，此外还要靠粮食和林木谋生。铁观音行情看涨，其他作物纷纷给茶园让道。2006 年以前，只要自家开辟出茶园，都归个人所有。于是在安溪境内一眼望去，梯田般的茶山连绵不尽，林木远远少于茶树。又因新茶树做出的茶香气更高，一度茶树长到三四年就全部更新，没有耐心等到茶树长到滋味更醇厚的树龄。政府近年也开始强调恢复植被生态，禁开新茶园，新枞更替也渐渐减缓下来。但破坏容易恢复难，茶山上多年来只剩下茶树，不依靠农药抑制病虫害，不依靠外来肥料补给营养，又如何往复循环？

盛极之中隐藏的忧患，并不意外地从发现农残开始引爆。普通茶客希望确保茶的安全，老茶客想找回传统的味道。在继续制作仍然是大宗的清香型铁观音同时，陈朝财也敏感留意到风向变化，早早介入有机茶园种植。通过提供间植于茶园的桂花等经济苗木和资金支持，他成为虎邱镇新康、战旗两片获得有机认证茶园的大股东，正设法让二者连接起来。入山所见，杉木等林木仍然保留许多，茶树比通常所见瘦小，茶垄常被杂草覆盖，整体观感比常见那种除了茶树便童山濯濯的产区苍润得多。貌不惊人的茶园，其实隐藏了许多精心，比如山顶引泉水为池，每一垄边都设有可控的龙头。一泡今春铁观音喝下来，我们尝到类似台湾高冷茶细腻甘甜的滋味。这样的有机茶园，安溪已经自发出现了十几处。

祥华旧寨村的陈双算，人称"鸭母算"，做茶名声很大。1984 年安溪首届茶王赛拿到冠军后，他的茶从来价高不愁卖。猪肉只要一块二一斤的年代，他做的茶至少 1 200

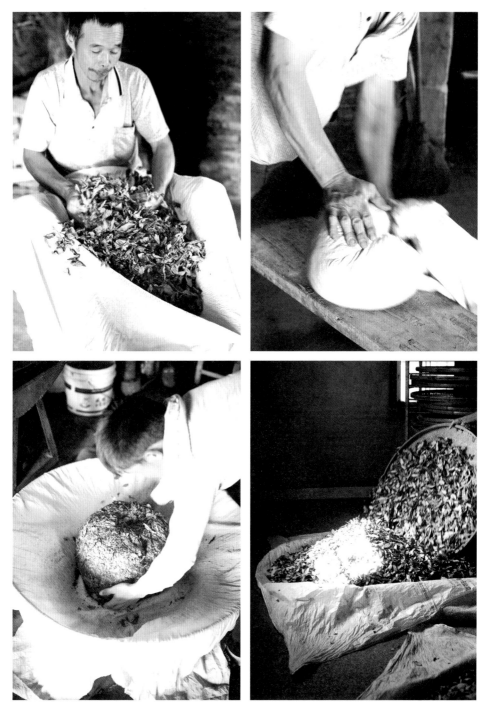

上：大坪乡萍洲村茶农张海坤演示传统铁观音如何利用一张长凳，手脚并用包揉成型

左下：女婿高金清这一代早已告别手揉，用机器速包、揉捻

右下：张家晾青间里，昨夜做青的茶，准备杀青，上午杀青算偏传统的"正味"

美庄村村头两棵黄金桂母树，已有一百多年树龄，在灌木型茶树中算相当高寿

块一斤，还有卖到上万块的，据说李泽楷都悄悄来过。对如何回归传统这个问题，他说本来该怎么做就怎么做，流行的那些做法都是瞎改，自己从来不曾为之所动。他70年代在山上找到一棵野生红芽铁观音，剪枝扦插，繁殖至今形成600亩茶园。尽可能用周围的植物做肥料，让土地自然肥最好。人工手采一心两叶或一心三叶，绝对不用不均匀的机采。然后一定要把摇青做好，做出绿叶镶红边。上好铁观音，形状像虾米一样，细看不仅有三节色，而且是黑红赤白绿。汤色要清要亮，晚上摊青闻到合适的香气，就能做出兰花香、桂花香的好茶。

感德石门村，安溪访茶最后一站。我们坐在吴小泉师傅家，品尝厦门小山羊茶园前几日专门定做的一批传统正味铁观音。是不是完全达到过去的标准，十几年不做传统类型的吴师傅也不能打保票，不过，发酵到位、及时杀青、不甩红边这几点，足以让这泡茶有别于入口青气十足的清香型。茶水清甜，带着纯净柔和的花香和隐约的蜜味，并在口腔后侧留下长久回甘。这会是铁观音的"观音韵"吗？张乃英老先生形容观音韵是喉部升起舒服的回甘，略带凉凉的参味。唯独铁观音品种才具备的独特韵味，这些年来因为从种植到工艺上急功近利的变化，已经难得遇见。好在从政府到茶农都有变革之心，铁观音现在开始找回传统中最珍贵的经验，不容易，但不是看不到希望。

黄金桂和色种

安溪铁观音最出名，但不等于没有别的好品种。美庄的黄金桂、大坪的毛蟹、西坪的本山、芦田的梅占，都能独当一面。

2013年10月4日晚上9点来钟，虎邱镇美庄村茶叶合作社里，林桂河书记泡上一壶美庄特产蜜茶（茶叶浸泡在冬蜜里陈年），等他召集的茶农们来斗茶。一会工夫，陆陆续续来了十来个人，每个人都从怀里掏出一包茶，交给主持者编号，称出七克标准样。黄金桂秋茶开采晚，这天做的，是铁观音和黄金桂杂交选育的新品种金观音。三位评委是大家公认的制茶高手，盖碗在评审台一字排开，水咕嘟嘟烧开，他们神情严肃地从藤椅上站起身，一一倒入沸水，五分钟后开汤评茶。我也拿了把汤匙，混在评委里闻茶香，试汤水，上十种试下来有味觉错乱的感觉。一轮紧张的盲品下来，结果揭晓，林振成、林振文包揽前三，冠军茶做出了芒果香。每逢茶季，在安溪村头巷尾，处处可见民间自发斗茶，比试当日所制，评长议短。茶季之后还有更大型的斗茶赛、拍卖会。只要爱茶、肯努力，切磋下来绝对收获良多。

这晚斗茶场面，被网络大V林桂河书记即时发送到微博上。知道安溪还有黄金桂这

美庄村斗茶赛，闻茶香、试茶汤、看叶底，评委和观众都很认真。这种民间斗茶活动，茶季在安溪处处可见

种茶，还是几年前通过林书记的微博，他常说些村民的平常逸事，没想到深受欢迎，吸引了两万多粉丝，大概是国内村干部中最热门的微博达人。1961年建村以来，这个四面环山的秀美村庄就一直以黄金桂种植为主，村边湖尾山下，树龄四五十年的老茶园比比皆是。两棵主干碗口粗的黄金桂，被鉴定为树龄一百多年的品种母树。如同水仙、肉桂之于武夷岩茶，黄金桂和铁观音也是安溪茶的当家品种。铁观音沉厚韵长，黄金桂则香气高透，有"透天香"之称，国营经济时代是铁观音之外"色种"拼配的主力。近二十年来铁观音声名鼎沸，黄金桂却没沾上什么光，以出口日本为主，价格保持在几十到几百元之间的平实区间。林主任2008年发起了美庄村茶叶专业合作社，村民自由参加，小组协作互相监督，统一管理农药、化肥的施用，组织斗茶交流，提高大家的制茶兴趣。对外则统一和出口商协商价格，帮村民卖出更好的价格。他对村民说，凡是来美庄村看做茶的，都是宣传黄金桂的宝贵机会，要像对待家人一样招待。斗茶赛结束，在漫天星光下热热闹闹吃完夜宵，我们就被接到一位大哥家，像自家人般安顿下来。这种亲如一家、齐心协力做茶的村镇氛围，在国内不多见。

黄金桂芽色微黄，香气似桂花，故得名。总有人说它香气太高太飘，够不上高档茶，林振文师傅对此不以为然。每年除了大宗出口茶，他会选遍布黏土砾石的高坡茶园，手工采摘一批最好的茶菁，做一两百斤精品茶。初制完成后一个月，再经过两次三十多个小时

左：安溪祥华旧寨村，陈双算一直坚持传统摇青
右：安溪大坪萍洲村，张成璞和张颖聪父子代表了安溪茶的两代中坚

的炭笼焙火，才算完成精制。这批黄金桂只卖给老朋友老客户自饮，每斤500块，在黄金桂里算很高的价位。在整个安溪，林师傅的炭焙手艺都算一号。"炭烤出来的茶，香气好，水也甘甜，比电烤的保存时间长出一倍不止。不管拿去和几千块的铁观音或者别的什么乌龙茶比，绝不会输。"看来能否做出上品，原料和做工仍是关键，品种只是与生俱来的个性。林师傅还说，黄金桂特别适合做老茶，他自己每年存一点，最老有1984年的，放越久仙草味越重。很疲劳的时候，或夏天肚子不舒服、中暑、拉肚子，泡杯老茶加点盐巴喝下去特别管用。老茶在民间各地只为居家药用，只是这些年被炒成神话了。

本山、毛蟹，多以铁观音名目售卖。大坪乡萍洲村的肉桂，经过烘焙后既有闽南乌龙的香，又有闽北乌龙的醇厚，颇有特色。当铁观音的光环逐渐消退，原先那些不引人注目的安溪茶小品种，或许会渐渐占领本该有的一席之地呢。

永春佛手

铁观音兴盛时，轻发酵风气影响整个闽南茶区，永春佛手也不例外。永春佛手的历史比铁观音更早，相传为康熙年间，一寺院住持采集茶穗嫁接在佛手柑上所得，不但叶大如掌似佛手，滋味上也有独特的"佛手韵"，厚重滋味中蕴含隐约的柑橘类香气，宛如香橼。

北大毕业后一直从事IT业的陈琳，彻底投身种茶、养猪行业，用理科男的科学思维管理农业

此茶与佛寺的渊源一直不断。清代县志上有"僧种茗芽以供佛，嗣而族人效之，群踵而植，弥谷被岗，一望皆是"的记载。永春乃著名侨乡，清末下南洋者甚众，带去家乡佛手茶，置家中经年贮藏，做盐茶、蜜茶，有清热解毒、帮助消化的功效。马来西亚的"永协隆"商号就是当年主产地苏坑镇嵩溪村茶农创立。是以佛手之名，在南洋曾比铁观音更盛，至今华人圈仍不陌生。反倒是在国内，知道的人不多。

即使是永春当地人，对佛手的特征也多不甚了然。一位朋友从小喝到大，只知道"佛手和铁观音相比，比较不伤胃"。至于"香橼香、佛手韵"特别明显的传统佛手，和有韵的铁观音一样难找。市面所见，多为青绿、团球，是和铁观音类似的清香型。

北硿华侨茶厂老厂长黄圣厚的办公室里，摆着把70年代风格白茶壶。有客人来他就会问："你要喝啤酒颜色的茶，还是加饭酒颜色的？"啤酒颜色，指按清香型风格，相对做轻的茶；加饭酒颜色，则是传统重发酵，再加烘焙，茶汤赤红的茶。老厂长当然爱喝"加饭酒"，味道厚重，喝下去全身舒泰。

国营时代福建四大出口茶厂之一，如今只剩下花岗岩砌出的高大厂房，一屋子茶叶机械，和仓库里越卖越少的佛手老茶。"山上还有老佛手茶树吗？""都挖掉了，小学背后可能还有几棵，我带你们去看。"爬上厂区背后的小坡，老厂长指着杂草窝子里几棵一人多高的茶树说："这是佛手，那是水仙。"真个有手掌大小的叶子，蛮有

漳平水仙模压成型，再用白纸包成小块，全靠手工，百年未变，熟练者一小时能包150块，机器尚不能取代

些不屈不挠的气质。摄影师刚架起脚架，就被扑面而来的蚊虫叮得满头包。转头再找坐在一边等候的老厂长，却见他一脸的泪，让我们这些后辈不知如何安慰。他摇摇头："昨晚喝太多，老黄一喝酒，就变成怪物啦。不要紧，明天就好了。"

很可惜，此行没去成仍在大规模种植佛手的苏坑、湖洋，也就不能笃定地说，传统佛手是不是真的没落了。只是历次品尝的永春佛手，期待中的香橼香确实难以捕捉。佛手自永春传出，向北成为武夷山名枞之一，向东南穿越海峡，在台湾生根落地。来永春前一周，我们在台北"臻味茶苑"，还喝过吕礼臻老师引以为看家品种的佛手和他选来精制的武夷佛手。虽各有千秋，共同点是都有令人难忘的"香橼香"。吕老师说，佛手这个品种，只有发酵烘焙到位，才能带出特有的品种香。清香固然也是一种风格，但过分追随市场喜好，以致失去品种应有的特点，是不是有些可惜了呢？

漳平水仙

特意绕道漳平，是为了乌龙茶中唯一紧压成型，且保留传统白纸小包形态的漳平水仙。漳平位居闽西南。南洋乡北寮村石牛崄山头至今保留五百多棵古老野生茶树，当地人称为仙茶，可治疗肠胃不适。但近年来声名鹊起的漳平水仙，却并非源自本地茶，而是肇始于20世纪初，宁洋县（今双洋镇）大会乡的刘永发和郑玉光，从闽北水仙发源地建阳水吉，购买水仙茶苗种植在牛林坑一带。刘永发以武夷岩茶制法为主，吸收闽南乌龙茶特点，发酵介于轻重之间，并重烘焙，创制出的漳平水仙，茶香，水厚，一经推出就大受欢迎，每斤价格高达四块光洋。那个年代的茶，顺九龙江发往厦门，再外销南洋。起初，和仙茶一样，手捏成茶球再包上纸。为了便于运输，贸易商要求按包种茶的样子包装，一斤大约25包。刘永发又想出用槠木做成模具，手打紧压成四指宽方块模样的水仙茶饼，长途颠簸也不会散。白纸小包，上印茶商字号的外销老茶，在台湾吕礼臻老师那见过不少，不算罕见。但乌龙茶中使用紧压工艺的，仅有漳平水仙，且一脉相承，流传至今，张天福老人说保留了传统乌龙茶特征，历史虽不算长，却是百年来的活标本。

从刘永发算起，漳平水仙制作方法的正统传人，历经四代不超过十位。本地人俗称的纸包茶，过去会做的茶农少，种得也少，不过作为农副产品，在漳平范围内少量流通。近几年茶圈忽然发现这种"活标本"，兼具闽北闽南茶之特长，实在不可多得。这才有了中兴的局面。

秦火保是北大特聘教授，环境生物专家。陈琳从北大毕业后一直在福州从事IT行业，和茶原本都没有关系。秦教授曾主持江西婺源大鄣山有机茶园的土壤改造项目，用北大的微生物技术让茶园土壤形成自我修复。他俩到漳平来，原本只是想做土壤改造，没想到竟被这里的自然环境打动，包下五千亩山林，起名为大用山，把自己套牢成了茶农。一边修路，一边选出若干森林环抱的坡地，海拔在 600~800 米之间，开辟为有机茶园。2013 年秋天茶园第一次采摘试制，距开山之初，已过去五年。

有机茶园也算见过不少，以"理科男"精确方式管理的，大用山算第一个。"一亩蝴蝶不超过 20 只，就不算有病虫害。"秦教授对虫的数量也算出了上限。农药当然不能用。放眼所见的每一株草木在茶园里都有角色定位。茶垄上的紫花马缨丹，不但美观，固土防流失之外还有驱虫作用。爬满瓢虫的豆科植物作用是固氮，细如晾衣竿的小树是从华南植物园引进的檀香、沉香木。肥料则用北大生物技术研究出的"菌肥"，让微生物渗入土壤分解重构。如此种出来的茶，外观不好看，树形也不大，试制成品却让合作茶农大吃一惊，香气和口感都很好，两三年树龄的茶树，超越了他们种了七八年的。

大用山茶园的初采茶，标出时间、地块、天气，请四乡高手帮忙制茶。南洋乡梧溪村茶王伍志强，营仑村漳平水仙第四代传人张兴裕，都很高兴地应承下来。在伍志强家，当天人手采回来一芽两叶的茶菁正铺在院子里晒青。屋内十来位女工，面前堆满昨天采制、上午刚杀青的毛茶，麻利地剔去黄片和过绿的叶片，再剪去茶梗。焙坑上一笼包成小块的水仙茶，还需要 24 小时才算大功告成。而最里间的制作间里，架上的茶菁，已经开始第二轮摇青。伍志强和茶学科班出身的茶叶局长邓长海一人端起一筛，熟练而平稳地晃动，完成手工摇青的过程。因为电动摇青机普及，许多茶区的年轻人都不会这个貌似简单的动作。而在漳平，茶农觉得不过是理所当然的基础。看完摇青，外间流程进入压茶。每人拿过一只沉如铁石的木模具，下面垫好白色热封滤纸，抓起一把茶，用木槌敲压后叠紧纸包，然后拉过电烙铁热封定型。一包茶 9~11 克不等，熟练女工一小时能包 150 包。漳平水仙无疑是乌龙茶里最耗手工的品种了。

依照传统四次摇青，杀青过后用纸包成小块的茶饼先要经过电焙箱 90℃左右两小时走水焙，再上炭焙长焙。这个短暂的过门，会让茶饼因水热作用，发生类似黄茶闷黄的变化，在乌龙茶的发酵香之外，又增加一重甘润的甜香。或许因为这道工序，漳平水仙茶饼，呈现既不同于武夷岩茶的乌润，也不同于闽南乌龙的砂绿，而是以乌褐为主、砂绿与赤红相间的三色。伍志强笑容满面泡上一饼昨日制成的大用山水仙，入口似兰似桂的馥郁香气，与稠厚有力的质感，结合得天衣无缝，让我们也连叹好茶。能呈现清正兰花香的茶，漳平茶叶协会评级为"水仙公主"；更厚重的桂花香茶，则称为"水仙王子"。能认证为"公主"和"王子"级别，可升级到千元以上售价。

秦教授向茶农传授更环保、更能增进品质的生态技术，茶农教给城里人做好茶的土经验土法，大家共同研究出来的好办法，又被"科技示范户"介绍给更多的茶农。这样一个良性循环的制茶生态，我们终于在漳平看到了。

白芽奇兰

从闽西龙岩一路南下，"茶之路"又回到闽南漳州所属的平和县，客家人聚居的原乡。平和最有名的不是茶，而是"琯溪红心蜜柚"。安溪漫山只见茶园，平和正好相反，乍看森林茂密，再一看，全是柚子树，黄澄澄气球般的柚子，铺天盖地。

喝了好几年的白芽奇兰，原产地就在柚林深处的岐岭乡彭溪村。陈火炳坐在自家老厝院子里等我们，平日他在漳州卖茶，制茶季节才回老家，指导当小学老师的大儿子做茶。9月中旬的寒露风，影响了秋茶发芽，这两天又阴雨连绵，没法采茶，性子急的陈伯，真有点心焦，眼看寒露前后两周最好的秋茶季，就要错过了。但做茶，就是天时地利人和，少一项也强求不来。

彭溪算是老茶区，陈伯记事开始，父亲就在水稻和农作物之外，种些茶叶帮补生活。大锅杀青，用脚踩成条索形，焙笼烘干。那时种的茶树，有奇兰，本山、毛蟹，全部拼在一起做，没有单独分开。1986年，回到平和茶叶收购站的陈火炳，协助福建省漳州市农业局，做奇兰选育定名的工作。当时散种在崎岭的奇兰有七个小品种：白芽、青芽、红芽、金边、竹叶、早奇兰、晚奇兰，大家聚集在陈伯家院子里，讨论用哪种奇兰作为本地代表品种。意见委决不下之际，陈伯拿出一泡当年的白芽奇兰春茶，都觉得香气最好，这才定下来。陈伯和另一位工作人员，一家一户走访当地老茶园，将所有白芽奇兰老茶树登记在册，连续三年收购剪枝。农业局扦插繁育后，推广到全县，历经十年，终于成为平和县当家茶种。

或许正因深居大山，定名晚，白芽奇兰没被卷入闽南乌龙茶的做轻风气，原来做拼配乌龙时怎么做，现在还怎么做。只是孩子们嫌太费人工，添置了压机摇青机等机器，秋茶做成更讨市场喜欢的珠形。陈伯会在漳州的茶店里，点起荔枝炭焙炉，慢火烤上十多个小时。乌润中带墨绿的干茶，泡开后叶形完整不甩边，春茶往往能做出浓郁的花香乃至奶油香，茶汤稠滑醇厚。而秋茶若碰上天气晴好的北风天采摘，能制出清高的兰香和枫香，回味甘甜。在闽南式的高扬香气中，又融入特殊的风土山骨，底味中偶带微苦，又是一个兼具南北之长的品种。

尾

闽南"茶之路"，结束在漳州一间名为"山居草堂"的茶店里。主人王秀，娶了大陆太太，便在漳州安下家来。前几年他包下安溪一片荒废的茶园，用老枞梅占、水仙，和自己几十年喝茶卖茶的经验，做出名为"菠萝蜜""佛无说"的传统炭焙乌龙。狭窄店铺里正点着好几炉炭，连续好多天都须臾不离地在热气逼人的焙笼跟前随时照看。说制茶传统在台湾更完整地保留下来不是没有道理，但坚守、运用传统技艺，在闽南茶中并没有消失。只是，和所有飞奔向前的产业一样，我们太急，太没有耐心。能减少的工序，就尽量减少，能缩短的时间，就尽量缩短。老一辈茶人对品质的一丝不苟，就在分分厘厘的折扣中分崩离析。我们应该向一路上有所坚持的茶人致敬，大环境下，仍看到点点执着的火光，正因如此，中国茶发轫的底气，没有断！🍃

安溪铁观音
闽南乌龙的代表，驰名百余年。传统铁观音外观呈半球形三节色，清高兰花香外别有沉厚的余韵。十多年来轻发酵的清香型铁观音流行，要找到传统型颇为不易。

黄金桂
安溪另一大当家品种，大量出口日本但在国内知名度不高。以高扬似桂的香气见长，醇厚度及韵味略逊于铁观音。

永春佛手
闽南茶中尤其以厚重滋味和"香橼香"作为品种标识，和铁观音一样，在清香风气下，品种香渐渐淡薄趋同。

漳平水仙
乌龙茶中唯一紧压茶饼，保留了相当多传统工艺，极费工夫。上品具有清澈而馥郁的兰花香、桂花香，茶水滋味也很醇厚。

白芽奇兰
出自闽南最高峰大芹山，品种定名历史不长，却兼具闽南茶高香和闽北茶水厚的特点，保留炭焙传统，颇有特点。

安溪虎邱镇战旗有机茶园，杂草比茶树还高

林瑞福在一边是悬崖的狭窄山路上开车如履平地，这些道路都是他用挖土机一点点开出来的

撰文：孙程　摄影：马岭

【闽南】

回到土地

　　林瑞福家的茶园要进到山里五公里，小皮卡开在山上茶园间的土路上，如海上的一叶扁舟，每个波浪过来都颠簸得惊心动魄。小车在挖掘机齿痕留下的沟壑上突突前行，险象环生，他却依旧开得彪悍。从 19 岁开始，他就开车到四里八乡收茶卖茶，山路甚至比这里还要糟糕，他已经习惯了。遑论这条通往山顶茶园的土路，他一年不知道要来多少次，接采茶工和茶叶下山，去山上看新种茶叶的长势、拔草，甚至捉虫……他总不放心这片有机茶园，得自己守着才成。

　　林家世代以茶为营生，到林瑞福这一辈已经是第五代，上溯第七、六辈的族人原是在朝为官，到清末这一代转而经商，在漳州开设了茶行源春号，从附近各茶区收购茶叶，加工后销往广东、香港、台湾地区和南亚国家。到林瑞福时，五服以内的兄弟大多都沿用了老祖宗的商号做茶，待林瑞福开始做茶时，便在此基础上重取了"源泰"作为自家的商号。

　　体制下放分茶园到户那会儿，家里分到几十亩，产量很小，他便到处收茶，然后转手卖掉赚取中间价，没几年就做得风生水起，附近茶户都愿意卖给他，他也没动过要开垦茶园的心思，自己种茶除需大量资金之外，更要耗费心力和人力去管理，年轻人总没有这个耐心。

　　林瑞福真正起心自己开荒种茶，是源于几年前的一次经营失败。2006 年，朋友介绍了一个日本客户，1.8 吨的订单。当时林家仓库里的茶叶并不够，但机会难得，林瑞福并没有犹豫太久就决定接下这个订单。他如往日一般向周围农户收茶，因日本对农残检验标准极高，他一早就和茶农们达成口头协议，要按要求管理茶园，使用有机肥和低毒农药。他十二三岁便跟着老爸走家串户收茶，大家互相熟识，相较于法律约束，乡土社会更讲究的是人情，他以为既然承诺了，就一定没有问题。岂料交货的时候，第一批自己做的茶送过去没有问题，第二批收来的茶就没有过关，卡在日本农残检验的 50 多项中的一两个数值上。对方拒收的同时，林瑞福的茶叶公司还上了黑名单，三年内不会再和他合作。

库积的一吨多茶叶和名誉损失让才 42 岁的林瑞福半年里愁白了头。这批茶叶最后以低于市场价一半的价钱卖到广东，损失了两百多万，几乎是全部家产。他事后琢磨，国内的检验标准才十几项，日本人却有 50 多项，他们对健康茶的要求如此高，就那么怕死吗？既然他们怕，中国人也怕，未来国人对农残的标准也会提升，自己如果现在开始做有机茶，将来肯定会有市场。

之前的教训让他明白了要做有机茶就要牢牢地掌控鲜叶源头，需要有自己的茶园。要种茶就得有土地，他想起了 2012 年在山顶上圈的那块地还闲置着，当时只种了一些松树。一辈子和土地打交道的老爸当时说：跟土地好是不会害人的。生意做得好的时候要拿一部分钱出来，在山头上种树、种粮食；生意亏本了，山上还有，不会饿死。土地总不会亏待你，人要给自己留一条后路。

年过四十，再从经商回归到土地，总要遭遇些冷嘲热讽，庄稼人的朴素生活哲理是他后来顶着压力做有机茶的信心来源。七年的时间里，他在山顶上开垦出 300 多亩茶园，种植黄金桂、铁观音等茶树，并按照严格的有机茶要求来管理茶园，不假于人手。为让客户信任自己的有机茶，林瑞福请文化程度更高的大哥帮忙每天记录茶园日志，细致记下每一天是否采摘、是否除草、鲜叶流向、毛茶加工等情况。

山下农户的 1 700 亩茶园，他仍然同他们合作，用于生产销往日本的无公害茶叶。只是这一次他和他们签订了合同，并雇用员工来监管茶农对茶园的管理，茶农若要施肥和喷洒农药，都须到他这来领取日本人提供的有机肥和低毒农药。

茶园管理渐渐上了轨道，生意也活络起来，依旧是高要求的日本人，他们从这里进口大量的黄金桂，不仅因为它味美价优，也是因为林瑞福所在的罗岩镇是黄金桂的原产地。日本人买茶愿意寻求这个"根"，林瑞福想，做茶也是如此，得把根扎进土地里去，踏踏实实。

永春北硿华侨茶厂老厂长黄圣厚，如今偌大厂区经常只有他和爱犬相伴漫步

黄伯珍藏了一屋老茶，他常带着去参加各地茶博会

撰文：孙程　摄影：马岭

【闽南】

西风独自凉

早秋

闽南山里的秋意，到十月初已是浓淡得端正好，寒蝉渐噤，清荷残敛，层林苍郁。我们到永春北硿华侨茶厂时，夜已早早放下幕布，暮霭连山，霞光蘸了薄雾，将天光翳翳地皴染开来，映着空旷寂寥的厂区，平添了几分萧瑟、几分怅然。

黄圣厚和永春北硿华侨茶厂的故事，在闽南茶叶圈里，早已是一个传说。七十多岁的老厂长守着日渐凋敝的国营茶厂，十多年里，为保住茶厂，一再个人承租，在收支几难相抵的境况下勉力支撑，苦寻出路。一个时代的遗老，对那个时代孤独的守望，在后来人听来，恻然之外总会生有些许想象。

茶厂依山而建，地势缓缓而上，右楹上手书的"永春北硿华侨茶厂"几个大字，被时间氧化成赭色，二十世纪六七十年代铺就的红色和青色相间的石砖路，也已坑坑洼洼，覆满了沙砾。偌大的厂区里安静得能听到风拂过树叶的沙沙声，很难想象几十年前，这里曾有一千多位职工，不分昼夜地轮值在制作佛手、水仙和铁观音等乌龙茶的各个岗位上。

黄圣厚的桌子上有两把当年厂里烧制的茶壶，里面盛放的都是佛手茶，一壶是清香型、一壶是浓香型，按客人喜好不同斟饮。浓香型因发酵程度高，味道更浓郁醇厚，入口微涩，回甘绵长。厂里佛手现在的产量并不大，甚至可以说是微量，在茶厂光景正好的时候，出口的佛手能上千吨。

在计划经济时期，永春北硿华侨茶厂与安溪、漳州、建瓯三茶厂，同为福建省乌龙茶出口产品的生产基地。安溪是铁观音源产地，建瓯主产闽北水仙，永春以佛手和闽南水仙为代表。观音清新雅韵，水仙浓香馥郁，佛手则醇厚甘爽，各有各的妙味。四大茶厂生产的茶品种，在远销东南亚创汇的同时，基本奠定了福建省乌龙茶在中国茶系里的地位。

60 年代到 80 年代的华侨茶厂，始终是黄圣厚言语间最缅怀的盛景，"当年我们最好的时候有一千多职工，现在啊，就剩下十几个老太婆摘茶梗。当年是统购统销，产茶季的时候人家都一大早坐在厂子外面求我们卖茶叶，现在是我去求他们买茶叶。1991 年我们最好的时候做了 1 500 多吨茶叶，现在算上帮别人加工毛茶，一年一共才做 200 吨左右。当年后山全是佛手茶树，现在就剩被野草藤蔓缠着的几棵……"

当时只道是寻常。所有的人和事，仿佛浸淫了时光和灰尘的味道，变成故事，因为往事不可追，现下不可得，而愈加显得珍贵。

舌尖上的乡愁

十年前，祖籍永春的台湾诗人余光中回到故园，在品过佛手茶后，留下墨宝"桃源山水秀，永春佛手香"。少小离家，一别七十载，人事两杳，唯有一杯佛手，还是当年的味道，聊以解几分乡愁。

据可查文字记载，永春种植佛手已有 300 余年历史。清光绪年间，县城桃东开有一家峰圃茶庄，所产佛手颇有名气，民国二十年（1931），该茶庄制成铁盒包装佛手茶，通过厦门茶栈转销到港澳地区及东南亚各埠，许是因为这些地区的华人多来自闽南和广东一带，佛手茶在当地的接受程度极高，一时间声名鹊起。但因种植和生产条件限制，佛手的产量始终不高，到 40 年代末，每年销往海外的也只有几十担。

一年又一年，从故地漂洋过海而来的佛手茶，成为羁旅异乡游子味蕾上的乡愁，故乡的泥土、风物和人情都赋予这一片片茶叶，在舌尖上浸润开来，相逢的喜悦如从喉头泛起的回甘，弥漫在唇齿之间，绵长细腻。然而这一杯佛手，于他们终究是苦涩浓过甜蜜吧。彼时的他们应未曾料到，十几年后会被迫循着这一缕幽香回到故乡，并在之后的近半个世纪里日日与之为伴。

永春北硿华侨茶厂建于 1958 年，为国营福建省永春北硿华侨茶果场的场办工厂，其前身可追溯至清末。1911 年，旅马华侨颜穆闻先生携资金 3 万银圆，回乡创办永春北硿华侨垦殖公司。因当地一些人以北硿山地产权仍在纠纷之中为借口，于 1919 年除夕夜将公司洗劫一空。公司倒闭后颜穆闻忧愤成疾移居香港。

茶厂后山初创时期开辟的佛手茶园，如今只剩寥寥几株埋没在荒草丛中

老厂长和永春佛手的辉煌一起停驻在停摆的时光里

在颜穆闻创办公司期间的 1917 年，同样旅居马来亚麻坡的华侨李辉芳、郑文炳、李载起等 23 人集资 2 万银圆，回乡创办永春华兴种植实业股份有限公司。一年后他们在东平乡冷水村的虎巷山种植水仙、佛手和铁观音等良种茶苗 7 万株。至 1949 年，茶园发展到约 200 多亩，这便是北硿华侨茶厂种植佛手的开始。而更大一轮的开垦要等到几年后，东南亚大批难侨归国。

自 1949 年开始，马来亚英属殖民地当局借口为对付马来亚共产党而实行紧急法令，到翌年 5 月止，一共发生了 25 000 余件拘留状，新加坡马来联邦拘留 1 万多人，其中大部分是华侨。流离失所、衣食无着的华侨在 1950 年 3 月间已经达到 40 万人，而据马来亚官方发布数字，从 1948 年到 1953 年，被驱逐出境的侨胞达 24 万余人。类似的事件也在泰国、越南、菲律宾等东南亚国家发生，几年间，被迫从祖居几代人的土地上仓促返国的难侨络绎于途。

1953 年，为接纳回国的东南亚难贫侨，时任华侨事务委员会主任的何香凝提议，在与东南亚气候较接近的福建、广东、广西、云南和海南等省办华侨农场集中安置。于是，福建省侨委拨款 4 万多元，于 1954 年选定在颜穆闻当年创办垦殖公司的北硿山建立永春北硿华侨垦殖场，即后来的北硿华侨茶厂的所在地，首批落户新马泰难贫侨 24 人，后又陆续落户 200 多人。

1960 年，25 岁的黄圣厚从永春茶叶专业学校毕业后，被分配到茶叶精制厂做技术员，负责毛茶收购、交接验收和精致拼配等工作。适逢印度尼西亚华侨归国高峰期，为再度接收安置 2 500 多名归侨，永春北硿华侨农场与茶厂合并，定名为国营福建省永春北硿华侨茶果场，茶叶精制厂定名为国营福建省永春北硿华侨茶厂，安置归侨近 400 人。

在 20 世纪中叶东南亚排华浪潮频发的近 30 年里，福建省前后新建和扩建了 17 座华侨农场，用于接纳这些他乡归人。时至今日，集体经济时代衍生出来的华侨农场模式，仍可在福建、广西和广东的乡间觅得，老去的归侨一代们，坐在大树底下，摇着蒲扇，回忆年少时在加里曼丹和在新加坡的生活。

这片为祖辈父辈们魂梦萦绕的土地，于这些归来的人到底是陌生的，他们的童年和青春在印尼、马来等南洋岛屿上度过，纵使被迫迁离，心理认同感并不易于更变。更何况惊慌甫定，便要面对他们并不熟悉的工作：种茶和制茶。在 60 年代初的两年里，归侨和当地职工一同扩垦 4 600 多亩土地，其中 3 600 多亩地用于种植佛手和水仙茶树，茶厂茶园增至 5 200 余亩，产茶量从 1959 年不足 50 吨，一跃增至 1965 年的 50 余吨，及至 80 年代，产量超过 1 000 吨。

从最初只在南洋的家中见过烘焙好的条索紧实、色泽乌润的佛手，到后来亲手做出屡获金奖的松鹤牌永春佛手茶，时间已经过去了三十多年，茶厂俨然变成一个小小的华侨部落。他们在这里结婚生子，华侨茶厂出生的第二代大多在马来语的环境中成长起来，以致成人后普通话依旧带有清晰可辨的南洋口音。父母从小给他们讲南洋的风土人情，一如曾经上一辈人在他们耳边念叨永春。被大时局变化挟裹的这一群人，归去来兮，似乎始终彼岸是故乡。

逝去的荣光

茶厂的衰落，是从1984年开始埋下导火索的。

这一年的7月，政府将茶叶从国家二类物资降为三类物资，茶叶价格随行就市。同年，取消茶叶奖售政策。茶叶市场一经开放，茶叶流通和流向迅速发生变化，毛茶收购一统天下的格局被打破，小型茶叶加工厂犹如雨后春笋般涌现，短短几年内，在年产乌龙毛茶2 500多吨的永春县，就办起60多家精制茶厂，有单位、集体的，更多的是合伙和个体。

市场改革时，黄圣厚正好当了一年厂长，华侨茶厂虽然受到一些冲击，但幸而，因着前些年开拓下的日本市场对闽南乌龙茶接受度逐渐增加，外加虽然国内茶叶市场放开，但国家对茶叶出口仍实行配额管理，产量并未有太大的下滑，甚至在1991年出现办厂以来的最高产量1 500吨。

然而，好景不长，1994年茶果场场部委派新任厂长取代了黄圣厚，因新领导班子对当时茶叶市场形势估计不足，两年里连续亏损，结束了茶厂37年持续盈利的辉煌历史。这艘老旧的巨轮，常年在体制的护航下畅行无阻，以致失去了对前方险情的判断力，当剧变来临时，即使满舵转向，也避免不了触礁的命运。

1997年，经茶厂员工投票，一致同意由老厂长黄圣厚继续掌舵已经江河日下的茶厂。黄圣厚接过这个烫手山芋，承租下负债100多万、库压370多吨茶叶的茶厂。他四处奔走，找以前相熟的客户帮忙，到2001年才将积压的茶叶卖出去。8年的租赁期里，工厂仍在小量生产，总出口量尚不及80年代两年的出口总和，这已经是他在勉力支撑。人走茶凉，2000年开始，厂房就一间接一间地空置了，机器声一停，再要响起来就难了。

2003年，黄圣厚退休，一年后租赁期满，他将茶厂的厂房和财产一并交给镇政府。因政府引资无果，茶厂竟停产一年。2006年，他让儿子出面再承租十年。然而痼疾已成，痊愈难望，他只求不再恶化下去，能保住这个他工作和生活了一辈子的老厂。这些年，他已经看过太多，老牌国营茶厂安溪茶厂在2000年改制，1993年建瓯茶厂改制……当年同道分崩离析。时代缔造了它们，终究，又遗弃了它们。

这些年，每逢各地茶博会，他都会带几箱四五十年的佛手和水仙老茶过去参展。老茶卖得不贵，如果是懂茶的人，聊得开心，他还会再送一大包。这样一趟行程下来，每每卖出去的茶钱还不够路费，他也并不在意，只是想让更多的人知道还有这样一个老茶厂存在，或许会给厂子带来一些转机。

黄圣厚的承租期到 2016 年，如果到时候身体还健康，他想继续做到 2018 年，那时候茶厂就 60 岁了，他要把还在世的老职工们都找回来庆祝，于他们和茶厂，这或许都是最后的聚会。但黄伯或许仍有所期待，六十年一甲子，沧桑轮回，但愿会有个新的开始。

停摆的时钟

车间墙壁上的时钟永远停在了 1 点 37 分，在某个沉寂的暗夜或是午后。

60 年代采购的拣梗机和烘茶机一字排开，沉默地伫立在墙边，他待我们看完后，挂上生锈的大锁，转身走向下一个车间，钥匙串随着老人蹒跚的步子叮当作响。

老茶都被他妥善地单独放在一间小仓库里，50 年前的胶合板箱，密封性已经不那么好了，遑论背山极重的湿气，他想了各种办法保存，那些四五十年前生产的佛手和水仙，还是被岁月沤得有些过了。黄伯说，老茶味道可能不如从前那么好，但还是能喝的。

15 000 多平方米的厂区，除了四五个头发花白的老太太在拣茶梗，再没遇到其他人，冷清得可怕。厂房外壁、围墙上写着标语和口号的红纸已然褪色，置身其中，总让人恍惚，仿佛误入那个燃情年代。

离开的时候，几只老旧的路灯已经亮了起来，西风渐起，香樟树迟缓摇曳，将森白的灯光切割得四分五裂，映着敦实的厂房和石路上驻足目送的佝偻老人，一切变得影影绰绰，似秋日黄昏里误入了一场梦境。

撰文：孙程 摄影：马岭

【闽南】 禾怕寒露风

　　离开平和县城，进入崎岭乡的地界后，扑面而来的全是挂满橙黄大柚子的柚子树，到海拔 500 米以上的彭溪村才渐渐能看到些掩映在柚子树中的零碎茶园和破败的土楼，竟有些惺惺相惜的况味。陈火炳家在半山腰上，20 世纪 80 年代建的干打垒土房，堂屋敞亮微凉，天井里种了几盆兰花，幽香阵阵袭来，让人分不清是花香还是杯中白芽奇兰的茶香。

　　白芽奇兰素来以香气馥郁在乌龙茶中著称，因而在品种定名前，一直被用作拼配，和在毛蟹、本山里做色种茶。彭溪是白芽奇兰的发源地，在 1990 年定名前，白芽、红芽、青芽、竹叶、金边、早奇兰和晚奇兰一起统称为奇兰，在乌龙茶里没有太大的名气。80 年代末，陈火炳在县里的茶叶公司负责收茶时，每年送一些茶到省里鉴定，奇兰每每都是优胜品，后来他参与了七个小品种的统一定名，有人说用竹叶奇兰，因为比较盛行，名字也好听。但他认为按照彭溪的地理条件来看，白芽叶梢带些白毫，做出来香气比较好。争论不下，他就用这两个品种泡茶，省农业厅审评的老先生喝了后觉得白芽的味道更好，便决定统一叫作白芽奇兰。

　　在蜜柚树倾轧前，彭溪村本是漳州的老茶区。从陈火炳记事起，家里就已经有茶园，新中国成立那年母亲去世，日子难过，父亲在种田之余去山顶上开垦了十几亩茶园，种些奇兰、毛蟹、梅占，每年做春季和秋季两季茶。那时候还是用传统工艺，家家户户一口大锅，双手一捧，不多不少三四斤鲜叶下锅，走水差不多了就盛起来，放在用竹篾编的席子上，不用布包，直接脚揉，最后制成条索形。父亲去圩上卖茶，一斤几毛钱已经

每年茶季，陈火炳会回到老家彭溪村简陋的茶坊，带着两个儿子制作白芽奇兰
山上的芒萁，是杀青时助燃的好材料，焙茶时则烧成灰覆盖明火

是很高了，一斤大米才几分钱，猪肉五毛一斤。靠着这些，父亲独自将他拉扯大。这十几亩茶园在人民公社化的时候被收归集体所有，后来体制下放分给别人家，没几年就抛荒了。他想其实就算分回来，估计也逃脱不了和他后来开垦的20多亩茶园一样的命运，成为柚子园。当乾隆年间列为贡品的蜜柚遇上相传乾隆年间发现的白芽奇兰，前者到底还是略胜了一筹。

陈火炳1966年进县茶叶公司，负责茶叶收购，一年后调到冶金系统做了6年的化学分析，分析无机矿物的化学含量，这段经历也对他后来研究茶树的种植有很大帮助。从1978后的20年里，他陆陆续续在山上锄开20多亩地，最初并没有种茶，粮食紧张，得种点高产量的地瓜填饱一家人的肚子。后来茶园成了县茶业站的品种基地，种奇兰、铁观音、佛手等乌龙茶树。他每天守在茶园，观察茶树的生长规律，每个季节、什么温度下芽头开始萌动，几天长几厘米……几年下来，他渐渐谙熟不同天气情况下茶叶的生理状况，在做茶的时候会有相应的调整。

这几年人们都开始怀念传统茶，遍寻观音韵、佛手韵而不得，他觉得不仅仅是因为制作工艺变化，更多的是茶树生长环境变了，鲜叶底子不好。以前的茶园生态环境好，植物枯萎腐化形成自然的有机肥料，顶多再用些火塘里的草木灰。现在大多用化肥，只有新枞按传统方法做出来，味道可能接近一些，但发酵程度又不对。传统乌龙茶发酵正规，做出来应该是青蒂红边，汤色金黄，香气饱满，他认为这才是乌龙茶的宝色。但现在流行空调做青，茶汤青绿，叶底也是绿色，他喝不惯，觉着一点滋味都没有。

XI

台湾

【台湾茶】

回到茶的初心

云雾深处

自然之茶

从台北城大稻埕茶港谈起

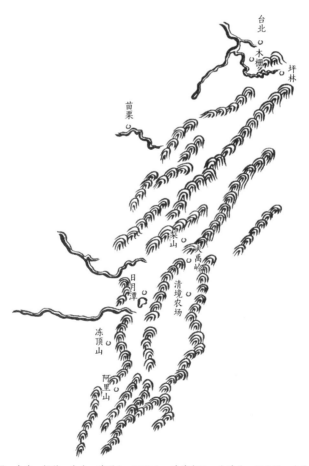

台北－木栅，台北－坪林，台北－冻顶山－阿里山－清境农场－大禹岭－日月潭－台北，台北－苗栗

黄侦哲的大禹岭茶园，海拔2000米，宜地明显斜坡，有...层次般的立体感

台湾清逸

一碗受至味，一壶得真趣。

空持百千偈，不如吃茶去。

——赵朴初《吃茶》

臻味茶苑收藏的老茶。
左上：1919年的正山小种
右下：民国初年汉记的武夷岩茶
其他为台湾茶，包括清末民初、1930年以及1941年出产的

【台湾】

回到茶的初心

撰文：茶小隐　摄影：马岭

跟随移民的足迹

　　台湾早有野生茶，即至今仍在中南部山区存在的野生"山茶"。但真正意义上的台湾茶树，却是随着清政府收回台湾后涌现的移民潮，从福建传入。郑成功家族统治时期，台湾汉人约 12 万人，到嘉庆十六年（1811），已增加到 190 万人。也就在这个年代，最早关于茶树移植的记录显示，柯朝自武夷山引入茶种，种于台北瑞芳一带。而如今台湾种植最广的茶树品种青心乌龙，则是咸丰五年（1855），鹿谷县举人林凤池从武夷山带回 36 株矮脚乌龙茶苗逐渐繁衍。

　　坪林茶农苏文松是家族第五代。160 年前苏家祖先从福建安溪迁来，先在基隆港登陆。起初打算在台北市郊大稻埕种田，却与当地人发生争执，银锭被抢，只能继续深入迁徙，到新店、深坑，最后在山清水秀的小镇坪林落下脚来。苏家祖辈的故事，也是大陆移民的共同经历。《小琉球漫志》说："台地居民，泉、漳二郡十有六七，东粤嘉、潮二郡十有二三，兴化、汀州二郡十不满一，他郡无有。"从人口稠密生计困难的泉州、漳州迁来的大陆移民，先在北部淡水附近落脚，进而逐渐深入中部、南部。筚路蓝缕，一面与毒蛇猛兽、台风、洪水搏斗，一面和台湾少数民族、其他移民帮派争夺土地，终于在富饶而又险恶的新世界定居下来。开垦农地的同时，早有种茶、喝茶习俗的福建移民，也种上家乡的茶树，既供自饮，也作农耕之外的副业。

　　1860 年《天津条约》宣布台湾开埠，对台湾茶来说是个重要转折点。此前，台湾茶已经大量运往福建精加工转销。开埠之后，英商杜德发现商机，在台北艋舺首建精制茶厂，"Formosa Tea"为商标，将台湾乌龙茶直接销往纽约，竟掀起取代福建输出乌龙茶的热潮。福建、潮汕许多茶商渡海来台，大稻埕港、贵德街一带，成为熙熙攘攘的茶市。包种花茶、东方美人（白毫乌龙）乃至日据时代的红茶，相继登场，台湾茶有别于大陆茶的风格，亦日渐成型。某个风和日丽的下午，我随茶文化学者曾至贤老师漫步于大稻埕一带的"茶行时光隧道"，当年移居台湾的老茶行，有些至今仍在，由第四、五代经营；有些则空余房舍和曾老师讲的故事了。

活着的传承

在台湾的十几天行程中，无论茶商还是茶农，名片上常印着"第四代""第五代"。专注于家族小生意的风气，在台湾一直没有断过。龙山寺旁边随便找家青草茶摊档，都可能挂着"始于1937年"之类的牌匾。种茶制茶，亦是如此。

张智扬是张协兴茶行的第二代掌柜。父亲张顶丁，1954年在木栅街市开店买下的门面还在用。推门进去，逼仄的柜台前后被茶塞得满满的，客人来了只能坐在柜台前的高脚木凳上试茶。后边是家人的居所和焙茶间。虽说在木栅山上，张智扬还建了座漂亮的别墅式茶馆，但全家人，包括台大生物系毕业准备接班的女儿，还是以老铺子为生活中心。像张协兴这样几十年，乃至上百年的茶行，第一代创办人往往只是出于生计选择卖茶这个行当。到了儿子辈的第二代长子继承家业，原因可能还是责任心居多。再到受过高等教育的孙辈、曾孙辈，还愿意继承，则是自己的选择。有的年轻人或是在城市就业中受挫，但我们遇到更多的80后，他们在介入家族生意的过程中，发现茶的空间原来这么广阔，这么好玩。他们以另一个视角看待茶，也从中发现与故乡和祖业的情感联系，从而选择回归。

茶人代代相承步入良性循环，制茶工艺的传统因子也在台湾更为集中地保存下来。木栅铁观音就是一个典型的例子。

木栅得名于"平地民"和少数民族曾经的隔离带，栅栏那一侧原本的少数民族，在一次又一次冲突后退居更遥远的山林。来自安溪大坪村的张姓移民祖先，从厦门搭船到淡水，然后沿着新店溪到达木栅。光绪二十二年（1896），木栅人张迺妙回安溪老家探亲，尝到铁观音茶，十分赞赏，遂向亲友索求了12株茶苗，携回木栅种植。其后十多年间，他又数度往来安溪，大量购买铁观音茶苗，这正是木栅和整个台湾地区铁观音茶树的源头。木栅所处位置之于台北，大约相当于西湖诸山之于杭州，从市中心乘捷运40分钟内

坪林老街上的祥泰茶庄，1921年创办，如今第四代开始接班。冯明忠带着两个儿子冯怀谨（右）、冯青淞（左），持守对传统文山包种的执着。
冯怀谨说曾祖父冯葵的训条之一就是"做茶一定要老实，称茶的时候可以多称不可以少称"。
50年代至70年代，在外销滞销的大环境下，冯明忠的祖父冯葵和父亲冯添发，仍然如约收茶，以保证茶农生计，存下的几万斤老茶如今倒成了宝

左：张协兴茶行在木栅山上的传统木炭焙间。父亲那一代还都用炭焙，到张智扬，只会在有时间和客户特别要求时，才用炭焙

右：张智扬和父亲张顶丁

可达，海拔也只有 300~350 米，按理说并不算自然条件卓越的茶山。但一则这里山形环抱，多有砾壤，能聚拢山岚水汽，茶叶的物质积累反而超过某些海拔更高的产区；二则人口一直不多，现在只有七八十户茶农，茶园都是小块包围在树林中，不至于过度开发。村落中保留下晚清传来的铁观音纯正血统和制作技法。横张枝、波浪面、歪尾桃，铁观音的典型特征，在木栅的茶园里处处可见，比我们后来在安溪见到的更明显。

永康街冶堂茶室的主人何健非常赞许木栅对传统的保留："聪明人以为可以便宜行事，结果却是绝了未来的路。"木栅不是没有"聪明人"。猫空缆车建成，带来源源不断的游客。开家观光茶舍，从外地进茶打着铁观音的名目卖，利润可以"倍"来算，何必还要辛苦做茶！固执坚持做传统茶的并不算太多，老茶农张水木是其中一位。中秋这晚，豪雨之后朗月终于从浮云间逸出，我们驱车再次攀上木栅漳湖山，去看张水木做茶。前一天萎凋发酵好杀青的半成品存放在冰柜里，专门等我们来再开始包揉。和过去相比，铁观音的包揉从柚子大小的布包手脚并揉，改成二三十斤一大包，先用速包机包紧，再放到平揉机上滚揉的作业方式，但人工并没有省多少。从初揉到最终成品，要反复 30~60 次左右。每次解开布包，检查成形情况，要再倒入滚筒杀青机中结块回温，再重新束包。以最快一个来回 10 分钟计算，一刻不停歇也要八九个小时。

捧起一把新做好的铁观音秋茶，黑黝黝沉甸甸的，和平常在大陆所见墨绿乃至翠绿的模样颇不相似。木栅也有用金萱做铁观音的，但张水木基本只做"正枞铁观音"，即

"闻"是传统做青必修功课。苏文松把鼻子贴近晾青中的茶菁，深深呼吸，当香气饱满青气消失时，就是杀青的最佳时机

铁观音茶树做的铁观音。和其他品种相比，铁观音的特点在于特殊的"观音韵"。不是所有的铁观音，都能做出观音韵。首先要在合适的时间点，人手采摘七成开面一心两叶到一心三叶的芽叶。机器采摘的原料，因为大小和成熟度无法一致，会造成发酵程度不均匀。其次，萎凋和摇青发酵要"透"。台湾乌龙茶可说是"绿茶化"轻发酵的起源地，但铁观音发酵不到位，则会"香香的软软的"，就是没有品种应有的厚度，只能靠进冰箱保存香气，一旦存放于常温条件，十天半个月便会现出原形。包揉成型后，还要经过精细的烘焙，才能带出"韵"的感觉。

　　"一滴露"铁观音是张智扬的父亲张顶丁创立的品牌，选用冬春两季正枞铁观音毛茶，按自家独门制法拼配、烘焙。在茶行对比喝 2013 年春茶比赛头奖获选茶，和一滴露极上品，就会发现前者虽然清香甘甜，却缺乏骨感。后者或许没那么讨喜，但沉稳厚重得多，入喉后口中留下长久的回味，甚至有一点点像岩茶。张智扬心目中的"观音韵"，是兰花香加上一点泥土、矿物质的味道。祖先反复尝试后对找到表现这种茶树特质的最佳制法，在木栅，我们还有幸能几乎完整地看到。而在其后的安溪之行中，更简便的流程和更强大的机器，基本已经取代了对每一道细致工序的尊敬。

包种和乌龙

大陆统称为"乌龙茶"的半发酵茶，在台湾却有"铁观音""包种茶""乌龙茶""白毫乌龙"等多种称呼，开始颇不适应。技术指导上的权威机构"茶叶改良场"，则把乌龙茶分为"条形包种茶"和"半球形包种茶"两大类。说白了，包种，就是指条索形乌龙茶。一般半球形乌龙茶，都被称为乌龙。

包种茶确确实实是在台湾本土发展出的品种。大约是在嘉庆年间，安溪移民王义程创立了用青心乌龙品种制作条形乌龙茶，再用白色毛边纸包成四两（也有一两、二两）正方一包，盖上茶行印鉴的制法。讲闽南语的茶农，习惯称青心乌龙为"种仔"，这种纸包茶，也就被叫作"包种"。杜德带动台湾乌龙茶出口没几年，美国废止茶税，茶价下跌。台湾茶商想出把包种茶运送到福州窨花，制成包种花茶的做法。其后同安人吴福老在大稻埕设厂，窨制茉莉、素馨、栀子花茶，邻近地区一时多有弃茶种花者，茶季便暗香浮动，弥散整个街区。而今日闻名的"文山包种茶"，则是到20世纪初安溪人王水锦、魏静时二人到台湾，在南港大坑开垦茶园，创制出不需要窨花、发酵较轻亦能彰显花香的改良包种茶。日据时期，二人被延揽为"包种茶产制研究中心"讲师，四处推广，最终在彼时名为"文山堡"的坪林及周边石碇、深坑一带落地生根，成为特色品种。所制包种茶二战期间的主要市场，竟是日本占领的东北、华北地区。

坪林也是福建移民最早开辟的茶区之一，离台北市约一小时车程。台北市饮用水源翡翠水库的上游，正是贯穿坪林境内的北势溪。也因这个缘故，坪林的环境保育受到特别重视，除草剂、化肥农药的使用都有严格标准。

坐上苏文松的皮卡车，溯溪上茶山，我不禁猜想当年乘船经新店溪入北势溪抵达这片青翠宁静山谷的移民，会自然生出"就是这里啦"定居下来的念头。溪水湍急清冽，岩石上常见白鹭身影，运气好的话还能看见台湾蓝鹊。两岸山势虽不算高峻陡峭，却以丰茂的植被动人。一路上闪过满树白花的曼陀罗、硕大如树的蕨类植物桫椤和叶如闪亮蒲扇的面包树，其间只是偶尔闪出几片小块茶园。这也是令苏文松特别自豪的一点："我去过很多别的茶区，环境都不如我们这里好。这里除了茶园，就是树林，既没有畜牧业也没有工业。"坪林乡人口虽然不少，种茶的却不到一千户，主要原因是茶园并不易得。想开辟或购买茶园，必须向政府农业局申请，首先核定地块是否属于勘测中划定的"农地"。坪林的"林地"面积远远超过"农地"，如果私自在林地上开垦茶园，很快会收到一张6万台币的罚单，逾期不缴纳不退耕，第二张加倍，直到遵守规定为止。因此像苏文松一家这样拥有近百亩茶园的茶农，在坪林还真是不多。

坪林茶园多在海拔 600~800 米的山地。在中南部高山茶区尚未发展的时期，应该算北部相当有规模的茶区。平日多雨多雾，山峰经常浸在雾里，加上纬度较高，生长出来的茶内含物质饱满，表现在茶水上又细致柔顺，渐渐就定型为清香型的做法：轻发酵、轻搅拌，但萎凋时间和摇青次数仍然保持相对传统。这样做出来的文山包种茶，干茶墨绿，茶汤呈现蜂蜜般的蜜黄或杏绿色，入嘴有清淡却持久的花香。苏文松说，最上等的香气是野姜花香，既馥郁又清透，能否做出却要看天时地利，可遇而不可求。

在坪林乡老街的祥泰茶行，第四代少掌柜冯怀谨拿出的文山包种熟茶，更让我们大开眼界。原先以为文山包种最大的特点就是清香，也是发酵度最轻的乌龙茶，没想到还可以经过精制焙火，转变为口感圆熟、汤色金黄的茶。冯怀谨的父亲冯明忠，经历了包种茶先以大量分级分堆出口为主转型为精致化内销全过程。80 年代以前，文山包种都以熟茶为主，冯家人觉得是因过去生活水准不高，食物中油荤少，喝发酵轻的清茶太刮油，胃受不了。直到岛内销路兴起，绿茶化轻发酵以香气讨巧才蔚然成风。用更简单的工序，还可以卖出更高的价格，何乐而不为？发酵度达到 20% 以上的传统包种茶和精焙熟茶逐渐式微，但冯家还是坚持尽可能保持传统，要求几代以来固定合作的十多家茶农制作发酵充分的毛茶。

"浪青充分，发酵足，喝了就不会头晕。我这里就是这种茶，不会喝茶没关系，两种泡来对比喝，你的嘴巴你的身体会告诉你哪种更舒服。"

在祥泰，我们还喝到传说中的包种花茶。大稻埕的窨花厂已所剩无几，冯家在彰化窨花。和福州花茶不同，包种花茶兼具半发酵茶的茶香和茉莉花香，并不存在主次之分，茶水甜美。但这款茶一年也就窨几百斤，供给老顾客。近年来虽有回归传统的趋势，份额毕竟还少。坚守二字说来简单，做起来还真是不易。

高山茶和高冷茶

去完坪林的第二天，吕礼臻打电话来：等着台风过去毕竟也不是办法，我们就边往南边走，边看路途情况能到哪里。于是我们登上他那辆宽大的旅行车，南下访茶。

吕礼臻刚刚卸任台湾"中华茶艺联合促进会"会长的职务，任内最得意的一件事，是邀请十几个国家的茶艺爱好者，办了一场"幸福元素"茶艺大会。还是个孩子的时候，他常常跳上叔叔的摩托车后座，顶着风开上八九个小时到冻顶山去。叔叔是去收茶，他是去玩。直到 70 年代末，自己开了第一家茶店，他才知道跑茶区收茶有那么多东西要学。茶农送来的毛茶，几个茶碗一字排开，泡开叶底后闻闻汤匙上的香气，就能分级定价，

有云雾的茶山，茶叶上易凝聚晨露。有露水和雨水时，都不是最合适采茶的时刻。吕礼臻回忆说，以前的茶农在早上采茶之前，有一个动作称为"还露"，就是在竹竿上方绑一块布，在茶树上方来回擦拭，就是为了把露水去掉，然后再采茶

这手绝活曾把他看得心服口服，却历经刁难才向前辈讨教到经验。很多年里，他在裤子口袋里揣上一把汤匙，早上从台北出发，赶到冻顶山，盯到半夜看毛茶杀青决定是否买下，再开车迎着黎明返回台北，历练成无路不晓的茶区通。那个年代，中美建交，欧美和东南亚外销市场都开始萎缩。好在台湾经济起飞，连续12年以十几个百分点的速度增长，对精制茶的需求也一下爆发。茶从百姓衣食住行的寻常物，演变为对口感香气等有更高要求的雅致消费品，身价暴涨。那个年代，海拔800米以上的冻顶乌龙，率先成为高山茶代表，每台斤能卖到台币800元以上，和现时的价格相差无几。

海拔越高，温差越大，云雾聚集也越多。茶树需要更漫长的时间才能成熟抽芽，内含物质自然也更加丰富，造成苦涩味的茶碱含量相对也比低山茶少。因此，高山茶香气细腻，口感圆滑柔顺，即使不太懂喝茶的消费者，也能轻易感受到这种区别。同理，高山蔬菜、高山水果，也会更甘甜美味。于是在80年代后期至90年代，台湾的高山农垦兴起。种茶热潮由冻顶山滥觞，沿着中南部玉山山脉、中央山脉，不断向更高的杉林溪、阿里山、雾社、清境农场、梨山进发，直至海拔2 600米以上的大禹岭。"那时的冻顶，茶商都拿着现金等着买茶。满山遍野的菜地、树林全部都改种茶树，茶园不再是山林的一部分，而是山林变成了茶园。"吕礼臻描述这番景象，希望过度开发的前车之鉴在大陆茶区不要重演。当茶树成为单一物种，就只能依靠化肥补充营养，靠农药抵抗病虫害。由此引发的蝴蝶效应如土壤酸化、水土流失等，已让早期过度开发的茶区尝到恶果。

开往冻顶山核心茶区冻顶巷的路上，植被已恢复了许多，只是正值秋茶季，沿途村镇的观光设施似乎有点冷清。老茶农何烟墩，又是一位第三代。大家围坐泡上新制秋茶，汤色金黄，香气和滋味都很厚重，唇齿长留回甘，正是传统乌龙茶发酵充分的特征。冻顶山大规模种植茶树是近几十年的事，但当年林凤池从武夷山青心乌龙茶苗引入台湾，有一部分就是种在冻顶山。所以何家既有新茶园，也有上百年的老枞茶树。何家在杉林溪海拔1 200米的地方也开辟了茶园，相比之下，何大叔认为杉林溪的香气更清冽细腻，冻顶则更强劲。一定树龄的茶树加上更充足的发酵制作，茶经得起时间考验，更有可能转化为沉厚圆熟的老茶。吕老师那就有一批，喝起来茶气沛然。

由冻顶入山，一条路通往邻近的杉林溪，另一条通向阿里山的后山梅山、瑞里一带。公路在山间蜿蜒攀升，披被槟榔、香蕉和亚热带茂密植被的巨大山峦，顶部时常被遮挡在飘忽的云雾里。在高处一眼望去，不见人烟村舍，提醒我们这里曾是台湾少数民族与世隔绝的原乡。"茶要喝才知道什么味，光讲没有用呐。"这几日每晚住下，吕老师都要铺开茶席，让我们像上课一样喝茶。从800米以上的冻顶山，到1 200米的杉林溪，再到1 500~1 800米的梅山阿里山，这一带是台湾高山乌龙茶的代表，风格大体接近但

日月老茶厂保留了自日据时代以来的制茶机械和格局，萎凋槽、杀青机、发酵架等，都和过去一模一样

鱼池乡香茶巷深山中仍保留了不少台湾土生山茶老茶园，这蓬树龄在五六十年以上。过去都是茶籽有性繁殖，造成茶树群体种形态各异，有的芽红，有的叶圆，有的叶长

又各具特色。冻顶沉实有回韵，杉林溪清香，阿里山花香优美稠顺，梅山茶发酵度比阿里山高，类似冻顶但更细腻。

在午后漫起的大雾中穿越太和、樟湖、石桌、番路等阿里山核心产区，于嘉义稍做停留，继续驱车经过埔里，再度入山。从电影《赛德克·巴莱》故事发生地雾社开始，我们进入"高冷茶"的产区。雾社之上，庐山、清境农场、梨山、大禹岭产区隔山相连，是台湾茶海拔最高价格也最高的产地。

深夜抵达的清境农场，漆黑暮色中只见数朵白云衬出一座灯光点点的山头，宛若天空之城。清境农场和附近的武陵农场，原本都是为退役老兵设置的安置所，近年大力发展观光，盖了许多仿欧式建筑吸引游客。只要离开中心旅游区，清境仍是第一眼看到的宁静山谷。黄侦哲的茶园坐落在农场之外，这是他的七片高冷茶园之一，眼下正做秋茶。差不多在20年前，高山茶兴起，黄侦哲和六个兄弟决定投身茶园开垦，自立一番事业。最初落脚在雾社下面的茶区，海拔在1 300米左右。通过第一片茶园的摸爬滚打，他学会种茶、做茶。不是每个人都能忍耐茶山的寂寞和辛苦，黄侦哲的创业到第7年才开始打平，七个伙伴中如今只有他一个还在做茶。虽然算产业殷实的茶园主，黄侦哲和年轻的太太江爱，仍然住在各处茶园简单的工厂里，从照看茶园、采制到在茶园边上种好吃的蔬菜水果，事事亲力亲为，并且乐在其中。

台湾茶以清明前后的春茶、立冬前后的冬茶为上品，白露前后的秋茶作补充。每逢茶季，黄侦哲要安排好各茶园错开采摘的时间，一处处亲自监制，也就意味着连续一个月以上要夜以继日地做茶。上午采摘的茶菁摊放在屋顶，日光萎凋后，转入室内萎凋。每一竹筛的分量都仔细称过，由此开始长达十多个小时的萎凋、发酵过程。为保持高冷茶清香细腻的特质，萎凋时间几乎是台湾茶中最长的，其间手工摇青、机器摇青的力度则不能太重。凌晨一点，我们被叫醒，去看最后一次摇青。从竹制摇青机里倒出的茶菁，叶边变红，散发出似花又似果的甜郁香气。它们还要继续静置，等待香气最饱满、青草气最弱的那一刻。大约等到三点，吕老师走进萎凋间，把脸深深埋进茶菁里吸了一大口气。他说："来闻闻，是不是像龙眼的香味。"果然，此时此刻，青气几乎闻不到了，房间里弥漫着犹如新剥龙眼的甜美香气，可以杀青了。杀完青、初焙过的茶，还要持续一整天重复包揉，但香气和滋味基本已经定型。一边品试刚做出的茶，太太一边端出煎大虾、卤牛肚等美味消夜，黄侦哲这才露出笑容，享受难得的轻松。

高冷茶区的桂冠，当然要数大禹岭。通往梨山的道路因台风毁坏封闭，我们便直奔大禹岭。清境农场向上，经过在台湾少数民族抗日史上赫赫有名的翠峰、翠峦，始终在阴沉沉的雾中行走。没想到，从海拔 3 275 米的分水岭武岭转入合欢山脉，顿时换作白云晴空，高大古老的松木、桧木在阳光中神采奕奕，若是山顶上再有积雪，我会以为到了西北高原的森林里。这大概就是台湾被称作"宝岛"的原因，它既有亚热带富饶的平原，也有丝毫不逊色于内陆的高峻山脉，譬如大禹岭茶区的海拔高度，和云南最高海拔产区几乎完全一样。

大禹岭并不是一座山峰，而是贯穿台湾南北的中部横贯公路穿过合欢山垭口的一段，当年因施工难度极高，被蒋经国以"大禹治水"的典故命名。由北向南，从中横公路起点开始计算公里数的 95K—105K 之间，通常被认定为大禹岭茶区，尤以 104K—105K 之间被茶客视为极品。然而大禹岭茶园开发不过是近二十年间的事，隶属国家森林保护区，获得许可的茶园极少，每年总产量不过一两万台斤，能喝到真正的大禹岭茶，已经难上加难，遑论只在 104K—105K 之间出产的。其实这十多公里山道海拔落差并不大，至低也在 2 600 米以上，盲目追捧宣传中的公里数意义不大，不如比较茶园管理和做工。

黄侦哲的茶园在 98K 附近，在公路边一处不起眼的岔道口停下，他说：大家等等，我们要坐轨道车上去。所谓轨道车，也就是几只木箱，安装在茶蓬上方悬空自设轨道上，

小绿叶蝉影踪难以捕捉，被它们咬过的芽叶却很好辨认，虫咬程度越严重，越呈现发黄、卷缩的状态，茶农看到也越开心

靠扳手控制上下行或停驻。"坐稳了!"黄侦哲跳上最后一只木箱,我们两手抓紧边缘,沿着几乎七八十度的陡直坡度缓缓上行。穿过树丛便豁然开朗,整面山坡开阔的青翠的茶园,在油画般的阳光下呈现。从垦荒开始,一块块搬走石块,改良土壤,堆砌台垒,这片茶园花了黄侦哲18年时间,才经营出如今欣欣向荣的景象。遍布岩石的坡地,其实像极了《茶经》里说的"上者生烂石"。但茶蓬脚下的土壤,却油黑松软,是长期精心施用有机肥的结果,"这样茶树长出来营养比较丰富,要不然会有岩味"。眺望四周,合欢山、奇莱山绵延不绝,其中有正在崛起的新产区"原始林",左侧略低的山峰是梨山核心产区福寿山农场。黄侦哲自豪的这片高冷茶园,确实令人叹为观止,感受到人类改变自然的坚韧力量。

和低山茶相比,高冷茶或许更能体现"冷香"。香气不会浓烈到扑面而来,只是清淡悠长地在唇齿间缭绕。通过充分发酵,高冷茶会展现出风土特有的花香或果香。比如梨山茶有时呈现雪梨或水蜜桃的香气,清境农场茶有干净清纯的花香,而大禹岭茶表现最丰富,虽然一直保持纯净清香,但从第一泡开始,到十余泡后,会在滋味、稠滑度和回甘上展示微妙的变化,醇厚韵味绵延不绝。吕礼臻认为,高冷茶的魅力在于把饮者带回到生长环境的能力,似乎可以从茶里感受到闪亮的蓝天、满天星斗和高山的风。或许同样出于对"冷香"的追求,台湾在90年代初开始逐步减少秋茶生产,着重于冬茶。11月立冬后的寒风,带来冬天的味道,造成略带冰凉辛辣感的茶香。张智扬说秋香是艳丽的香,好比花露水,冬香就是细致幽雅的香,有如高级香水。这就是为什么台湾最终把高冷茶、冬茶视为茶的极致。

红茶复兴

第一次拜会何健,说到兴起,他随手就从里屋拿出个小四方纸包,上边印着"Formosa Black Tea"和"Nitton"商标。这包日东红茶产于20世纪20年代晚期,当时日本人在日月潭附近鱼池庄引种印度阿萨姆大叶乔木种茶树,试制红茶成功,旋即输往欧美与立顿红茶一争长短。

这段出于贸易争夺的历史,也造就鱼池在台湾地区独一份地以大叶乔木种茶树为主,既有引种80年已本土化的阿萨姆,也有原生野茶驯化的台湾山茶,以及近年来风行的红玉和红韵。

台湾的红茶之路和大陆红茶由正山小种领军、延续并带动复兴的历程极其相似。台湾红茶的创制起因也是为了出口,主要生产适应欧美市场的低档红碎茶,但是再低低不过印度、斯里兰卡等东南亚国家。自 60 年代开始，外销萎缩，岛内虽有"泡沫红茶馆"兴起，所用原料也宁可用一公斤才一百多台币的进口红碎茶。新城村香茶巷茶农李国镇亲身经历这场衰落：爷爷辈就在深山中开垦出的山茶园，产品原本由农林公司包销。后来农林公司不肯再收茶叶，只好改种槟榔。乔木种老茶树虽经台刈修剪不会太高，却枝干粗大，根系深埋地下数米，要挖出来还相当费劲，得出动挖土机不可，也只好荒废放养，任其在槟榔树下自生自灭。30 年中像这样抛荒的茶园，在鱼池乡比比皆是，多达上千公顷。

是以 2000 年"9·21"大地震之后，曾经差一点遭裁撤的茶改场鱼池分场，提出寻找经济出路、复兴精制红茶的计划时，鱼池乡反而保留着许多几十年乃至上百年的老枞茶树。低档红茶的衰落期，恰恰是高档乌龙茶在岛内兴起的时期，消费者已培育出较为精致的口味，加之年轻人对偏向西方趣味的红茶接受度颇高，用台湾阿萨姆品种试制的高档红茶，在最合适的时机重装上市，竟一炮而红。这不但让鱼池乡沉寂多年的茶园苏生，更带动其他产区纷纷用夏茶试制红茶，例如冻顶和花莲一带的蜜香红茶。早年出去做厨师的李国镇也回到家乡专心做茶，眼下他正准备把自家老枞野山茶园里的槟榔树除掉，现在是槟榔妨碍了茶树。

农林公司的日月老茶厂，如今已经变成一座蛮有气质的观光茶厂。观光客既可以参观用旧式机械生产红茶的过程，也可以在纪念品商店挑选几罐设计精美、价格不菲的红茶作为手信。原先台湾时尚青年是消费主力，现在越来越让位于蜂拥而至的大陆观光客了。

日月潭红茶的零售价，还赶不上大禹岭茶、东方美人，但也接近梨山茶。若论滋味，阿萨姆和山茶质朴雄厚，茶改场培育出的红玉和红韵，自带薄荷、肉桂乃至热带花果的香气，犹如食物中的咖喱别具一格。吕礼臻只是有一点担忧，如果消费者更多出于好奇心和追赶时尚，而非对茶本身感兴趣，复兴的盛况是否能长久持续？这或是现在就需要开始思考的问题。

东方美人

晚清移民闽、客恶斗，客家人被迫退守到台北西南部的桃园、新竹、苗栗。台湾人习惯把他们聚居的地区称作"客家村"。虽有各种创制的说法，但归根结底，东方美人恐怕还是出自客家茶农出于节俭而无心插柳的发明。桃、竹、苗一带背风湿热，比高山产区更能吸引茶树头号害虫小绿叶蝉，茶农备受戕害，影响产量和品质。不知是哪位茶农想出办法，将被咬过的一芽两叶加重发酵，让它看上去不那么难看，结果竟然出现谁也意想不到的特殊风味。这种茶，有近似红茶的汤色和浓重口感，又有后来被称为"着

许时稳退伍后就开始用心经营这片樟树下的有机茶园。虫咬严重，就可能做出五色相间漂亮的东方美人

涎香"的花果蜜香，层次丰富多变，送到台北竟卖出高价，回乡故得俗名"膨（椪）风茶"，意即吹牛茶。生性严谨的日本人则将其命名为"四分之三发酵乌龙茶"，1923年开始批量生产出口，一度年输出三四百万公斤。

我们跟着苗栗县头份镇茶农许时稳，在茶园里拍打枝条，搜寻着这种"头号茶树害虫"的身影，希望能把它摄入镜头。偶有针尖大小的绿色虫影遽然飞出，还没来得及对焦就不见了。倒是被它们咬过的茶芽好找，虫的唾液发生化合反应，产生酵素，令嫩叶无法进行正常的光合作用，发育受阻，叶缘泛黄起皱，叶脉微红。我们能看见虫咬的痕迹，却看不见茶树正用自己的力量愈合伤口，并在伤口周围分泌出次生代谢物，散发特别的气味，试图吸引小绿叶蝉的天敌前来。这微观世界中发生的种种奇妙变化，正是东方美人"着涎香"的关键。能否做出花、果、蜜香俱备的美人，首先是能不能掌握虫咬程度重的茶菁。如果茶园不幸虫害很轻，制茶季节茶芽几乎还是绿的，茶农就该大叹倒霉，做出的干茶也只有白毫和黑两色，不会出现红、白、黄、绿、褐的斑斓五色。

虫来不来，要看老天。人力能做的，就是尽量少干预。通常东方美人的宣传中都说为了吸引虫咬，绝对不能施用农药。这句话在一定程度上有些误导。夏天主产季五月底到六月底固然不会打农药，但春秋同一片茶园还要做乌龙，就不一定不会打药。许时稳是为数不多坚持有机种植的一位，他的茶园没有一路所见那种密不透风的茶垄，东一棵西一棵，稀稀拉拉，又矮又瘦。帮我们找小绿叶蝉的当儿，他不时蹲下身去，顺手拔起

萎凋发酵到最佳点的乌龙茶，投入不锈钢滚筒式杀青机中杀青，终止发酵，再用揉捻机揉捻，初步干燥后香气和滋味便基本定型。这个过程从采摘茶叶开始要将近20小时，还不算包揉成型另需一天

清境农场凌晨三点，经过四次摇青、静置交替，茶菁已经出现"绿叶镶红边"的典型乌龙茶特征，屋子里满溢如新鲜桂圆的甜美香气

杂草，再扔回茶树根部。他倒也说不出什么豪言壮语，只是觉得应该保留茶树原来的面貌，况且喷农药第一个受伤害的就是茶农自己。二十多年前，他服完兵役回家接受自曾祖父时就开始垦殖的茶园，那时东方美人价位才两三百块台币一斤，比冻顶茶低好多，靠种茶几乎无法谋生。好在信基督教的太太一直给他打气，鼓励他做的努力必有结果，不必过于忧虑眼前困境。果然近十来年东方美人水涨船高，茶价反而比冻顶高出几倍了。

东方美人诞生将近百年，却要到 2004 年才由农产部门统一定名。之前有叫"椪风茶""白毫乌龙""番庄乌龙""香槟乌龙"等种种，是桃、竹、苗茶区一个特有但不那么主流的品种。专门的东方美人比赛从 1994 年开始，获奖茶被主办机构推向市场，以香气夺得消费者欢心，价格连连攀升。之前不太重视的茶农也都放弃其他品种的制作，专攻东方美人。比赛中清香优雅的茶更容易获奖，也更容易获得大多数消费者接受，因而东方美人虽然原本是乌龙茶中发酵最重、几乎最接近红茶的，后来也兴起清香型的风气，茶菁越采越嫩，发酵越来越低。虽说"低"，也会到四五成发酵度，但几位茶界前辈说起来，还是连连摇头。他们认为只有采摘相对成熟的芽叶，萎凋和发酵充分，才能体现东方美人圆熟甜美而多变的口感，一味追求清香，层次便会变得单薄。老茶客倾心的传统美人，如今不多见了。

从精耕细作到自然农法

苏文松茶桌的玻璃板底下，压着"农业药物毒物试验所"的培训结业证书。从北部到中南部茶区，无论像苏文松这样四五十岁的中年，还是二三十岁的接班一代，甚至六十岁以上如张水木，都能对茶叶生长的营养、化学物质、病虫害等侃侃而谈，"氨基酸""果胶质""茶多酚"等专业名词说起来一点不费劲，和大陆茶农用感性凭经验的描述法大不一样。

几年前苏文松曾经造访武夷山，他的印象是自然环境非常独特，但是修剪、施肥都不到位。"如果交给我来管理，肯定不一样。茶树有的时候需要水，你却给它肥，那怎么能长到最好！"

在阿里山后山瑞里乡，我们见到迄今为止抽芽最茂盛的茶园。一树茶蓬修剪发出无数新梢，每枝都在蓬勃抽出肥壮的茶芽，很快便能采摘。茶园主人邱文聪非常自豪："你们看，这茶园铺满落叶，根部挖下去三十厘米还是松软的黑土。"邱文聪是当地茶园管理的高手，他曾经在 1998 年接手管理一片茶园，头一年春茶每公顷产量 375 斤，到第二年就成长到 750 斤。秘诀在于大量使用有机质，如豆粕、花生粕和有机肥。病虫害防治

邱文聪是梅山乡瑞里村茶园管理的高手，他自豪于铺满落叶的土壤，从茶树根部挖下去三十厘米还是松软的黑土

则多用衰退期快、有脂溶性的农药结合生物防治，主动做到比政府要求的农残时间更短，让消费者喝到安全的茶。人为的管理会对土壤造成压力，盐基高、酸度高，茶树变得虚弱，不抗病，又需要用到农药。完全依赖化肥农药做"精准化管理"的茶园，的确会长出外观好看且高产的茶叶，但所有步骤都依照单位产量最大化实施，土壤只是像填鸭一样被补充氮、磷、钾，却不能获得其他微量元素。土壤负担很大，茶树也变得外强中干，对病虫害失去抵抗能力，更加依赖药物。"善待土地才能做出好茶"，邱文聪决心不给在漳州读茶学专业的儿子留下透支的茶园。

在邱文聪、苏文松们普遍采用的生态种植基础上，也有越来越多的茶农开始尝试有机种植，完全不使用化肥、农药，只用有机肥。木栅茶农陈威志是当地四五户采用有机种植的示范茶农之一，中秋那天，他踩着电单车，背上一罐液体有机肥，抢在下雨前去茶园施肥，这样土壤吸收更快。陈威志原先在农会捧"铁饭碗"，人到中年却辞职就读中兴大学农学士，回乡从头鼓捣起茶园。从喷洒农药开始，茶叶种植、制作的全过程，首先接触药物的是茶农，用农药就是害自己。在木栅、坪林、大禹岭、苗栗，茶农都不约而同向我们陈述过这个观念。当然，控制农药使用也有市场的原因，化肥种出的茶生长期短，寡淡不耐泡，有机肥种的叶片比较肥厚，七八泡还有香气。

为什么台湾茶农比大陆茶农更重视精细、科学的管理，也更重视安全？除了经济和教育原因，历史上受到多重文化影响或也不可忽视。中国传统文化当然是最主要的来源，而对科学化管理、有机种植等推动最大的农会、茶业改良场等机构，都在日据时代建立。单位面积通过精确管理，能够出产尽可能多的产量，是日本岛国文化中根深蒂固的概念。不仅仅在茶叶，粮食、蔬菜、水果等农业领域，都呈现出有别于中国传统"经验传承"式的精准化。

但纯有机是否就是茶树种植的极致？阿里山太和茶区的年轻茶农简嘉文、叶人寿，再度颠覆了我们对茶园管理的认识。2009 年台风"莫拉克"的侵袭，太和算是重灾区之一，道路冲毁，连续十多天与外界交通中断，世代种茶的简嘉文开始思索人与自然的关系：冠型密植开垦的茶园，是否已对阿里山原本生态造成了破坏？十几公里外的叶人寿，茶园遭泥石流冲走，数日后他去寻找，发现茶树没人照料，竟然还活得好好的。有机肥虽然来自自然，但施放本身并非是完全自然的行为。茶树本身是否有靠自己的努力，深探根系，从土壤和环境中汲取养分，健康存活的能力？于是两人不约而同，用自己名下的茶园，开始尝试"完全不干预"的自然农法。简嘉文的茶园大约有二十多亩，茶树叶面有许多虫洞，地面杂草丛生，和周围整齐肥壮的冠型茶园相比，简直像流浪儿般可怜。除了拔草和必要的修剪，他常常只是坐在茶园里观察微观世界里生物链的关系，看得如痴如醉。刚放弃人为管理的头三个月，病虫害大爆发，茶树几乎死掉，咬牙坚持下来，虫竟慢慢减少，尤其是戕害最重的小绿叶蝉竟然基本销声匿迹。原先靠农药化肥强行建立的环境被打破，茶树作为周遭自然的生物链一部分，也有了自我抗病的能力。说起常人避之不及的"害虫"，两人眉飞色舞："茶脚盲椿象咬过的茶叶，有可能做出兰花香；蓟蚂和蚜虫咬过的，做出的茶有甜味；毛毛虫是不少啦，可是最讨厌的红蜘蛛，以前用药也控制不了，现在几乎绝迹了。"

回到北京后，我才打开叶人寿送的自然农法乌龙茶。茶叶泡开后又大又厚，虫洞宛然在目。没有扑面而来的香气，但甘甜、醇厚，越往后越感到骨架十足，这种口感让人回到阿里山峰峦雄浑、雾岚弥润的风土，应该是自然农法希望达到的效果吧。茶，原本就是森林的一部分。

比赛

来台湾以前，也常碰到朋友喜滋滋拿来一罐茶，说是通过某某特殊管道拿到的比赛获奖茶，看起来这似乎就是台湾茶品级的行业标准，消费者只要认准包装上的获奖级别就可以放心购买。和一路拜访的茶人、茶农聊天，才发现大家对"比赛"，原来有着喜忧参半的复杂心态。

我们采访的茶农，在当地都算高手，几乎家家屋子里都挂着"特等奖""头等奖"的牌匾。张水木家更夸张，整个二楼四壁十几米墙上，全部密密麻麻挂满奖状。他13岁第一次用自己收采的茶菁来做，送去参加比赛，根本没人把他放在眼里，居然得了个特等奖。那张最有纪念意义的纸质奖状，糊在墙上早就被蟑螂吃掉了。

台湾的茶区比赛体系，雏形为1922年日据时代举办的"台湾茶叶品评会"。1975年首次在新店举办的"包种茶比赛与展示会"，则首次制定参赛规则，拍卖比赛茶，目的是敦促茶农提升技术，对外推广地区名茶。这次比赛获奖茶最高价拍到4 800台币每台斤，比起当时每公斤平均一两美元的出口价格，不啻天上地下。于是应和着台湾经济起飞、内需增长和精制茶起步，各茶区政府、农会纷纷开始举办每年春、秋（冬）两季的茶叶比赛，迄今已有二十多个赛区。南部赛区以乌龙为主，北部赛区多细分为包种、铁观音、东方美人等专场比赛。

各赛区规则各有不同，大体来说，只要持有当地居民身份，无论茶农、茶商或普通个人，均可作为"一点"参赛。一点可送选22台斤茶叶，密封编号，由评审盲品。每场比赛选出特等奖一名，头奖若干，其次是二三等，这个比例约在20%~30%。另外30%~40%会获得优良奖，整体获奖率在60%左右。一旦获奖，除去比赛样品用去的1台斤，剩余的送选茶由主办单位装入印有封条和等级标记的特别包装盒里，制定指导价交还个人销售。赛后往往会举办展卖会、拍卖会，特等奖得主的价格超出市价数十倍甚至百倍，还没拿出来就被预订一空。优良奖的指导价也会略高于品种行价。

初衷当然好，几十年下来，围绕比赛，也发展出许多特殊生态。

苏楠雄大概是台湾岛内获特等奖最多的人，他的店窝在阿里山番路乡隙顶一处不易觉察的岔道口，屋里堆满茶箱、包装袋、烘焙机和层层叠叠放在角落里落满灰尘的获奖木匾。从1996年首次参加比赛拿到冠军，苏楠雄干脆把自己名下几十亩茶园交给弟弟种，专心收购中南部高山毛茶，精制后打比赛。每年两季下来要赶8~12个场次，嘉义、鹿谷、梅山、阿里山等赛区都参加。他眼力准，焙工精，一年一两个特等奖，好几个头奖绝对没跑。其中直接动因固然是经济收益，比如2012年在鹿谷农会拿特等奖的20斤茶就卖了400多万台币，但荣誉感也蛮重要。他有好几台烘焙机和自制木炭焙坑，多年来没有帮手全靠自己。茶季开车每天跑十几个小时收茶，接着又要通宵达旦捡梗、焙茶，有一次忙精制时仓库被人撬开，偷走2 000多斤茶。八岁的女儿看见父亲搬茶焙茶的辛苦，已经声明长大后要当老师不干这一行。为了孩子的教育，他在一个多小时车程外的嘉义市区买

一开始焙茶，吕礼臻就连续三天只能睡几个小时。"入火不伤品种香"，既要用温度去除茶叶中的杂味和提高香气纯度，又不能让火香盖住原本的茶香。用电焙出不逊于炭焙的效果，绝对需要多年摸索出的细致经验

了房，每天和妻子轮流往返山间和市区，根本没有时间打理生活。这份夜以继日的艰辛，若是没有对茶如痴如狂的疯魔，不可能坚持几十年。

苗栗头份镇的邓国权茶园是另一家"特等奖专业户"。1998年至今苗栗县东方美人比赛，除两次外，特等奖都被他家夺得。东方美人首先看茶菁虫咬程度，邓家不但有自己的茶园，还四处寻访自然环境最有利于吸引小绿叶蝉的茶园，包购茶菁。生长期向茶农提供高价有机肥，采茶用合作十几年的专业团队，务求细嫩齐整。掌握了一流茶菁，在萎凋、发酵、杀青诸多细节的拿捏上，邓家也有比其他茶农更细致的讲究，甚至萎凋间阳光和气流的方向都会造成微妙口感变化。就这样，出自他们家极尽巧工的茶，总能得到评审青睐。有同乡来说项：能不能偶尔不参赛，让别家也拿几次特等奖？邓国权回答特别实在：特等奖就是钱哎，难道要我有钱不去挣吗？新竹、苗栗地区近年东方美人特等奖售价由20多万台币起跳，甚至标到过百万台币，更有慕名而来的大陆客登门提出有多少要多少。

还有一类"比赛专业户"和彩民一样，不是冲着得大奖，而是冲着优良奖概率去的。同一种茶，想办法找200个当地身份名额送选，只要有一半能得优良，装进比赛包装，以略高于行价的价格出售，也能多挣上百万。

主办方未尝没有经济考量。从参赛几百点的小赛区，到七千多点的鹿谷赛区，每点参赛费从一两千到数千台币不等。主办方要负担评审费用、获奖包装印制和相关宣传，剩下的收益，算一下也颇可观。

在这套成熟运转的比赛体制下，人人希望求稳求赢，送选的不一定是优点最突出的茶，但一定是缺点最少的茶。评审盲品，用150毫升评审杯投茶3克，沸水泡5分钟，茶中所有优缺点浸出，综合评比。平日十几种对比无妨，比赛期间，一天要试几百泡茶，苦涩度太高的，到后来总会难以入口，这或许也是清香型茶在各赛区中屡屡胜出的原因之一。另一个原因，则是要找出"大多数人会喜欢的口味"。一些对比赛制度感到忧虑的老茶人，认为比赛正是台湾乌龙茶绿茶化的起点。冻顶地区原本重视发酵和烘焙，1976年开始比赛，1979年已经明显趋向清香。坪林1985年的比赛是个转折点，当年有几位评审特别倾向豆青香，类似芦荟芽摘下来揉揉的味道。既然不用充分发酵，就能做出评审喜欢、容易拿奖的茶，为什么还要吃力不讨好？文山包种传统发酵度在20%~30%，如今已经以12%~15%为标准了。

轻发酵之后，烘焙只是走水焙干。不再经过深度烘焙的乌龙茶和传统乌龙茶相比，可能香气更高扬，滋味更鲜爽甜润，做工也更精良。长期喝，却有可能伤胃，也更容易像绿茶一样氧化变质，走不了陈年转化的道路。且各赛区都追求同一风格，风土的味道亦趋淡薄。

要喝缺点少的茶，不妨参照比赛结果。要喝真正有个性风骨的茶，还有其他选择。

不焙不精

"臻味茶苑"挂着一副对联："入火不伤品种味，焙干去杂臻茶香。"从开茶行开始，吕礼臻一直自己焙茶。台湾百多年来老字号茶行莫不如是。

张协兴、祥泰这样的地方老茶行，曾是当地茶山对外的窗口。茶农只管种茶、初制毛茶，茶行会收购后捡剔、分级、拼配、烘焙，通过自家对茶的理解精制加工，让品质更稳定，茶行的个性风味更明确。这些茶再通过城市中的零售茶行流向消费者手中。过去的等级体制，就建立在老茶行的诚信招牌上。而现在观光茶园兴起，消费者可以直接到产地向茶农购茶。虽然省略了"茶行"这个中间环节，却也再没有人帮他们把控品质。在清香风气影响下，买到的可能只是"走水焙干"的茶，这在过去年代会被视为半成品，还不能上架销售。

烘焙是件看起来极容易其实极复杂的活计。传统炭坑焙火，既可保持恒温，又有红外穿透力，当然最理想。张协兴、祥泰至今在山上都还保留炭坑焙间。但一旦开坑焙茶，便需要有经验的师傅日夜不休顾火看茶，不容易做到。城市里就更不可能炭焙。电焙从80年代中期，已成为台湾茶烘焙的主流。

大陆的小茶店，家家都有烘焙机，很多只是设定一个温度，焙上八九个小时，就可做出名之为"浓香型"的茶。台湾茶人认为这是对茶性不够了解的粗放烘焙法。烘焙机产生的热风，不如炭的穿透力，唯有用拉长时间来弥补不足。而什么茶需要用什么样的温度、在什么时间点调校，都需要对茶有很多心得。有无数次摸索得出的经验，才可能焙出既保持品种特质，又能去除杂味，让茶香更凝练纯粹、茶味更醇厚的效果。更为重要的是，烘焙处理得好，即便今年卖不出去，明年打开，香气还在，而不是一阵返青的味道扑上来。这样的茶，才有陈年的可能。

焙茶，是通过火让茶再经历一道纯化的蜕变，并非用火香压住茶香。明白这个道理，才可能不厌其烦，去追求烘焙机细节上的改良，不辞辛苦，彻夜靠打牌、聊天打醒精神，时刻检视焙茶的火候。台湾老茶行的传统技艺，虽然改了用电，精髓却保留下来了。

茶归初心

在清境农场做茶的那个凌晨，江爱取过屋内祖宗牌位前的供杯，恭恭敬敬一一倒入新泡的茶水。这个动作，许许多多家庭每天都在重复。尊重传统，尊重土地，尊重茶，自然会做出好茶，是台湾"茶之路"的最大感受。大陆茶道、香道正盛行种种仪式，在台湾遇见的前辈们，却都回归到一壶一杯随手泡茶的简素状态。由喧嚣转向反思，由繁复转向简单，或许是任何社会都必须经历的过程。台湾比大陆发展早一点，所有取巧的捷径，这里都曾经走过，如今正迈入慢下来弥合过快发展后遗问题的调适期，大陆迟早也会经历这番回归。而茶，借用何健的话来说，正是在动的大环境下让你静下来看清楚周遭变化，让人和自我、和其他人、和自然的关系重新恢复合理、和谐的最佳介质。

台湾茶：

木栅铁观音
保留了安溪原产地传统制法，充分发酵，多次包揉成球形。铁观音茶树品种做出的"正枞铁观音"，若制作得法，甘润醇厚，带轻微石矿味和兰香结合的"观音韵"。木栅茶农不足百户，正品难求。

文山包种
发酵度最低的乌龙茶，主产于北部坪林、石碇、深坑一带，轻发酵条索形乌龙茶代表。清扬花香配合甘滑鲜爽的茶汤乃上品。经过焙火三五成以上的包种熟茶和茉莉窨花的包种花茶，则是老茶客喜爱的选择。

冻顶乌龙
曾是台湾高山茶的代表，传统冻顶乌龙茶汤金黄带油光，香气浓厚，甘醇而富喉韵与回甘。

高山茶
杉林溪、阿里山、梅山一带海拔千米以上产区出产，半球状乌龙，近30年间兴起。偏向清香风格，上品虽清雅茶汤质感仍稠滑绵密。

高冷茶
自雾社起向更高海拔攀升的高冷茶区，庐山、梨山、清境农场等都属其中。比高山茶更细腻幽雅的冷香风格，茶树生长期更长并造就醇滑多层次的口感。以海拔最高的大禹岭茶为极品，同样，真品不易得。

日月潭红茶
鱼池、埔里等地区在日据时代传统上复兴的红茶，主要有大叶种阿萨姆、台湾山茶、红玉、红韵四大品种，滋味醇厚，风格独特。

东方美人
和文山包种相对应，发酵程度最高的乌龙茶，亦称白毫乌龙。因小绿茶蝉叮咬茶树产生的自愈机制，制作出五色斑斓的干茶和独特的蜜韵茶香。以兼具花香、果香、蜜香，滋味醇厚持久者为上品。

老茶
台湾也有老茶，如祥泰茶行五六十年来积存的包种老茶，臻味茶苑收藏的20世纪初老茶行、洋行留下的包种茶，以及从大陆输入的武夷岩茶、正山小种等。这些只会在台湾出现的老茶，和同龄普洱茶相比，都转化为圆熟温和的质感，有时仍可感受到乌龙茶"老而弥坚"的活性。

清境农场上午11点，刚采下的一芽二叶茶菁，几分钟内就匀铺撒开，在屋顶接受日光晒青，这是做乌龙茶的第一步，也是黄侦哲所说的"天下第一关"

二十多年都在做茶，黄侦哲在每道工序上的手势都驾轻就熟

【台湾】

撰文：夏楠 摄影：马岭

云雾深处

　　早晨的阳光照亮了四野，蓝色的苍穹下，起伏的远山勾画出一道温柔的线。在透着凉意的空气中，几只蝴蝶忽扇着翅膀，掠过凝着露珠的茶树叶片，倏忽飞远；又有几只蜜蜂嗡嗡飞来，飞向草丛中不知名的蓝色小花。一股万物葱郁的气息，不曾受"天兔"台风侵扰一般，这里仿佛是一片寂静的山中平原。

　　取名"清境"，乃五十年前为退伍老兵在此修建农场，愿清养身心之意。这一带先是以种水果和高冷菜蔬为主，后在茶叶市场兴起之后发展种茶，因此这片茶区惯称为清境农场而没有另外命名。此处与梨山、大禹岭同属合欢山山脉。我们到此拜访的茶农黄侦哲，便在清境农场、梨山、大禹岭合共开发有七个茶园，海拔在 1 600~2 600 米之间，至于年总产量，约 4 万斤，"因为不打农药、不用化肥，就得看天；每年会不太一样。"黄侦哲似乎对高度有一种迷恋，二十年前进山以后，从海拔 800 米，到 1 400 米，再到 2 600 米，茶园一点点积攒和爬高，已经上到台湾茶的最高海拔（大禹岭）。

　　我们前晚抵达是在夜间 11 点。记得过雾社以后，车窗外雾气聚拢，渐渐密布，后就分不清究竟是在雾中还是云中穿行许久，终于见到星星一般遥远的灯火，给予我们这如入天空之城的兴奋，虽然当时还什么也看不清。而一早起来的景象，果然一望而知的美好。这时，着长筒雨靴的江爱踩在地头剥玉米，笑意盈盈，身旁一只竹篮已经装满了半篮子。一边叹惜说，前几天台风，玉米（秆）都倒了。"这里的玉米很好吃，煮来晚上消夜，很香的！"她又笑起来。

　　江爱与黄侦哲是在集集火车站相遇的，后来随黄侦哲来到清境种茶，已经结婚几年。

"开始不习惯，夏天的晚上还要盖棉被；后来就慢慢习惯了，一下埔里，哇，空气怎么那么糟糕。这里空气很好，也没有蚊子。"

黄侦哲出生于 1970 年，桃园人，桃园老家还有族谱，记载着家族清末从泉州迁来的历史。黄侦哲的童年跟随祖父度过，祖父务农，种有五六百亩马蹄，平日最大的嗜好是喝茶，因此黄侦哲是从七八岁就学习泡茶。上学后每逢春假，他都会跟去同学家帮忙做茶。后来黄侦哲随做建造工程的父母一起迁至南投，上了山便入迷一般，念书念到高中不肯继续，跑到山里跟老师傅学做茶，遭到父母责怨不已。直到他亲手做出第一泡好茶带回家来，尝到味道的一霎间，父母惊异道："真的是你做的吗？"那一泡是半发酵的青心乌龙，为他赢得人生中第一次满满的成就感。父母不再强令他接班，"就是这样啦，要沟通，认清一份工作得靠兴趣，他们就很容易被说服了！"

然而父母的态度只是不反对他上山，但也不提供资助，一切靠自己。与六位朋友一起承租茶园的资金，来自他用了五年时间从事的养殖业。仿佛是一个意念，支撑着他不断往上，越爬越高。而做茶的乐趣就在于——茶的变化。"刚刚从树上采回来的鲜叶，究竟用什么方法才能将它的味道稳定呢？"然而茶正是这样一种物质，今天和昨天的不一样，明天和今天的又不一样，这种变化的差异性带来无穷尽的迷惑，也将他带向无穷尽的探索。做茶如是，种茶也如是。

下午得到通知，前往大禹岭的道路已经疏通（受台风影响清理落石）。在车上，黄侦哲说了一些关于祖父的事情。因缘际会，当年祖父买过茶的那些商户，如今却都向黄侦哲买茶。他的语气中透着几分自豪，紧接着却难掩遗憾："我祖父在我刚入门，还没有学成底子很好的时候，已经不在了。"

那是二十年前。"那时还在做工，一边做工（赚钱），一边换地方（茶园），当时是跟朋友们上到这里玩，买水果，发现果农也种着茶树（自己喝的），所以就想，能不能在这里进行规模性的种植。"起初在清境农场租了一甲地（15 亩）种青心乌龙，六年后采收，茶叶还没有采就已经卖完。合作的朋友们也都觉得是个好玩的生意，但也发生了争议——关于使用农药的问题。惯行农法宣传的有机农药，可以避免虫害，增加产量，适度控制用法用量也不会对人体造成伤害。但这正是黄侦哲起疑的，"那个茶叶是自己喜欢喝的，自己喜欢喝还用农药，是不是怪怪的？"他决心试试另一条路。在第一次分红之后的第二年，因为理念不合，黄侦哲与六位朋友分道扬镳。时至今日，那些朋友已经没有任何一位在做茶。

而当年，黄侦哲被视为"脑壳坏掉了"，接下来的四年时间，茶树毫无收成。他想尽办法来对付虫害。用过辣椒皮、矿物油，还有糖蜜。糖蜜的作用是，让虫们吃撑，甜

左：从山上到茶厂有段距离，茶菁一般用冷藏车运送，避免在运输过程中开始堆积发酵
右：黄侦哲茶厂的每一个晾青筛篱，都细心包上了布边，而分到筛篱里的茶菁也要一一称量

蜜地死去。然而所有的办法几乎都只是一段时间奏效。他也找来书本，也去向前辈讨教。那段被他称为最迷茫的时间里，看着长势不好的茶树，心里着急，真想直接就用农药算了。

然而这熬过来的四年，也教他认知到土壤也需要休养生息。如果长期不使用农药，刚开始虫子很活跃，会咬茶树，但过些时间就不会咬了，因为周围的小生态自己取得了平衡。记得在清境农场时我们也问过："这么高的地方也有虫咬吗？""有。""也用农药吗？""我不用。别人我就不予置评。"黄侦哲很爱用"不予置评"这个词语，每当他想要评论别人的时候。

他比较愿意独自琢磨，似乎孤独战士一般。聊起有一年的新年，他在山上独守茶园，看着电视里李登辉在发表讲话，忽然一阵难受，难受得要哭。但是说起这些他都是一副过来人的轻松笑谈。每天不等睁开眼，都在面对着具体实际的问题。例如冬茶采完之后要翻土，翻土就要请工人，去哪里找工人，价钱多少。更年轻的时候他也参加泡茶比赛，但只是为了品尝别人的茶究竟是怎么做出来的。慢慢他发现，茶这种东西，就像艺术品，你得首先把功底打好，才能画出好画。对他来说，第一步就是，不用农药，不用化肥它也能成长很好。

这二十年的独自摸索，黄侦哲似乎可以写一本关于有机肥料的书。因为有过五年的养鱼经验，他了解到鱼会在水环境里分泌出一些微量元素，如果用这种液体去浇灌盆栽，长势好得多。于是他在一个铁皮的水塔里做实验，用养鱼的水来灌溉茶树土壤。他也试过用死掉的鱼作为肥料，可是很不理想，做出来的茶没有原本茶的味道。每一种肥料的试验，基本都要以 16 个月计，即一年加一季。而没有坚持以养鱼的水作为肥料，主要在于鱼熬不过这个地带的寒冬，那个冬天清理死鱼非常耗费精力，长期不散的腥味充斥茶园，令人困扰。后来十多年，他还试验过的肥料有鸡粪、黄豆粉、鸡蛋、玉米，现在比较常用的是豆粕加豆粉。因为豆粉流失快，恰当时机再撒豆粉，让土壤吸收。

"研究土壤的肥料是为了加速茶树开根，乌龙的根系是横着长，不抗旱。它的根伸多长，叶子就能长多长。又因为是在高山，就像人一样，在冬天的时候你即便穿得很暖，但是脚上不穿袜子你会觉得暖吗？所以必须在土壤里照顾它，不要受冻。"他俨然是把茶树当成婴儿般呵护。"是的，你得去观察它。它的成长状态，叶子长相，颜色。茶叶是看公历，不看阴历。奇怪了，为什么几月几号，它没动？是水太多还是太少？还是今年买的豆粕不好？要去追溯一下。"

在非茶季里，黄侦哲一个月要上来看好几趟。有时工人遇到问题，比如水突然断了，或受天气影响要解决关于衣食住行的麻烦，他都要关心。而做茶季的一个月里，是真的辛苦，每天熬夜，杀青到早上七八点，八点多又采回来鲜叶，这当中能睡两个半小时。做茶园管理就得这样。

在如此生态的茶区、又如此严苛管理的茶，为何不通过有机认证呢？这可能正是黄侦哲的另一大烦忧。"我曾经拿过一小块，大概七八亩地，去认证。土壤能过，但水源，三四次都过不了，因为地质里含有的金属微量元素，铁、铝含量太高，过不了认证。"他专门请教了德国技师，在弄明白之后，他亦放弃了认证的计划。"还有隔离污染的问题太严重，下一场雨就不行。而台湾有些认证，并不正统，事实上有些注明是有机茶园的可能……我也不能说假，不予置评。我不去认证的原因就在这里。"

那消费者又如何知道这是哪里的茶？黄侦哲脸露歉意地说，这没办法，就得靠懂的人。"年产量3万斤，但是市面上可能超过30万斤，那是哪里的来源，我们也不清楚。"

总结下来，在做茶部分，他认为天下第一关"日光萎凋"是基础，一旦失败就再也补救不回来。这部分的要领在于闻香气，控制时间，到青味去除。而当天的阳光、湿度、云层高低还有茶叶的大小，也决定了第一关怎么开始。"这是无底的经验值。老一辈的已经不在了，当时我和他们交流的时候都是七十岁上下。那时每次跟他们聊天就问，日光萎凋要到什么程度？'一定要晒到青味去除，香气产生。'这些人有的是茶农，有的是茶师傅。"

对黄侦哲来说，正是茶的变化不断吸引着他，让他不停地琢磨，又一直没有琢磨透。该如何掌握在一个平衡的状态，那是他每次的经验里都期望达到的。

又忆起小时候祖父的一句话："做茶是一门很深奥的技术。"祖父在临去世前，对他说，都是花钱去买茶叶了，你想要去赚茶叶的钱，不简单。"我于是坚定下来，一定要做出来。这也是一个动力。只是没有想过他那么早就会走。" 🍃

比黄侦哲年轻许多的太太江爱，原本并不懂茶，现在随丈夫做茶、评茶，给辛苦的茶农做消夜，她觉得很开心

上：叶人寿在筊篱中尝试类似普洱茶的手揉，自然农法种茶，给他们天马行空"玩茶"的自由空间
下：简嘉文用废木料一根根搭起来的茶空间，激发起太和村年轻人对茶的各种可能性探索的热忱

撰文：夏楠　图片：半山工作坊提供

自然之茶

【台湾】

一

　　台湾"茶之路"的最后一站是阿里山太和村，有两位执着于野放茶的年轻人——简嘉文和叶人寿，给我们留下了深刻的印象。

　　我们坐着的地方，海拔 1 450 米。这是一间利用捡来的废木物料搭建的简朴茶室，悬于空中，经由一截木梯、一座竹桥接入，门口环抱两棵甜柿树，主人嘉文端坐在炭火前，静静地等水烧开，为大家泡茶。在他背后，有意的珍藏物什被恰好地安顿在废木的每一块空间。中有一幅字：无想。侧目向窗外，正是秀丽的阿里山风光。难以想象，我们坐在这里，喝着嘉文全手工制作的野放茶，却要从四年前那个"末日"说起。太和社区几位负责的长辈也陆续加入，其实在座都有亲属罹难或房屋毁损，自是不忍再提过去的惊悸，但他们与嘉文、与人寿能有缘结识，并共谋社区服务，又都是始自那场灾难。

　　2009 年 8 月 8 日午夜至 9 日凌晨，受"莫拉克"台风侵袭，接连三整天的雨水冲刷，好比一整年的雨量下在南部阿里山山脉，山体发生大面积滑坡和土崩……令人遗憾的是，事先也并没有得到预警信息。那一整晚，这里的人都在打电话求救，嘉文的父母住在一楼，窗户破裂，泥浆灌进屋内，连同一棵折断的山橄榄树，也因为这树而挡住了土石钢材，父母有惊无险。嘉文称这棵山橄榄为"救命树"。叶人寿的家则被三层楼高的土石流掩埋，随之一起消失的还有他的 12 户邻居。当时天光微亮，他照顾村里七十几岁的老人一起拼了命般跑向安全的地方……

左：简嘉文没有学过盖房子，所有工序都是自己一点点尝试琢磨。村中的老工匠也积极伸出援手
右：嘉文坚持手工制茶的原因是，内里蕴含着情感

　　巨大的灾难给太和村蒙上了长时间的阴影。灾后重建也并不顺利，关于永久安置屋，在经过长达一两年的反复论证后，专家认定，村民们选址只要还在山上，就没有安全性可言。因此必须将村民统一迁往山下安置。但嘉文全家，最终决定放弃山下永久屋，而选择修护目前的房屋和祖父盖的木屋，一切如常地生活。他说："我喜欢这里，我不想要放弃这里……我觉得还是要感谢自然界给我们留了一条生路。"

　　"幸好有这棵树……这是救命树。"嘉文触摸着山橄榄树的年轮（三十多年），他把它最终凿刻成一张工整的工作台面，而在将近四年时间里，他做的野放茶，也都依靠它来完成手工揉捻——当我们看到这张台面的时候，也非常吃惊于嘉文的想象力，揉捻的纹路质感很好，世上找不到第二件这样的揉捻机。

　　嘉文口口声声说的野放茶，就是任其自由生长，不用农药，不施肥料，包括人工肥，甚至不特别照管。"这跟有机种植是完全不同的。有机种植虽然比较友善，但对土地来说，并不是那么友善。"嘉文有意将两者作区分，并道出这其实是在十多年前他读大学时就有过的想法，如果他务农，要做什么样的农民。

　　"但家人肯定是不会接受的。都按惯行农法，大家是怎么样就怎么样。台风"莫拉克"却是一个推手，从那以后，好像有了一种革命性的感觉。必须做一些改变，必须要有人马上去做。以前，我们在山里做茶，所有的作物都是自然的，政府后来推广高密植度，化肥也使用了五十多年，土地就有负担了，病化，原本丰富的矿物质也慢慢减少，都得靠人工去补充，但人工补充之后做出来的茶，就没有自然天然的质感。"

对人寿来说，他决定做自然农耕，也是因为台风过后，整座山位移 200 米，他的一片茶园也滑出位置，半年后他才找到并确认，当时非常意外，因为长得比原本施肥时更好。他想，是不是把茶树放在原野里，会长得更好？

二

嘉文与人寿都是在太和村土生土长。人寿出生于 1973 年，嘉文出生于 1978 年，台风侵袭之前他们并不认识。太和村的居民共约 300 多户，1 000 多人，因为住得分散，又分为两个社区：太和社区和仁和社区。在高山茶兴起的这三十年里，太和社区村民基本以种茶为主业，仁和则以高山菜为主业。更早期都是种竹、杉木、红棕和水果。

在初次介绍身份时，我注意到嘉文以特别确定的语气说："我是茶农。"关于农民身份，嘉文是从小就接受的，但父母却不以为然。"他们觉得务农好像差人一截。我反而觉得务农才是真正的自己的生活。"在台南念完大学后，服完兵役，回到家里时龄二十六七，嘉文开始认真种茶。那时是做有机种植，因为父母不可能接受嘉文做自然农耕。台风过后，嘉文开始替阿姨家走山（山体位移）的茶园作管理，也是他试验的开始。

他花了一个月时间修剪茶树的底层，使接近土壤的层面通风，但到第二年春季，很多小绿叶蝉将茶叶吸食到无法生长，父母直叹气："这样不行，没施肥怎么可能有产量。茶叶长不大，这还是春茶。收成少啊，一场台风已经影响成这样，还怎么生活。"父母想要收回茶园。嘉文跟父母硬扛，觉得这次风灾可能也是一次转机，"以前好的想法，这次一定要坚持去做，不管家人怎样反对，直接去施行。"

而嘉文坚持自然农耕茶的做法，也在太和传扬开，这也使得他遇到几个投契的年轻人。拍摄纪录片的张志聪和吴平海，开始以嘉文、人寿还有另一位转变观念做有机茶的俊男，作为主角，来表现风灾之后，新一代茶农如何衡量人与土地的关系并作出各自抉择。纪录片持续跟进拍摄了两年多，片名"人在草木间"，即一个"茶"字。看完这张沉重的碟片，实在觉得要感谢两位导演。诚如其言："我们尽管不是台风的直接受害者，但是随着他们重建的过程，事实上我们也跟着'重建'了。这个重建不是物质层次上的重建，而是生命观与价值观的重建。"

拍纪录片的过程，使嘉文与父母的对峙有所缓解。

记得有一个画面，是父子二人在茶山上的对话。因为嘉文疏于管理（实为放养），父亲说："到底要施一些有机肥，它才会漂亮。"嘉文说："千万不可以，一施肥下去，这种东西就不一样了。现在就是让它的根长下去，越长越深。"

嘉文蹲下去，刨了一捧土放在手中，闻了闻，说："你看，整个是团粒结构，看着很爽。肥料施下去的话，长得快，根却浮起来。现在闻这土，它带一种凉凉芬芳的味道，如果施肥就不一样了。"

父母开始以一种"你既然要做自然农耕，你就自己想办法"的态度，放任嘉文。人寿就常常来与嘉文切磋，关于土壤环境，关于虫害，关于微环境的一切新发现。他们探索得津津有味。例如蓟马咬过，茶叶会产生甜味；茶脚盲椿蟓吃过，茶叶会产生香气。他们还画出草图，讲述发生在茶园里的大虫如何吃小虫的完整生态链。

跟嘉文的经历不太相同，十多年前，因为不堪忍受做茶的辛劳，人寿离家到台北卖槟榔。然而也遇到挫折，坚持几年后还是回到太和种茶。"人常会碰到困难，遇到困难就逃避。"经历台风之后的人寿变得泰然，他时常安慰家人，也常来开导嘉文。

他帮嘉文一起打理嘉文祖父盖的木屋，嘉文想以后搬到这里住。本来屋前是一片水田，种稻，后来都改种茶了。"在阿里山，只要看到稍高一点的地方，都是做茶。但是茶，就是要长在草和树之间，一眼看过去都是茶园，整整齐齐的，那样的生态不是有问题的吗？"关于茶，关于土地的思考始终萦绕在两位的脑海中，他们想，如果再多一些像他们这样的人就好了。而涉及长久的坚持，他们也充满痛心和无奈："整座山都种茶，自然会破坏水土保育，但就要因此怪罪农民吗？他们祖辈生活在此，靠山吃饭。为什么不想一想，假设消费端能改变，我只要喝自然的茶，农民们当然不会去施肥、砍伐等。消费端要有这个认知。"

无论如何，从土地的利用者变身为土地的守护者，这样的角色定位，的确是一次危机变生机的塑造。"现在整个这样冲刷过以后，反而我可以做自然的东西了。原本这里都是茶园，整整齐齐，现在冲成这样，我就可以重新种植。可以种一些树。"嘉文和人寿漫步在这片山林中的茶园，教我们认着那些数量稀少的树种。

三

嘉文的茶室旁，生长着二十棵五米高的山茶树，有二十年树龄，父母当年种下，如今每次采收都要搭高高的架子。制完茶，能得两台斤。做手工茶，嘉文拿捏得自由而随性。"这批茶采下来，先嚼着看看，觉得适合做怎样的茶，就去做，不见得说一定这样的做法，香味一定要到怎样的程度，想玩什么玩什么。"

问嘉文满意的茶是什么样，他答，只是说，对茶有没有情感。"制茶后，喝到自己的茶，因为从头到尾都是自己做，有一种情感在，喝就会很有感觉。但如果我不知道来源、制作者，会少了一种情感。"

那一日的午饭与社区的村民们共餐，都是家常野菜，饭后饮茶，大家放松言笑间，也让人感受到传统人情味在新一代农民身上得以回归。因为台风"莫拉克"，原本散乱的村子更像一个整体。社区还联合驻村艺术家一起帮助村民做"太和好茶"的行销计划，乃至茶室和文化空间的设立，每个人都热心参与讨论。"盖房子就是全村人的事情，我们都会帮忙。比如嘉文做茶空间，好像是一个带领，就很期待每个家里面都整理出一个角落，都有自己的茶空间。"

我们也跟随着社区村民的憧憬，想象下一次来的时候，每家每户都拥有别具一格的茶室。

关于太和年轻人的故事，是来自冶堂主人何健老师的推荐。他说，台湾农业有一个背景，就是深受日本农业管理的影响，一度肥料下得很重，所有的养分都往果实走，而不是往根部，土壤发生质变，这也影响了整个台湾生态。而今能看到嘉文和人寿这样坚持做野放茶的年轻人，以茶作为介质来思考人跟自然的关系，他赞赏道："这是一种生活的方式和生命的态度。"

那天何健结合自己的经历，说起当年辞去银行工作，专注在茶的兴趣，1985 年创立茶文化工作室"冶堂"，从事茶叶、茶器和茶文化的研究，到 2002 年正式向外开放，他说这是在经过很长的生活实验和实践以后，才体悟到的这种对应关系。"茶比较容易帮助你去掉外面虚饰的东西，跟自然作连接。茶就是一个引子。从饮到食，到生活，到你的身、心，怎么让你在一个动的环境里先静下来，看清动的状态，在动的状态下找到静的部分，那就是本质的真切的东西。这个也看到了之后，是顺势也好乃至于造势，整个跟着动起来，虚跟实、动跟静就这样一直转换。而你的要求就先是静。"

说到这里的时候，就联想到嘉文和人寿的经历。每个人的人生当中都会遭遇到一些变故，要做到坦然接受，在怀抱之中作出改变，真不是能轻松到位的。这需要磨砺和修养。 🍃

从台北城大稻埕茶港谈起

撰文：曾志贤

当飞机抵达宝岛的那一刻，您会发觉"台茶无处不在"，茶的氛围，在这块土地上，浓烈得化不开，它似乎在叙述着历史，在传承着中国的传统，在诉说着中国人的国饮及开门七件事"柴米油盐酱醋茶"……整个台湾土地上的二十三个县市，北从基隆，南抵屏东，东至花莲、台东，诚如武夷山上的"无岩不茶"，台湾亦是无县市不茶，一山过一山，处处是青青茶园，处处飘着茶香。

"发现老茶庄也发现台北城"，从清末到民国时期，甚至到二十世纪六七十年代，是台茶最风光的时期，大部分茶叶包括包种茶、乌龙茶、红茶、绿茶的煎茶到白茶的寿眉等均生产，茶叶种类五花八门，且以外销为主，这些外销茶主要集中到台北城的大稻埕地区，故此地有"台北茶港"的美誉。直到 70 年代后期，台茶由外销转内销，这也造就台湾茶艺文化另一片天空，促使岛内饮茶风气盛行，讲究的家庭，设有茶室招待客人，一般家庭则以"茶桌仔"来奉茶，"客来敬茶"成为一个习俗，一种普遍的礼仪。

漫步到大稻埕的老街区中，百年老字号的茶庄逐一浮现，1889 年、1890 年、1923 年、1954 年……这是台北的天空，在现代科技的 101 世界高楼底下，却也在夹缝中发现跨越一两个世纪的老建筑，古老建物一隅为古老的台北市茶商公会、新芳春老茶庄、王有记茶行等，店内摆放着一箱又一箱的老茶箱、锡茶桶。打开茶箱，一股思古幽情，油然而生，也诉说起一间间老店铺走过时光隧道的故事。

现今，台湾的计算机产业非常发达，电子科技一枝独秀，台北的南港、内湖都形成了科技城，一直推移往南到新竹的科学园区；时光如果推移到一两百年前，茶叶取代计

左：古时淡水河码头
右：早期大稻埕捡茶枝图

算机，那是"南糖北茶"时代，台湾南部平原是一大片又一大片的甘蔗园，反观，北部地区俨然是一大片花园茶园，从台北近郊的新店、文山到坪林，从南港、汐止到桃园、新竹，放眼望去，远山上处处是青青绿绿茶园，孕育台北发展的母亲河淡水河畔，更是一片大花海景观，熏花植物茉莉花、栀子花、素馨花及树兰花等遍布，茶香、花香满台北城。

　　茶一如现代的计算机产品，曾经在美丽的宝岛留下了辉煌的扉页，一度引领风骚。大稻埕，靠近淡水河畔，浩瀚的大洋，犹如五口通商开放的福州港、九江及汉口等，吸引了德记洋行、怡和洋行、日本三井株式会社等诸多的洋商、洋行驻足，争食茶叶这块大饼，加上台湾、大陆茶商、拓荒者等纷纷竞逐，一时之间大稻埕茶行如雨后春笋般林立，茶香让台北城从清末开始沿着大河走向世界。

　　让大稻埕在世界占有一席重要地位的非"贵德街"莫属。如今走入这条街，只能形容是一条小巷，因它宽仅4米，路长仅505米，早已淹没在都市的洪流中；殊不知在近代台湾经济史上，其曾独领台茶风骚近百年，正如其在清朝时代街道旧名为"千秋街"，该街为台茶写下了一页千秋大业，也写下了一出贵德街传奇。清代时，贵德街南边称千秋街，北边则是建昌街，因靠近港口，日据时代更名"港町"，名副其实。目前从水上看台北城的蓝色公路出发点五号水门外码头，再往南移一点，就是昔日帆船点点的大稻埕码头。沿途看到的老旧和历史性建筑，包括锦记茶行、全祥茶庄等，其骑楼的台基均高出道路尺余，约及腰高，入门的"亭仔脚"均设有台阶，主要就是怕遭到河水的侵袭，因而形成此地建筑特色。

目前这条历史街区硕果仅存最精彩的地方，应是西宁北路86巷与贵德街交会口，有人形容它仿佛是欧洲风与台湾风的结合体，一不留意犹如置身在欧洲氛围中。昔日洋行大量进驻，引进了西风，这里一度是台湾与欧洲文化交会点，西式的教堂、中式的红砖屋、砖造的精制茶厂等，加上巴洛克洋楼建筑，形成一条时光隧道的交会点。可惜的是环河北路的拓宽，把昔日的德记洋行等洋楼、领事馆等拆光了，否则将更具历史韵味。但透过一些历史遗迹仍可发现小巷历史的风貌。一株百年榕树，衬托出基督教长老教会李春生纪念堂历史的悠久，欧式奇特造型教堂，整个建筑门面外观，犹如一张人的脸庞，最上面两个圆形牛眼窗为眼睛、中间的长形窗台为鼻子，进出门为嘴巴。它就是为纪念台茶之父李春生，由后代子孙兴建。

一位在教堂旁卖面二十多年的胡小姐指出，原先门口有两株榕树，可惜其中一株遭到砍伐，种植松树，否则景致更为古朴。李春生是台湾史上第一位思想家与传奇巨贾，在甘州街还有其豪华宅邸及李春生教堂，惜该教堂最精彩的门面毁于一旦，让人为之扼腕，犹如李春生那传奇的一生。

台北二二八纪念馆替这位思想家整理文物，出版了《李春生著作集》，共九部著作，也可见他虽是北台湾富豪之一，但不忘书生本色，值得茶人引以为模范。厦门出生的他，小时候家境并不富裕，和普通人家的孩子一样沿街兜售糖果，但因厦门港口开放得早，有机会学习英文及商业经营，形成了他白手起家的关键，受到英商怡记洋行赏识，再转介绍给宝顺洋行。该洋行的负责人杜德正开启台湾茶外销先河，身为买办的李春生功不可没，从此累积财富。清光绪年间，他与板桥的林家已成为北部最有钱的大户，两家族共同出资，在当时的千秋、建昌两街盖了许多洋楼，出租给洋商，也让贵德街成为著名的洋人街。当时洋人觥筹交错的景象，好不热闹，现今静寂地偎依在淡水河畔，往昔情景，只能从历史影像中追忆，也难怪现今年轻人会有天方夜谭的质疑眼光。

在这个交叉口的东北角布行，原为一栋二楼庄洋楼建筑，乃稻江闻人吴文秀故居。吴文秀另创良德茶行，25岁时（1897年）被推选为茶叶公会会长，当时和颇著名的锦祥茶行负责人郭春秧一起前往参加巴黎博览会，并考察欧洲商务，引进改良制茶的技术，对台湾外销有相当贡献。

西宁北路86巷，被称为台湾民谣的故乡，因为该巷四号诞生了台湾最早的乡土歌谣创作前辈李临秋。这里小地名叫"风头壁"，在夏天，徐徐凉风的"风头壁"骑楼，在几十年前的黄昏时分，常常有一个瘦小的老人挂着一根拐杖，坐在板凳上，享受清风吹拂，他就是李临秋。此举孕育了不少脍炙人口的歌词，1933年他写下了《望春风》《四季谣》《补破网》等歌曲。虽其已离世多年，但他创作的歌曲迄今仍是处处传唱。

一长排的红砖屋民宅，最特别的是其排水管装饰成竹节状，虽年代久远，上面已是杂草丛生，但古朴典雅的样子，凡是路经此地的民众，无不赞叹造屋者的巧思。这一长排红砖屋与李春生纪念教堂相对的三角窗，是文史专家庄永明出生、成长的地方，昔日这里是一家杂货店，是庄永明的母亲庄郭招治于1929年开设。庄永明回忆儿时说贵德街的"茶香岁月"让他永生难忘。彼时，孩子们飞奔而过的骑楼，脚下所踩的是铺满地的茉莉花、黄栀花，花香满溢；现在小孩玩积木，他说他们小时候的玩具是"茶箱"，一个箱子就能躲两个小孩，他们都喜欢拿茶箱堆城堡。现在老的茶箱成为茶业重要文物之一，没想到昔日却是大稻埕小朋友最常玩的玩具。在庄永明的记忆里，邻居就是老民谣创作者李临秋，他母亲曾见过早期传奇人物廖添丁，也听过蒋渭水在"台湾文化协会港町文化讲座"的演讲……所谓港町文化讲座就位于杂货铺旁的茶行，是目前整个贵德街硕果仅存仍在生产的茶行，只是老板由昔日的"南兴茶行"变成了"全祥茶行"，如果您运气好的话，在整条街上，仍可闻到茶行熏茉莉花茶传来阵阵的花香。

《台北路街史》如此形容：每年三月初到十月，为春、夏及秋茶上市的制茶旺季，通街充满茶香与花香，使得大稻埕成为最香的城市。拣茶妇女往来络绎于途，甚而有来自大陆福建安溪者。各茶馆前之亭仔脚，挤满拣茶妇女，茶箱、茶篓等塞满骑楼每个角落，堆栈如山。在日据时代，原本占用骑楼是被禁止的，但拣茶繁忙时，却默许之。拣茶之女工不足时，甚至以长竹篙围追过路妇女加入赶工行列，此虽夸张，却不难想象茶叶之盛。

往北走，见证贵德街往昔茶市盛况缩影，非贵德街73号的"锦记茶行"莫属。"荀里蒲轮德星夜聚，泰山桂树甘灵朝溥"，横题"兰桂芳联古义门"，这是锦记茶行正门的石刻对联，多么有人文意涵。可惜物换星移，一度正门还被贴上法院封条，让人徒生"眼见起高楼，眼见楼塌了"的感慨。

茶叶大亨陈天来1872年在大稻埕出生，原籍福建南安。光绪末年父亲陈泽粟随洋行的买办李春生来台，在春生行任职，受李春生提拔，先做木炭生意，发展后再做木材、茶叶生意，无往不利，在今日台北圆环、天水路一带置屋三十多栋，逐渐成为大稻埕望族。陈天来跟随身边调教，于1897年创设锦记茶行，起初以制造乌龙茶为主，包种茶为兼业，等到乌龙茶逐渐被印度和锡兰红茶取代后，1912年起改以制造包种茶为主，并不数年而执业界牛耳，商务遍及新加坡、南洋等地，对台茶在南洋市场的扩展贡献颇大。1914年，陈天来被选为台湾茶商公会会长，1923年独资兴建台北永乐座，1928年与辜显荣等人成立台湾人最大商业团体"台北商业会"，公职方面曾任大稻埕壮丁团长、台北市协议会员、台北州协议会员等。

这栋位处贵德街的三层楼豪宅是1923年所建，占地广达五百多平方米，系仿照厦门鼓浪屿一带中西合璧洋房建造，是台湾第一个有抽水马桶的民宅，日据时代此处被公认为最佳示范民宅。大厦每层有一大厅、八间房间和左右护龙，阳台上希腊式廊柱，雕梁画栋，散发不可一世的雍容华贵，显示当时富贵豪门的气派。陈天来生四个儿子，大儿子陈清素长期驻印度尼西亚爪哇，拓展印度尼西亚茶叶外销，三子陈清波于1939年接掌茶商公会会长，四子陈清汾是著名留日画家，画作曾多次入选台展，于战后1948年出任茶商公会会长。陈家后代，武将方面出了个台籍首位将领，即前警备总司令陈守山。

走完历史的贵德街，抵达大稻埕码头，望着带动台北发展的淡水河，如今岸边仅停泊着几艘蓝色公路的游艇，遥想昔日港口船来船往热闹景象，和今日的福州闽江般，真有无限的感慨，一切只有在梦中追忆了。

台湾乌龙茶与闽北武夷岩茶、闽南安溪铁观音、广东凤凰单枞等，号称四大乌龙茶，各领风骚，相互观摩，也是相互竞争，彼消我长。其中安溪人在经营茶叶上有一定的功力，逐渐形成"安溪帮"天下，在全国各地，甚至全世界各角落，都有他们的足迹，台湾也不例外，大稻埕的老茶行，绝大部分姓王，他们都来自安溪的崎阳（尧阳）。木栅铁观音故乡，大部分茶农姓张，亦是安溪人士也。有"侨乡"之誉的东南亚，包括马来西亚、泰国、新加坡等地，亦有不少百年老字号，其血源来自安溪。大王、天游、玉女、古井……这是从1860年开业迄今的台南振发茶行所拥有的百年茶桶标示的茶名，诉说着台湾茶与武夷岩茶的不解之缘，而其店里从清朝迄今的对联，"家植状元榜眼探花佳种，枝分北苑建溪小岘名区"，横批"姓卜余甘氏官封不夜侯"，见证了海峡两岸茶区的历史发展，二者是密不可分的！

【后记】

茶归山林
人归自然

马岭

茶，本该是山林的一部分。在安溪感德山头，一路说笑的访茶队低落下来。苍润的闽南群山在这里消失了，无限扩张的茶园犁去了所有草木，失调的土黄色山体向空气的尽头延伸。来闽南之前，台湾茶界的前辈告诉我们，安溪这些年走过的起伏之路，台湾都走过。台湾和闽南这段"茶之路"，要把台湾的经验和教训呈现出来，还要在伤痕累累的闽南群山里寻找失落的传统基因。

中秋那天到的台北，台风暴雨，我们就在迪化街吕礼臻老师的茶行喝茶。木栅铁观音，源自安溪大坪，是保留传统制茶工艺的典范。白瓷杯里的茶汤加饭酒一般红褐，入口之后心头一沉，浑厚的滋味往下坠，尔后才是透鼻而出的发酵香气。这茶，竟如此之重。铁一般的观音，当头棒喝，我们已离传统如此之远。在安溪大坪、祥华、感德，遇到每一位茶农和制茶师，我们都会问，传统铁观音是怎样的？我们得到的答案，往往有些模糊。用漳州茶厂原总技师张乃英老先生的话："现在想找一泡传统铁观音，没有地方找。"和感德的大山一样，一味追求香气的安溪铁观音失掉了原有的平衡，就像茶离开了山林，好景不再。

在台湾高冷产区清境农场，我们跟进了大禹岭茶园主黄侦哲的完整制茶流程。上午采摘的茶菁，用冷气车运至制茶场，快速匀摊，由日光转至室内萎凋，每个竹匾的茶菁都仔细称过，之后十多个小时的萎凋、发酵过程中，我们时不时把脸埋到茶菁里，体验发酵过程中香气和青气的转换过程。半夜我们被叫醒去看最后一次摇青，整个制茶场都是甜美晶莹的龙眼香，这个时候，相当于摄影的决定性瞬间，要杀青定格了。杀青、初焙之后，茶的大体风格就形成了。这时，黄侦哲的太太江爱在祖宗牌位的供杯里一一倒入新泡的茶水，再躬拜。完全忘记拍摄这样的画面了，对传统、自然、家族的敬意，都在这一口金黄的茶汤里。

人和自然的关系，最具启发性的是阿里山太和村野放茶的故事。野放，就是不施肥，不打药，不锄草，完全不干预。2009年的台风"莫拉克"致使阿里山整体位移200米，年轻茶农简嘉文茶园遭泥石流冲走。几天后他去寻找茶园，发现没人照料的茶树还活得好好的。茶树靠自己，也能取得与外界环境的平衡，这样的茶，会是怎样的风骨？开始尝试自然农法的头三个月，病虫害大爆发，茶树几乎死掉，咬牙坚持下来，虫竟慢慢减少，原先靠农药化肥强行建立循环，现在茶树和土地一起，恢复了周遭的生物链，也有了自我抗病的能力。太和年轻茶人以茶作为介质来思考人跟自然的关系，用冶堂何健老师的话："是一种生活的方式和生命的态度"。

还有一位莽撞的昆明青年唐望，8年前他离开城市上山种有机茶，全无经验，只有一本《有机茶生产与管理技术问答》。他用3 000块钱给自己搭了个木屋，住在茶山上开了新的生活。听他讲种茶故事的时候我们正喝着金黄的土鸡汤，感受着大山的畅快。"刚来几年这里都没有电，忙完了农活我就只能看书了。时间过得真慢，我把所有的书都看完了，天还没有黑。"说到这里，山谷里盘着的乌云竟也散去。喝一口搪瓷缸里的大叶磨锅茶，去爬古茶山。拄着树枝走在山路上，完全想不到眼前这个平和敦厚的唐望，竟经历过种茶生死。经验不足，农活繁重，唐望和拍档李叔接连病倒入院。"人被死亡拉拽过，就不一样了，挺过鬼门关后，我回到茶山，而李叔却永远地走了。"就在刚刚过去的春天，和我们打过照面的山宝也走了。山顶最老的古茶树有四百多岁了，摘下新叶嚼着，花果的香味比山下的新树浓郁很多。到了今天，唐望做出来的白毫银针，已经是许多茶友心中的至爱，平和悠长的滋味，把你带回种茶青年孤独的山谷，"大自然只有与你的孤独相处，良久——一年或多年，由于你的孤独你才能与它相似，开始理解它，与它交织在一起"。

让茶回到山林，饮茶之人才有机会体验到自然之真味吧。

致谢

茶小隐

2013 年 3 月 19 日开始走的"茶之路",跨越八省,造访了三十多个茶区,爬的山算下来也有几十座。如此密集的行程,如果没有以下各位前辈、好友鼎力相助,几乎是不可能完成的任务。值此结集出版之际,特致谢意:

"武阳茶徒"袁凯和宽文师父,带我们造访了四川崇州了遗的古茶树,为我们演示了蒙顶黄芽的制作。岳龙、龚开钦、席汝桐、刘思强、柏月辉等各位,让我们领略了蒙顶茶的清雅。何建华和岳父周春文,展示了峨眉茶刚柔并济的一面。

尤励带我们前往太湖东山寻访碧螺春,何小兵老师不但是宜兴通,还把我们跨省送到长兴。宜兴档案局的宗伟方局长、茶科所许群峰所长,提供了许多有价值的帮助。感谢长兴好和堂大和伉俪,没有你们的引领,我们很难寻得紫笋茶的真意。还有未曾谋面的湖州茶圈大侠大茶兄,在茶文化领域屡加指点。

余杭的周平、周强兄弟,犹如水浒人物,鲜明生动。杭州的唐小军伉俪,及双绝汇合作社各位,向我们展示了全手工龙井茶传统精工细作的精髓。中国茶叶博物馆王馆长在百忙之中接受了我们的专访。

在陌生的普洱产区,陈楠、岩敢一家、刘源彬、高超、李红星、郎河王厂长父子,为我们提供了无私的帮助。蔡林青先生特意从景迈到勐海接我们上山,带我们深入原始森林漫步。钟厂长则用最朴实的思考帮我们理解茶的本意。当然不能不提唐望,他的故事已经打动了许多人,我们惦记的还有老憨哥在山上煮的那锅鲜美无比的鸡汤。到了凤庆,杜永刚带我们绕遍群山,了解各种茶树和红茶的制作过程。